Statik im Bauwesen – Band 2

Jetzt diesen Titel zusätzlich als E-Book downloaden und 70 % sparen!

Als Käufer dieses Buchtitels haben Sie Anspruch auf ein besonderes Kombi-Angebot: Sie können den Titel zusätzlich zum Ihnen vorliegenden gedruckten Exemplar für nur 30 % des Normalpreises als E-Book beziehen.

Der BESONDERE VORTEIL: Im E-Book recherchieren Sie in Sekundenschnelle die gewünschten Themen und Textpassagen. Denn die E-Book-Variante ist mit einer komfortablen Volltextsuche ausgestattet!

Deshalb: Zögern Sie nicht. Laden Sie sich am besten gleich Ihre persönliche E-Book-Ausgabe dieses Titels herunter.

In 3 einfachen Schritten zum E-Book:

1. Rufen Sie die Website **www.beuth.de/e-book** auf.

2. Geben Sie hier Ihren persönlichen, nur einmal verwendbaren E-Book-Code ein:

   28817FCFDF22C48

3. Klicken Sie das „Download-Feld“ an und gehen dann weiter zum Warenkorb. Führen Sie den normalen Bestellprozess aus.

Hinweis: Der E-Book-Code wurde individuell für Sie als Erwerber dieses Buches erzeugt und darf nicht an Dritte weitergegeben werden. Mit Zurückziehung dieses Buches wird auch der damit verbundene E-Book-Code für den Download ungültig.

Statik im Bauwesen

DIN

Werner Kirsch

Statik im Bauwesen

Band 2

Festigkeitslehre

20., überarbeitete Auflage 2019

Herausgeber:
DIN Deutsches Institut für Normung e. V.

Beuth Verlag GmbH · Berlin · Wien · Zürich

Herausgeber: DIN Deutsches Institut für Normung e. V.

Berlin · Wien · Zürich
Saatwinkler Damm 42/43
13627 Berlin

Telefon: +49 30 2601-0
Telefax: +49 30 2601-1260
Internet: www.beuth.de
E-Mail: info@beuth.de

Titelbild: © MT manta, Benutzung unter Lizenz von shutterstock.com
Druck: Leyko, Kraków
Gedruckt auf säurefreiem, alterungsbeständigem Papier nach DIN EN ISO 9706

ISBN 978-3-410-28817-6 (Buch)
ISBN 978-3-410-28818-3 (E-Book)

Vorwort zur 20. Auflage

Die Lehrbuchreihe „Statik im Bauwesen“ wurde von Fritz Bochmann begründet. Die erste Auflage des 2. Bandes erschien 1958 und wurde seitdem beständig weiterentwickelt. Seit der 17. Auflage wird das Werk durch den Unterzeichner mit bearbeitet bzw. weitergeführt.

Band 2 der Lehrbuchreihe „Statik im Bauwesen“ vermittelt die Grundlagen der Festigkeitslehre. Die Darstellung ist gegliedert nach Festigkeitsarten und Stabilitätsfällen. Betrachtet werden neben der Ermittlung der Beanspruchung der Querschnittselemente infolge der verschiedenen Schnittgrößen auch die entstehenden Formänderungen. Für die Beispiele, die in einfacher Form die Bemessung, den Nachweis sowie die Formänderungsberechnung zeigen, wurde eine grundlegende Darstellung beibehalten.

Band 2 schließt logisch an Band 1 „Statisch bestimmte Systeme“ an. Dort wird neben der Kräftelehre die Ermittlung der Stütz- und Schnittgrößen behandelt. Der Inhalt beider Bände ermöglicht die Bearbeitung von einfachen Aufgaben der Statik und Festigkeitslehre. Jeder Band wurde so gestaltet, dass er für das jeweilige Gebiet auch als selbständiges Lehrbuch verwendet werden kann.

Beide Bände sowie auch Band 3 „Statisch unbestimmte ebene Systeme“ sind für die Ausbildung in den Studieneinrichtungen des Bauingenieurwesens ausgelegt. Sie dürften darüber hinaus auch für andere Fachrichtungen verwendbar sein; so können die Bücher insbesondere als Grundlage eines wesentlichen Teilgebietes der Technischen Mechanik nützlich sein.

Für die methodische Gestaltung bildeten mathematische Vorbildung, Ausbildungsziel und überwiegendes Einsatzgebiet von Technikern, Ingenieuren und Architekten die Grundlage. Der Leser wird in das Gebiet Festigkeitslehre eingeführt. Es wurde daher Wert daraufgelegt, mechanische Vorgänge und ihre mathematische Formulierung anschaulich und einfach darzustellen. Die zahlreichen Beispiele dienen ebenfalls diesem Ziel und führen zu Fertigkeiten beim Lösen einfacher Aufgaben.

Da die allgemeinen Grundlagen der Festigkeitslehre in den Fächern Stahlbau, Stahlbeton- und Spannbetonbau sowie im Ingenieur-Holzbau ihre fachliche Erweiterung finden, werden weiterführende Bemessungsprobleme hier nicht behandelt.

In dieser Überarbeitung wurde der Inhalt auf die aktuellen Vorschriften und Normen angepasst, insbesondere auf die Eurocodes, und die Bemessung dem aktuellen Sicherheitskonzept angepasst. Die Nachweisführung nach der Methode der Grenzzustände ist konsequent eingeführt. Besonders die Beispiele im Stahlbau bzw. die Stabilitätsbetrachtungen wurden an die aktuellen Vorschriften angepasst. Den Festigkeitsberechnungen für konkrete Bauwerke sind stets die jeweils gültigen Vorschriften zu Grunde zu legen.

Werner Kirsch, Mai 2019

Autorenporträt

Werner Kirsch

Dipl.-Ing. Werner Kirsch studierte von 1984 bis 1989 Bauingenieurwesen in der Fachrichtung Konstruktiver Ingenieurbau an der TU Dresden. Nach Abschluss des Studiums war er für ein Jahr an der TU Dresden tätig und arbeitete anschließend für drei Jahre als angestellter Ingenieur für die Planungs- und Ingenieuraktiengesellschaft IPRO Dresden.

Seit 1994 ist er durchgängig freiberuflich tätig (Ingenieurbüro Werner Kirsch, Dresden) und bearbeitet vorrangig Aufgabenstellungen aus den Bereichen Tragwerksplanung (Holz, Stahl, Mauerwerk, Stahlbeton), Konstruktiver Ingenieurbau (Ingenieurbauwerke im Verkehrsbereich) sowie aus Spezialgebieten wie Glas- und Aluminiumbau.

Inhaltsverzeichnis

Seite

1 Grundlagen

1.1 Ziele und Aufgaben der Festigkeitslehre

Mit Hilfe von Statik und Festigkeitslehre werden Aufgaben zum Nachweis der Sicherheit tragender Konstruktionen gelöst. Teilarbeiten aus dem Gebiet der Statik sind dabei die Bestimmung der Einwirkungen sowie die Ermittlung der Stütz- und Schnittgrößen. Mit den Methoden der Festigkeitslehre wird die Werkstoffanstrengung in beanspruchungsmäßig ausgezeichneten Bereichen der Konstruktion bestimmt und mit zulässigen bzw. kritischen Werten verglichen. Ziel der Untersuchung ist dabei, die erforderliche Tragfähigkeit mit minimalem Baustoff- bzw. Kostenaufwand zu erzielen. Neben den Untersuchungen über die Beanspruchungen durch innere Kräfte sind auch Kontrollen über die Formänderungen der tragenden Bauteile infolge der wirkenden Belastungen erforderlich.

Ein fester Körper setzt der Verformung durch äußere Kräfte seinen Verformungswiderstand und dem Bruch seine Festigkeit entgegen. Verformungsverhalten und Festigkeit sind Materialeigenschaften, von denen die Brauchbarkeit eines Stoffes für tragende Bauteile abhängt. Diese Eigenschaften sowie das Verhalten der Baustoffe unter verschiedenen Beanspruchungen können nur durch Versuche zuverlässig bestimmt werden. Die Festigkeitslehre stützt sich daher auf Ergebnisse der Werkstoffkunde und des Materialprüfungswesens in Form von Materialkennwerten und auf Berechnungsmethoden. Die Darstellung dieser Berechnungsmethoden bildet den eigentlichen Inhalt dieses Lehrgebietes.

Die Festigkeitslehre geht von festen, elastisch bzw. plastisch verformbaren Körpern aus und gibt mathematische Beziehungen an, die zwischen den Einwirkungen einerseits und den Tragfähigkeiten und Formänderungen andererseits bestehen.

Die einfachste Beziehung ergibt sich aus der Annahme eines linearen Zusammenhanges zwischen Einwirkung und Formänderung (*Hooke*sches Gesetz). Auf dieser Grundlage wurde die klassische Elastizitätstheorie entwickelt und ausgebaut. Sie bildet auch heute noch die Ausgangsbasis der Berechnungsmethoden. Der Weg zum Erkennen komplizierter Zusammenhänge führt über diese Beziehungen, so dass ihre Darstellung unerlässlich ist. Die weitere Entwicklung von Statik und Festigkeitslehre führt zur immer besseren Erfassung der Tragfähigkeit, wobei auch eine teilweise oder vollständige Plastizierung bestimmter Tragwerksteile in die Betrachtungen einbezogen wird.

Die Darstellung der Berechnungsmethoden erfolgt zunächst getrennt für verschiedene Beanspruchungsarten. Verhältnismäßig einfache Beziehungen ergeben sich bei Zug- und Druckkräften sowie bei Scherkräften.

Etwas komplizierter sind die Spannungen und Verformungen infolge von Biegemomenten, Querkräften und Drillmomenten zu bestimmen.

Zum Weiteren sind die Stabilitätsfälle Knicken und Beulen Beanspruchungsformen, die umfangreichere theoretische Vorbetrachtungen erfordern.

Bei gleichzeitigem Auftreten mehrerer Beanspruchungsarten werden Aussagen über die Gesamtwirkung aus der Überlagerung der Einzelwirkungen gewonnen.

In den folgenden Abschnitten werden verschiedene Grundbegriffe der Festigkeitslehre erläutert. Danach folgt die Darstellung von möglichst einfachen Gebrauchsformeln für die Ermittlung der Spannungen und der Formänderungen sowie für das Bemessen der Bauteile bei den wesentlichen Beanspruchungsarten.

1.2 Beanspruchungsformen

Bemessung und Nachweisführung in der Festigkeitslehre beruhen auf Berechnungsmethoden, die von der Beanspruchungsform ausgehen. Das Erkennen des Zusammenhanges zwischen

- Wirkungsrichtung der äußeren Kräfte gegenüber der Achse des untersuchten Bauteiles
- Schnittgrößen (Normalkraft, Querkraft, Biegemoment, Drillmoment) und
- Beanspruchungsform (Festigkeitsfälle Zug, Druck, Scheren, Schub, Biegung, Drillung sowie Stabilitätsfälle Knicken, Beulen)

steht daher am Anfang der Betrachtungen (vgl. Tabelle 1.1).

Tabelle 1.1: Beanspruchungsarten

Wirkungs-richtung	**Schnittgrößen**	**Beanspruchungsform**		**Beispiele für Bauteile**
		Festigkeits-fall	**Stabilitäts-fall**	
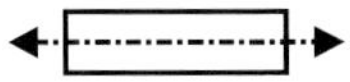	Normalkraft *N*	Zug oder Druck	Knicken	Fachwerkstäbe Stützen
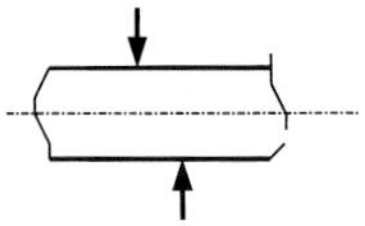	Querkraft *V* (Scherkraft)	Scheren Lochleibung		Schrauben Niete Schweißnähte Dübel Nägel
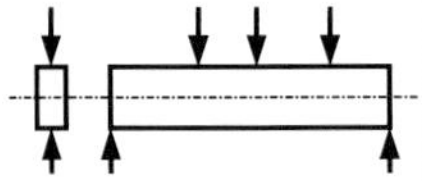	Querkraft *V* Biegemoment *M*	Schub Biegung	Beulen Knicken	Träger Rahmen Deckenplatten
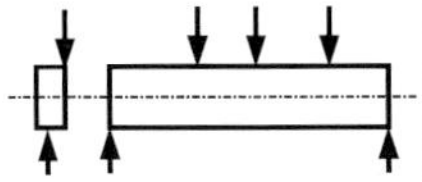	Querkraft *V* Biegemoment *M* Drillmoment *T*	Schub Biegung Drillung	Beulen Knicken	Träger Rahmen

Die Querkraft ist in der Vergangenheit mit Q bezeichnet worden. Diese Bezeichnung ist noch anzutreffen.

Obwohl häufig mehrere Beanspruchungsformen gleichzeitig auftreten, ist doch eine getrennte Untersuchung mit nachträglicher Überlagerung der Einzelwirkungen zweckmäßig. Die Erscheinungen im Material sind so besser vorstellbar und bleiben nicht hinter der umfassenden mathematischen Formulierung verborgen, die sich für den allgemeinen Fall ergibt.

Die Stabilitätsfälle Knicken und Beulen sind vorwiegend bei schlanken bzw. dünnwandigen Bauteilen in Verbindung mit Druck- und Schubbeanspruchungen von Bedeutung und kommen daher nur für bestimmte Baustoffe und Tragwerksformen in Betracht.

1.3 Spannungen und Formänderungen

Die Belastungen der Bauwerke (Eigenlasten, Verkehrslasten, Schneelasten, Windlasten usw.) rufen in jedem Querschnitt Wirkungen hervor, die wir in Form der Schnittgrößen erfassen (Bild 1.1).

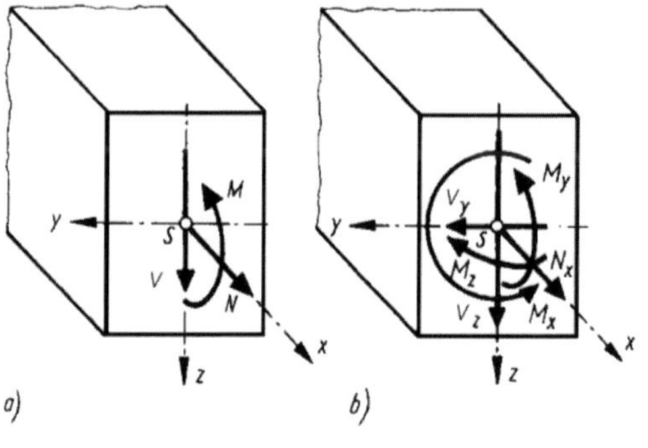

Bild 1.1

Bei ebenen Kraftsystemen können die in Bild 1.1a dargestellten 3 Schnittgrößen wirken. Im allgemeinen Fall sind 6 Schnittgrößen möglich (Bild 1.1b).

Diese sind

- Normalkraft N_x
- Querkräfte V_z und V_y
- Biegemomente M_y und M_z
- Drillmomente M_x (auch mit M_T bezeichnet).

Infolge der genannten Schnittgrößen, die jeweils bestimmte Komponenten der Gesamtbeanspruchung des Querschnittes darstellen, entstehen in den Querschnittselementen Kräfte, über deren Richtung, Größe und Verteilung genauere Angaben erforderlich sind. Biegemomente und Normalkräfte rufen innere Kräfte senkrecht zur Querschnittsebene hervor (Bild 1.2a), Querkräfte und Torsionsmomente dagegen innere Kräfte in der Querschnittsebene (Bild 1.2b).

Zur Beschreibung der Größe und Verteilung im Querschnitt wird die Kraft je Flächeneinheit (mm^2, cm^2) verwendet.

Die Kraft je Flächeneinheit wird Spannung genannt und mit den Buchstaben σ oder τ bezeichnet.

σ steht für die Normalspannung, bezeichnet also Kraft je Flächeneinheit senkrecht (normal) zur Querschnittsfläche; hervorgerufen im Wesentlichen durch Normalkräfte und Biegemomente.

τ erfasst die Tangentialspannung, d. h. eine Kraft je Flächeneinheit in der Querschnittsebene; hervorgerufen durch Scherkräfte, Querkräfte und Torsionsmomente.

Die Spannung hat als Kraft je Flächeneinheit die Maßeinheiten N/mm^2, MN/m^2 oder auch kN/cm^2. Je nach Abmessungen der Bauteile werden auch weitere Größen gewählt.

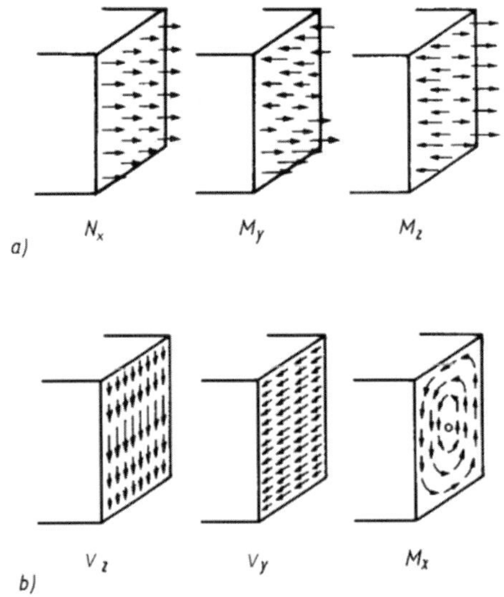

Bild 1.2

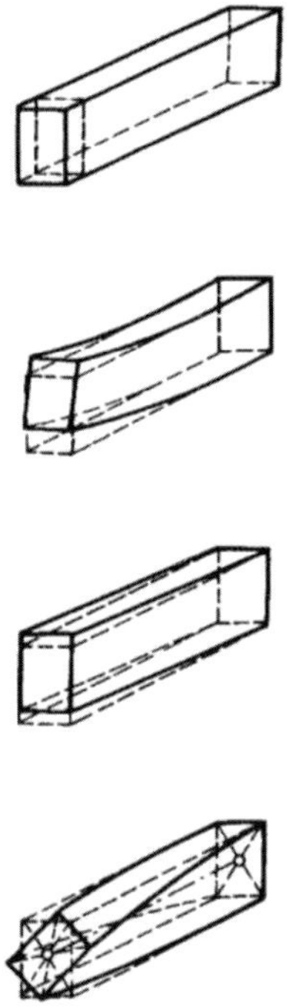

Bild 1.3

Spannungen können noch durch einen besonderen Index gekennzeichnet werden. Man unterscheidet danach

Zugspannungen σ_z — Druckspannungen σ_d
Biegespannungen σ_b — Scherspannungen τ_a
Schubspannungen τ_s — Torsionsspannungen τ_t

Daneben werden auch Indizes verwendet, die die Richtung der Spannungskomponenten angeben. Diese stimmen mit den Achsenbezeichnungen des Koordinatensystems *x*, *y*, *z* überein (z. B. σ_x, σ_y, σ_z, τ_{xy}, τ_{xz},...).

Infolge von Spannungen entstehen innere Verzerrungen und äußere Formänderungen. Beide Erscheinungen sind bei jeder Belastung vorhanden, ganz gleich, ob wir sie mit dem bloßen Auge oder nur mit optischen und messtechnischen Mitteln feststellen können.

Normalspannungen rufen Längenänderungen (Dehnungen bzw. Stauchungen) hervor. Tangentialspannungen bewirken Gleitungen. Daraus resultieren Formänderungen der Bauteile nach Bild 1.3:

- Längenänderungen (Dehnungen oder Stauchungen)
- Krümmungen der Stabachse (Dehnungen und Stauchungen gleichzeitig, aber in verschiedenen Bereichen des Bauteils)
- Gleitungen
- Verdrillungen.

Den **Zusammenhang zwischen Schnittkräften, Spannungen, Verzerrungen und Formänderungen** zeigt Tabelle 1.2.

Tabelle 1.2: Zusammenhang zwischen Schnittkräften, Spannungen, Verzerrungen und Formänderungen

Schnittkraft	Spannung	Verzerrung	Formänderung
Normalkraft	σ_z oder σ_d	Dehnungen oder Stauchungen	Längenänderung
Biegemoment	σ_b (σ_z und σ_d)	Dehnungen und Stauchungen	Krümmung
Querkraft	τ_a τ_s	Gleitungen	Verschiebung Verschiebung und Verwölbung
Torsionsmoment	τ_t	Gleitungen	Verdrillung, u. U. Verwölbung

Verwölbungen sind Formänderungen, bei denen die Flächenelemente eines Querschnitts solche Bewegungen in Richtung der Stabachse erfahren, dass die Querschnitte nicht mehr eben bleiben, sondern sich „verwölben“. Von besonderer Bedeutung sind Verwölbungen nur bei Torsionsbeanspruchung bestimmter Querschnitte (vgl. Abschnitt 11.1).

Spannungen und Formänderungen hängen durch das Verhalten des Materials zusammen, so dass Materialkennzahlen für Beziehungen zwischen beiden maßgebend sind.

1.4 Nachweisführung

Mit der Nachweisführung soll erreicht werden, dass die in den Bauwerken enthaltenen Tragwerke für die vorgesehene Nutzung brauchbar sind. Dabei geht es nicht nur um die Tragfähigkeit schlechthin, sondern um das Erreichen der gerade notwendigen Tragfähigkeit mit dem geringsten Material- und Arbeitsaufwand.

Formal läuft jeder Nachweis auf eine Gegenüberstellung von

Beanspruchung ≤ Beanspruchbarkeit $S \leq R$

(engl. stress)

(engl. resistance)

hinaus. Gegenübergestellt werden können sowohl Kräfte als auch Spannungen. Das Symbol S steht für die äußeren Einwirkungen (Lasten, Schnittgrößen, vorhandene Spannungen). Für die inneren Widerstände (aus Abmessungen, Materialfestigkeit, Formänderungsverhalten, zulässigen Spannungen usw.) wird das Symbol R verwendet. Im Hinblick auf Materialökonomie ist Gleichheit zwischen S und R anzustreben. Für die Bemessung geht man grundsätzlich von Gleichheit aus und sucht die Abmessungen, mit denen man diese erreicht. Bemessung und Nachweis sind demnach Arbeitsschritte mit gleicher Zielstellung.

Alle Nachweise sind mit Problemen behaftet. Zu nennen wären:

- Im Nachweis werden sowohl S als auch R errechnet. Um wieviel weichen die wirklichen Werte S und R für das Tragwerk davon ab?
- Ab welcher Beanspruchung oder bei welchen Erscheinungen ist ein Bauwerk nicht mehr brauchbar (Grenzzustand der Nutzung oder Tragfähigkeit)?
- Welcher rechnerische Aufwand zur Erfassung der mechanischen Zusammenhänge ist für den gegebenen Fall angemessen?
- Wie zuverlässig ist das Materialverhalten für die betreffenden Beanspruchungs- und Konstruktionsformen erforscht?

Allein schon diese Aufstellung erklärt, dass sich besonders die Festigkeits- und Stabilitätsnachweise in stetiger Entwicklung befinden. Es geht dabei um eine immer bessere Erfassung der durch die Herstellung bedingten Abweichungen der realen Werte von den für die Berechnung verwendeten Eingangsgrößen (Normwerte, Rechenwerte).

Damit wird erreicht, dass der Zusammenhang

reales Verhalten – errechnetes Verhalten

zuverlässiger erfasst werden kann und die errechneten Abmessungen der tragenden Bauteile den real erforderlichen Werten nahekommen.

Alle realen Werte weisen Schwankungen auf, sind zufallsabhängig. Sie haben den Charakter einer Zufallsgröße und können mit Hilfe von Dichtefunktionen dargestellt werden. Bei allen neueren Bemessungs- und Nachweismethoden haben daher wahrscheinlichkeitstheoretische Gesetzmäßigkeiten immer mehr Eingang bei der Festlegung von Belastungen und Einwirkungen einerseits und Festigkeits- und Formänderungskennwerten andererseits gefunden.

Vom Anlass her kann man folgende Gruppierung der Nachweise verwenden:

- Standsicherheitsnachweise (Gleiten, Kippen, Setzen, Grundbruch)
- Festigkeitsnachweise (Erreichen einer festgelegten Spannung oder einer kritischen Beanspruchung)
- Stabilitätsnachweis (Stabilitätsverlust, Verlust einer für die Tragfähigkeit vorgegebenen Form)
- Formänderungsnachweise (Erreichen einer kritischen Durchbiegung oder Formänderung allgemein)
- Ermüdungsnachweise (Zeit- oder Dauerfestigkeitsversagen bei dynamischen Belastungen).

Differenzen zwischen Annahmen für die Rechnung und wirklichen Werten lassen sich auch als Unsicherheiten erklären.

Hier wäre zu gliedern nach:

1. Unsicherheiten in den Belastungen
2. Unsicherheiten im Systemverhalten
3. Unsicherheiten in den Abmessungen der tragenden Bauteile
4. Unsicherheiten in den Festigkeitseigenschaften der Baustoffe
5. Unsicherheiten der Berechnungsmethoden.

Zu einer verhältnismäßig einfachen Handhabung führt die Berücksichtigung aller Unsicherheiten in einem einzigen Beiwert γ, der das Verhältnis zwischen kritischen und zulässigen Werten ausdrückt. Wird als Grenze der Beanspruchbarkeit eine Spannung verwendet, dann erhält man für den zulässigen Wert

$$\gamma = \frac{\sigma_{\text{Grenzz.}}}{\text{zul}\,\sigma}; \qquad \text{zul}\,\sigma = \frac{\sigma_{\text{Grenzz.}}}{\gamma} \tag{1.1}$$

Der Festigkeitsnachweis lautet damit

$$\text{vorh}\,\sigma \leq \text{zul}\,\sigma \tag{1.2}$$

An keiner Stelle des Tragwerkes darf der rechnerische Spannungshöchstwert die zulässige Spannung überschreiten.

Für den Wert γ wird die Bezeichnung „summarischer Sicherheitsbeiwert" verwendet.

Diese Vorgehensweise war lange Zeit für alle Baustoffe üblich. In den aktuellen EC-Vorschriften wird dieses Verfahren nicht mehr verwendet.

Tabelle 1.3 vermittelt ein Bild von der Größenordnung der ungefähr angewendeten **summarischen Sicherheitsbeiwerte**.

Bemessung und Nachweis der zulässigen Spannungen erfolgen unabhängig vom Bauteil, von der Nutzung, der Bedeutung und der Belastung mit dem gleichen Sicherheitsbeiwert. Jede Weiterentwicklung muss zwangsläufig diese zwar einfache, aber pauschale Betrachtung aller Unsicherheiten durch eine differenzierte Erfassung ersetzen.

Tabelle 1.3: Summarische Sicherheitsbeiwerte

Baustoff und Berechnungsverfahren	γ
Stahl (zulässige Spannungen gegenüber Bruchfestigkeit)	2 ... 3
Stahl (Absicherung gegen die Fließspannung σ_S)	1,3 ... 1,7
Holz	3 ... 4
Beton (gegenüber Würfeldruckfestigkeit)	3 ... 4
Mauerwerk je nach Mörtelgruppe	5 ... 15

1.5 Nachweis nach der Methode der Grenzzustände

Im Eurocode erfolgt die Bemessung und Nachweisführung nach der **Methode der Grenzzustände**. Hier wird ein ganzes **System von Teilsicherheitsbeiwerten** γ verwendet. Dieses umfasst

Teilsicherheitsbeiwerte für Einwirkungen (γ_F, nach engl.: force)

Teilsicherheitsbeiwerte für Widerstandsgrößen (γ_M, nach engl.: material)

Teilsicherheitsbeiwerte für Kombinationen von Einwirkungen (ψ).

So wird für jedes Bauteil eine differenzierte Erfassung der Unsicherheiten ermöglicht. Die Differenz zwischen gerechnetem und realem Verhalten wird dadurch vermindert. Auch die Grenzen der Brauchbarkeit werden weitreichender erfasst.

1. Grenzzustand im Hinblick auf Tragfähigkeit
2. Grenzzustand im Hinblick auf Formänderungen
3. Grenzzustand im Hinblick auf Rissbildung (Gefügelockerung)
4. Grenzzustand im Hinblick auf die Stabilität.

Die Schnittgrößen aus äußeren Einwirkungen M_d, V_d, N_d, T_d (d: engl. design) werden den Schnittgrößen aus den inneren Widerständen $M(R_d)$, $V(R_d)$, $N(R_d)$, $T(R_d)$ im Grenzzustand der Tragfähigkeit gegenübergestellt. Die Nachweisform allgemein lautet jetzt

$$S_d < R_d \quad \text{oder} \quad S_d/R_d \quad \text{mit} \quad S_d = \psi \cdot \gamma_F \cdot S \quad \text{und} \quad R_d = R/\gamma_M \tag{1.3}$$

In ähnlicher Form lauten je nach Beanspruchung und Grenzzustand auch die speziellen Nachweise.

Die Teilsicherheitsbeiwerte für die Einwirkungen (γ_F) und die Kombinationsbeiwerte (ψ) sind in Band 1 ausführlich erläutert. Es wird auf die dortige Darstellung verwiesen.

Die Teilsicherheitsbeiwerte der Widerstandsgrößen sind in den jeweiligen Normen materialabhängig geregelt. Für den Stahlbau gelten z. B. die Werte nach Tabelle 1.4.

Tabelle 1.4: Größen der Teilsicherheitsbeiwerte γ_M im Stahlbau

γ_M	**Anwendung**
1,0	Beanspruchbarkeit von Querschnitten
1,1	Beanspruchbarkeit von Bauteilen bei Stabilitätsversagen
1,25	Beanspruchbarkeit von Querschnitten bei Bruchversagen infolge Zug

Abhängig vom Material sind weitere Einflüsse zu berücksichtigen. Im Stahlbau sind Querschnittsklassen zu berücksichtigen. Im Holzbau ist auf der Lastseite ein Modifikationsbeiwert k_{mod} abhängig vom Material, der Lasteinwirkungsdauer und der Nutzungsklasse zu bestimmen.

Im Stahlbau sind je nach Ermittlung der Beanspruchungen S_d und der Beanspruchbarkeiten R_d die Nachweisformen nach Tabelle 1.5 möglich.

Zusammenfassend lässt sich sagen:

Der Nachweis der ausreichenden Tragfähigkeit des Bauwerks bzw. Bauteils geht von Grenzspannungen oder Grenzzuständen aus. Entweder werden die maximal auftretenden Spannungen unter Normlasten den zulässigen Spannungen gegenübergestellt (Spannungsnachweis), oder die maximalen Schnittgrößen als Bemessungswerte werden mit den Schnittgrößen aus inneren Widerständen bei verschiedenen Grenzzuständen verglichen, um die Tragfähigkeit nachzuweisen.

Tabelle 1.5: Übersicht über die Nachweisformen im Stahlbau

Verfahren	Ermittlung der Beanspruchungen S_d nach	Ermittlung der Beanspruchbarkeiten R_d nach
Elastisch-Elastisch (E-E)	Elastizitätstheorie	Elastizitätstheorie
Elastisch-Plastisch (E-P)	Elastizitätstheorie	Plastizitätstheorie
Plastisch-Plastisch (P-P)	Plastizitätstheorie	Plastizitätstheorie

Im Eurocode wurden für den Nachweis Querschnittsklassen eingeführt. Diese werden über die *c/t*-Werte (*c* – Breite einer Querschnittsfläche ab Rundungsansatz; *t* Dicke der Querschnittsfläche) und den Materialwert $\varepsilon = \sqrt{235/f_y}$ definiert. Sie können für Walzprofile Tabellen entnommen werden.

Querschnitte der Klasse 1 können plastische Gelenke mit ausreichendem Rotationsvermögen für plastische Bemessung ausbilden – Nachweis plastisch – plastisch.

Querschnitt der Klasse 2 können die plastische Momententragfähigkeit entwickeln, haben aber aufgrund örtlichen Beulens nur eine begrenzte Rotationskapazität – Nachweis elastisch – plastisch.

Querschnitte der Klasse 3 erreichen die Streckgrenze bei Druckbeanspruchung in der ungünstigsten Querschnittsfaser, können aber wegen örtlichen Ausbeulens die plastischen Reserven nicht nutzen – Nachweis elastisch – elastisch.

Als Querschnitte der Klasse 4 werden alle Querschnitte eingestuft, die nicht den Klassen 1 bis 3 zugeordnet werden können. Bei diesen Querschnitten müssen Momenten- und Druckfähigkeit unter Berücksichtigung des örtlichen Ausbeulens bestimmt werden – Nachweis elastisch – elastisch mit effektiven Querschnitten.

2 Materialkennwerte für Festigkeit und Formänderung

2.1 Kennwerte für Wirkungen von Normalspannungen

Spannungen und Verzerrungen hängen durch das Verhalten des Materials zusammen, so dass Materialkennzahlen für Beziehungen zwischen beiden benötigt werden.

Zur Ermittlung dieser Werkstoffwerte dienen Festigkeitsprüfungen. Sie sind für verschiedene Beanspruchungsarten erforderlich, da das Festigkeitsverhalten von der Art der Beanspruchung abhängt.

Weitgehenden Einblick in das Festigkeitsverhalten erhält man beim Zugversuch am Baustahl. Man spannt dazu einen runden Stahlstab der Länge 10*d* mit dem Ausgangsquerschnitt A_0 in eine Prüfmaschine und beobachtet sein Verhalten unter Zugbelastung bis zum Zerreißen. Die zu jeder Laststufe gehörende Spannung σ und Dehnung ε werden im Spannungs-Dehnungs-Diagramm (Bild 2.1) aufgetragen. Die Dehnung ε wird zur besseren Darstellung meist in Prozent eingeführt. In den Gleichungen für σ und ε in Bild 2.1 bedeuten für den Probestab:

l_0 Ursprungslänge

Δl Längenzunahme

A_0 Ausgangsquerschnitt

N Zugkraft

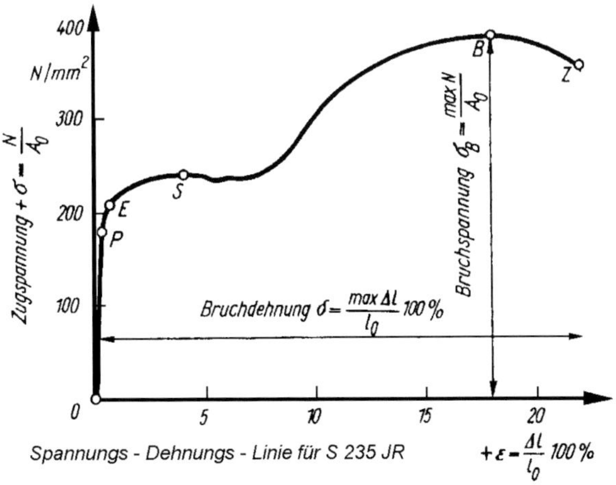

Spannungs - Dehnungs - Linie für S 235 JR

Bild 2.1

Die Spannungs-Dehnungs-Linie weist eine Anzahl Punkte auf, die für die Festigkeitseigenschaften kennzeichnend sind. Je nach Werkstoff werden unterschiedliche Bezeichnungen verwendet:

1. Proportionalitätsgrenze σ_P (Punkt *P*)

Die Spannungs-Dehnungs-Linie ist für $0 \leq \sigma \leq \sigma_P$ eine Gerade. Die Dehnungen sind proportional den erzeugenden Spannungen, so dass in diesem Bereich gilt:

$$\sigma / \varepsilon = \text{const.}$$

2. Elastizitäts- oder Dehngrenze σ_E, $R_{p0,2}$ (Punkt *E*)

Die Dehnungen wachsen zwischen $\sigma_P \leq \sigma \leq \sigma_E$ rascher an als die Spannungen, der Neigungswinkel der Kurve wird geringer. Bei Entlastung verschwinden jedoch die erzeugten Dehnungen noch vollständig, oder es bleiben Reste, die kleiner oder gleich 0,02 % sind. Bis zu dieser Spannung kann das Material als elastisch angesprochen werden.

3. Streck- oder Fließgrenze σ_S, R_e, $f_{y,k}$ (Punkt *S*)

Bei Spannungen $\sigma_E \leq \sigma \leq \sigma_S$ nehmen die Dehnungen noch schneller zu. Bei einer Entlastung verschwinden sie nicht mehr restlos. Das Material zeigt bereits plastische Verformungen. Von σ_S braucht die Spannung gar nicht mehr erhöht zu werden, trotzdem schreitet die Dehnung sichtbar fort. Der Probestab streckt sich, das Material beginnt zu fließen, wobei auch das Aussehen verändert wird. Blanke Stäbe werden plötzlich matt. In anderen Fällen löst sich die Walzhaut. Die Spannung σ_S bezeichnet man bei Zugbeanspruchung als Streckgrenze oder Fließgrenze. Bei Druckbelastungen spricht man im Allgemeinen von der Stauch- oder Quetschgrenze.

4. Bruchgrenze, Zugfestigkeit σ_B, R_m, $f_{u,k}$ (Punkt *B*)

Nach dem ausgeprägten Fließbereich (vgl. Kurve) ist eine Spannungserhöhung notwendig, um weitere Dehnungen zu erzeugen (Verfestigungsbereich des Materials). Mit σ_B wird die für das Material höchstmögliche Spannung erreicht. Der weitere Verlauf der Kurve zeigt einen deutlichen Spannungsabfall bei zunehmenden Dehnungen, bis der Stab unter sichtbarer Einschnürung zerreißt (Punkt *Z*).

5. Bruchdehnung δ, *A* (Punkt *Z*)

Die bis zum Zerreißen eingetretene Dehnung wird Bruchdehnung genannt und mit δ bezeichnet.

In Bild 2.2 ist zum Vergleich die Spannungs-Stauchungs-Linie eines Betonprismas aufgetragen (Stauchungen in ‰). Aus dem Kurvenverlauf lassen sich nicht wie beim Stahl eindeutige Punkte *P, E* und *S* erkennen. Die Bruchdehnung liegt wesentlich niedriger als bei Stahl.

Die Spannungs-Dehnungs-Linie bzw. Spannungs-Stauchungs-Linie gibt Auskunft über das Festigkeits- und Formänderungsvermögen des Baustoffes. Von besonderer Bedeutung sind die Bruchgrenze σ_B (meist Bruchfestigkeit genannt) und die Bruchdehnung δ.

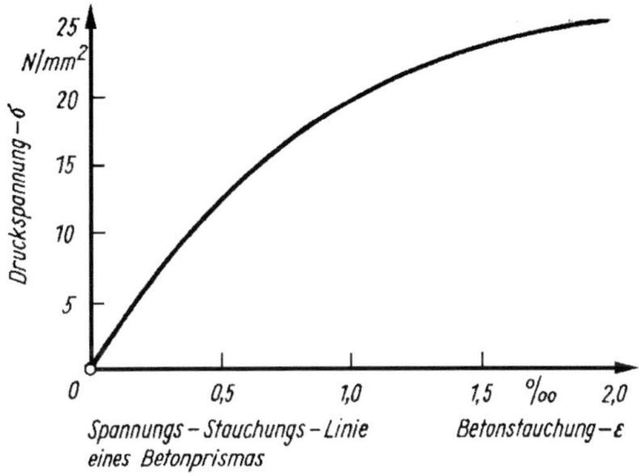

Bild 2.2

Die Bruchdehnung kennzeichnet die Zähigkeit bzw. Spröde eines Baustoffes. Eine hohe Bruchdehnung weist auf zähes Material hin (z. B. Baustahl $\delta \approx$ 10 bis 30 %); dagegen hat spröder Baustoff eine geringe Bruchdehnung. Die Bruchstauchung (Verkürzung) des gedrückten Betonwürfels beträgt δ = –0,2 %. Spröde Stoffe haben oft überhaupt kein plastisches Verformungsvermögen und gehen nach Überschreiten der Elastizitätsgrenze plötzlich zu Bruch. Solche Baustoffe sind empfindlich gegen Stöße und schwingende Beanspruchung.

Nachdem das Verhalten einiger Baustoffe im Festigkeitsversuch betrachtet wurde, müssen rechnerische Beziehungen zwischen den Spannungen und Verzerrungen bzw. den Formänderungen abgeleitet werden.

Der englische Physiker *Robert Hooke* stellte im Jahre 1678 die Beziehung auf:

Die Formänderungen sind proportional den erzeugenden Spannungen.

Infolge einer Zugbelastung σ erfährt ein Stab der Ursprungslänge l_0 eine Längenänderung Δl. Der Quotient aus Δl und l_0 ist als Dehnung ε bereits bekannt:

$$\varepsilon = \frac{\Delta l}{l_0} \tag{2.1}$$

Darin ist ε eine dimensionslose Größe. Sie gibt an, wie groß die unter der Zugspannung eintretende Längenänderung je Längeneinheit ist. Bei Druckspannungen tritt eine Stauchung ein, der Wert für ε wird negativ.

Nach *Hooke* gilt die Beziehung $\varepsilon_1 : \varepsilon_2 = \sigma_1 : \sigma_2$ oder in anderer Schreibweise

$$\varepsilon = \alpha\sigma \tag{2.2}$$

Die Zahl α ist ein vom Material abhängiger Proportionalitätsfaktor, der Dehnzahl genannt wird (Maßeinheit: mm²/N). Sie entspricht der Dehnung, die durch eine Spannung von 1 N/mm² entsteht.

Die Dehnzahl α ist für die Mehrzahl der Baustoffe sehr klein, so dass dafür ihr Kehrwert verwendet wird:

$$E = \frac{1}{\alpha} \tag{2.3}$$

Der Wert E heißt Elastizitätsmodul oder Dehnmodul und hat die Maßeinheit der Spannung. Führt man E in Gl. (2.2) ein, dann lautet diese

$$\varepsilon = \frac{\sigma}{E}; \qquad E = \frac{\sigma}{\varepsilon} \qquad (2.4); (2.5)$$

Der Elastizitätsmodul ist eine Materialkonstante. Er kennzeichnet die Widerstandsfähigkeit eines Baustoffes gegenüber Formänderungen aus Normalspannungen. Je größer E ist, umso kleiner werden die Dehnungen bzw. Stauchungen unter einer bestimmten Spannung σ.

Der Elastizitätsmodul kann nach Gl. (2.2) aus der Spannungs-Dehnungs-Linie abgeleitet werden. Unterhalb der Spannung σ_P ist $\sigma/\varepsilon = \tan \varphi$, d. h., die Neigung der Spannungs-Dehnungs-Linie entspricht dem Elastizitätsmodul E.

Bei Spannungen oberhalb der Proportionalitätsgrenze ändert sich der Quotient σ/ε ständig. Für jeden Baustoff ist daher E nur bis zur Proportionalitätsgrenze konstant. Die ***E*-Werte** für die wichtigsten Baustoffe zeigt Tabelle 2.1. Dabei ist besonders bei Holz auf die Beanspruchungsrichtung und bei Mauerwerk auf die Auslastung zu achten.

Tabelle 2.1: *E*-Module wichtiger Baustoffe

Baustoff	**E in N/mm²**
alle Baustähle	210 000
Aluminiumlegierungen	70 000 ... 72 000
Glas (Verwendung im Bauwesen)	70 000
Holz (bei Beanspruchung in der Faserrichtung)	
NH C24 $E_{0,mean}/E_{90,mean}$	11 000/370
NH C30 $E_{0,mean}/E_{90,mean}$	12 000/400
BSH GL 24h $E_{0,mean}/E_{90,mean}$	11 600/390
BSH GL 24c $E_{0,mean}/E_{90,mean}$	11 600/320
BSH GL 28h $E_{0,mean}/E_{90,mean}$	12 600/420
BSH GL 28c $E_{0,mean}/E_{90,mean}$	12 600/390

Tabelle 2.1 (*fortgesetzt*)

Baustoff	*E* in N/mm²
Beton (*E*-Modul von der Betonklasse abhängig)	
C 16/20 (E_{cm})	29 000
C 20/25 (E_{cm})	30 000
C 25/30 (E_{cm})	31 000
C 30/37 (E_{cm})	33 000
Mauerwerk aus Ziegeln	(2 000 ... 20 000)
Mauerziegel	$3\,500 \cdot \sigma_0$
Kalksandsteine	$3\,000 \cdot \sigma_0$
Leichtbetonsteine	$5\,000 \cdot \sigma_0$
Betonsteine	$7\,500 \cdot \sigma_0$
Porenbetonsteine	$2\,500 \cdot \sigma_0$

Für jeden Baustoff sind die jeweils gültigen Bestimmungen zu beachten. Bei vielen Baustoffen, insbesondere bei Grauguss, Stein, Holz, Beton, gilt schon bei niedrigen Lasten das *Hooke*sche Gesetz nicht mehr.

Eine rechnerische Beziehung, die das Verhalten dieser Baustoffe unter Last besser als das *Hooke*sche Gesetz erfasst, ist das Potenzgesetz (1729 von *Bülfinger* aufgestellt und von *Bach* und *Schüle* 1897 zur Anwendung vorgeschlagen). Mit Hilfe von $E = 1/\alpha$ lautet es

$$\varepsilon = \alpha\sigma^n \quad \text{oder} \quad \varepsilon = \frac{\sigma^n}{E} \tag{2.6}$$

Der Fall $n = 1$ ergibt das *Hooke*sche Gesetz mit $\varepsilon = \alpha\sigma$ bzw. $\varepsilon = \sigma/E$, das für Stahl zutrifft. Grauguss, Steine, Mörtel haben einen Exponenten $n > 1$, z. B. Grauguss $n = 1{,}07$, Beton $n = 1{,}11$ bis 1,16. Bei diesen Baustoffen wachsen daher auch die Dehnungen schneller als die Spannungen. Die Spannungs-Dehnungs-Linie ist jetzt nicht mehr eine Gerade, sondern eine Kurve, die ihre konkave Seite der Abszissenachse zukehrt (Bild 2.3). Bei manchen Stoffen, z. B. Leder oder Hanf, ist $n < 1$. Die Spannungs-Dehnungs-Linie kehrt ihre konkave Seite der Ordinatenachse zu (Bild 2.4).

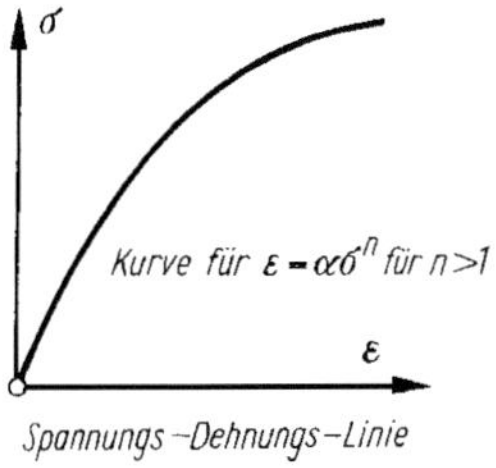

Bild 2.3

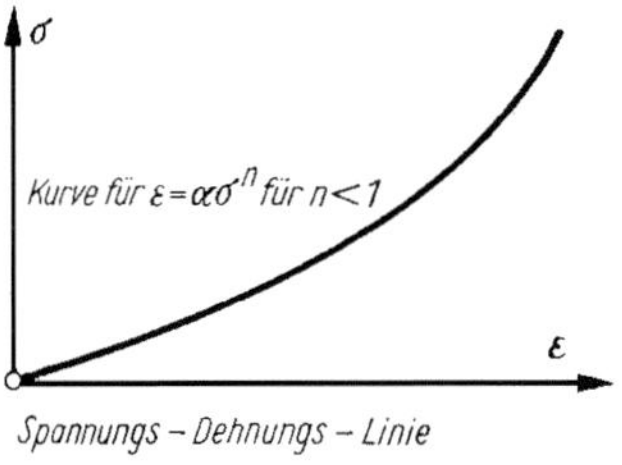

Bild 2.4

Bisher wurden nur Längenänderungen in Richtung der Längsachse betrachtet. Ein gezogener Stab wird aber nicht nur länger, er wird auch dünner (Bild 2.5). Der Ursprungsdurchmesser d_0 eines zylindrischen Stabes vermindert sich um Δd. Der Quotient aus Δd und d_0 wird als Querdehnung (Querkürzung) bezeichnet:

$$\eta_q = \frac{\Delta d}{d_0} \tag{2.7}$$

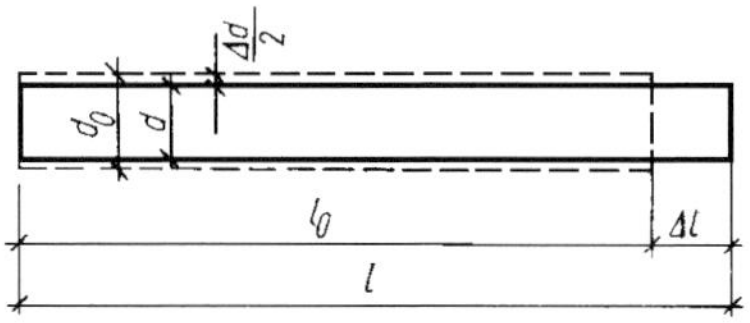

Bild 2.5

Vergleicht man die unter verschiedenen Spannungen auftretende Längsdehnung ε_l mit der gleichzeitig vorhandenen Querdehnung ε_q so bleibt das Verhältnis $\varepsilon_l / \varepsilon_q$ fast gleich für jede Spannung. Das Verhältnis $\varepsilon_l / \varepsilon_q$ wird mit m bezeichnet und wurde von *Poisson* untersucht. Auch hier wird oft mit einem Kehrwert gerechnet, der Querdehnzahl ν:

$$m = \frac{\varepsilon_l}{\varepsilon_q}; \qquad \nu = \frac{1}{m} = \frac{\varepsilon_q}{\varepsilon_l}$$

Es gilt für Metalle	i. M.:	$m = 3{,}3$,	$\nu = 0{,}3$
für Beton	i. M.:	$m = 5$,	$\nu = 0{,}2$
für Glas	i. M.:	$m = 5 \ldots 4{,}4$,	$\nu = 0{,}2 \ldots 0{,}23$

Die Querdehnung ε_q kann mit Hilfe von m aus ε_l wie folgt errechnet werden:

$$\varepsilon_q = \frac{\varepsilon_l}{m} = \frac{\sigma}{mE} \tag{2.8}$$

Zur Berechnung von Längenänderungen löst man Gl. (2.1) nach Δl auf und verwendet für ε Gl. (2.2) bzw. Gl. (2.4):

$$\Delta l = \varepsilon l_0; \qquad \varepsilon = \alpha\sigma = \frac{\sigma}{E}; \qquad \Delta l = \frac{\sigma}{E} l_0 \tag{2.9}$$

Bei Normalkräften wird die Spannung $\sigma = N/A_0$. Man erhält somit

$$\Delta l = \frac{N l_0}{E A_0} \tag{2.10}$$

Diese Gleichung erlaubt, für jedes Bauteil mit bekanntem Querschnitt A_0 und bekannter Ausgangslänge l_0 die unter einer bestimmten Zug- oder Druckkraft eintretende Längenänderung Δl zu errechnen. In Gl. (2.10) wird vorausgesetzt, dass N und A_0 auf die Länge l_0 konstant sind. Sind sie veränderlich, so wird, wenn N und A als Funktion von x gegeben sind,

$$\Delta l = \int_0^l \Delta \mathrm{d}x = \int_0^l \frac{N(x)}{EA(x)}\,\mathrm{d}x \qquad (2.11)$$

2.2 Kennwerte für Wirkungen von Tangentialspannungen

Während bei Zug- bzw. Druckbeanspruchungen benachbarte Querschnitte sich entfernen bzw. annähern, werden bei Scher- oder Schubbeanspruchung die Querschnitte gegeneinander verschoben (Bild 2.6). Das Bild zeigt stark vergrößert die Bewegung des Querschnittes 2 infolge Q gegenüber dem Querschnitt 1 um Δz. Die Verschiebung wird durch die Winkeländerung γ erfasst.

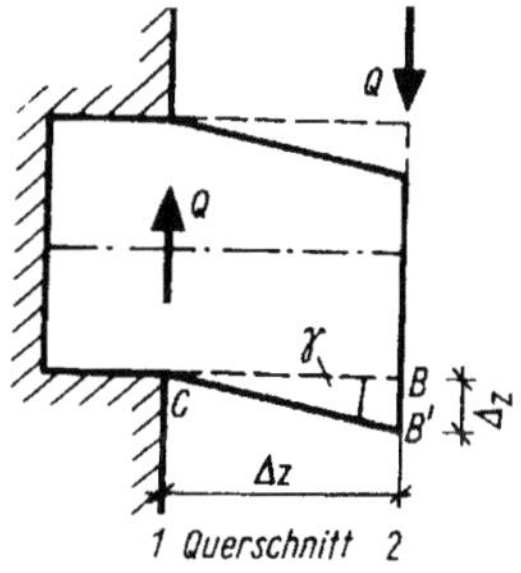

Bild 2.6

Die ursprüngliche Kante CB wird durch die Schubkraft Q um den Winkel γ in die Lage CB' gebracht. Der Winkel γ wird im Bogenmaß (da für sehr kleine Winkel $\alpha \approx \tan \alpha$ gesetzt werden kann) gemessen

$$\gamma = \frac{\Delta z}{\Delta x} \qquad (2.12)$$

γ wird Schubwinkel oder Gleitung genannt. Nach dem *Hooke*schen Gesetz sind die Gleitungen proportional den Spannungen, also gilt auch hier $\gamma_1 : \gamma_2 = \tau_1 : \tau_2$ oder in anderer Form

$$\gamma = \beta\tau \qquad (2.13)$$

Darin ist die Schubzahl β ein vom Material abhängiger Proportionalitätsfaktor (die Gleitung für die Spannung 1). Der Kehrwert von β ist der Schub- oder Gleitmodul G

$$G = \frac{1}{\beta}$$

Führt man den Schubmodul *G* in Gl. (2.13) ein, so wird

$$\gamma = \frac{\tau}{G} \tag{2.14}$$

Der Schubmodul *G* ist mit dem Elastizitätsmodul *E* durch folgende Beziehung verbunden:

$$G = \frac{mE}{2(m+1)} = \frac{E}{2(1+\nu)} \tag{2.15}$$

Tabelle 2.2: Anhaltswerte für den Schubmodul *G*

Baustoff	*G* in N/mm²	Baustoff	*G* in N/mm²
Stahl	81000	Grauguss	38000
Leichtmetall-Legierungen	28000	Beton	4800 ... 16000
		Holz	500 ... 1000

Den Schubmodul einiger Baustoffe enthält die Tabelle 2.2.

Zahlreiche Baustoffprüfungen zeigen, dass das *Hooke*sche Gesetz nicht für jeden Baustoff und auch nicht für jeden Belastungsbereich zutrifft. Es gilt trotzdem als wichtige Voraussetzung der Elastizitätstheorie und kann für viele Baustoffe mit ausreichender Genauigkeit verwendet werden.

Einen Überblick über die ungefähren Bruchfestigkeiten der wichtigsten Baustoffe gibt Tabelle 2.3.

Tabelle 2.3: Bruchfestigkeiten (Werte in N/mm^2)

Baustoff	Zugfestigkeit	Druckfestigkeit	Schubfestigkeit
Massenstähle	380 ... 600	240 ... 600	300 ... 500
Beton	0,1 ... 0,6	12 ... 60	≈ 1/8 der Druckf.
Nadelholz			
II zur Faser	50 ... 60	25 ... 30	4 ... 5
⊥ zur Faser	–	≈ 8	≈ 20
Ziegelmauerwerk	–	≈ 5	≈ 1/13 der Druckf.
Grauguss	150 ... 200	≈ 700	150 ... 200

2.3 Formänderungen bei Temperatureinwirkungen

Außer durch unmittelbare Krafteinwirkung entstehen Längenänderungen durch Temperaturschwankungen, und zwar Verlängerungen durch Temperaturanstieg, Verkürzungen durch Temperaturabfall.

Diese Änderungen nehmen bei größeren Bauwerken beträchtliche Ausmaße an. Man wird im Allgemeinen durch konstruktive Maßnahmen dafür sorgen, dass sich diese Längenänderungen zwangsfrei einstellen können. Solche Maßnahmen sind bewegliche Auflager, Gleitfugen und Dehnungsfugen.

Infolge von Temperatureinflüssen entsteht eine Wärmedehnung ε_T. Sie entspricht der Dehnung ε bei Zug- bzw. Druckkraft.

$$\varepsilon_T = \frac{\text{Längenänderung aus Temperatur}}{\text{Ausgangslänge}} = \frac{\Delta l_T}{l_0}$$

Tabelle 2.4: Wärmedehnzahlen wichtiger Baustoffe

Baustoff	**α_T in K^{-1}**
Stahl	0,000012
Grauguss und Beton	0,000010
Quader- und Bruchsteinmauerwerk	0,000008
Ziegelmauerwerk	0,000006
Holz	0,000003
Leichtmetalle	0,000023
Glas	0,000004 ... 0,000009

Der Index T weist auf die Temperatur hin. Zwischen der Temperaturänderung ΔT in K und der Wärmedehnung ε_T besteht ein linearer Zusammenhang. Unter Verwendung eines Proportionalitätsfaktors α_T in K^{-1} lässt sich dieser Zusammenhang formulieren:

$$\varepsilon_T = \alpha_T \, \Delta T \qquad (2.16)$$

Erfährt der Stab eine gleiche Temperaturänderung über den gesamten Querschnitt und die gesamte Länge, so ergibt sich eine Längenänderung aus $\varepsilon_T = \Delta l_T / l_0$ infolge ΔT:

$$\Delta l_T = \alpha_T l_0 \, \Delta T \tag{2.17}$$

Darin ist α_T die materialabhängige Wärmedehnzahl (vgl. Tabelle 2.4). Sie gibt die Längenänderung an, die ein Stab von der Größe der Längeneinheit (z. B. 1 m oder 1 cm) bei Temperaturänderung um 1 K erfährt. l_0 bezeichnet die Ausgangslänge, ΔT die Temperaturschwankung vom Ausgangszustand zum Endzustand.

Temperaturdifferenzen zwischen Trägerober- und Trägerunterseite erzeugten Krümmungen der Stabachse mit dem Krümmungsradius ρ. Nimmt man eine lineare Temperaturänderung ΔT über die Trägerhöhe an (Bild 2.7), so ergeben sich die Längenänderungen Δdx_T nach einer linearen Verteilung, so dass gilt:

$$\frac{\Delta dx_T}{dx} = \frac{z}{\rho}; \qquad \frac{\Delta dx_T}{dx} = \varepsilon_T = \frac{\alpha_T \, \Delta T}{h} z; \qquad \frac{z}{\rho} = \frac{\alpha_T \, \Delta T z}{h};$$

$$k = \frac{1}{\rho} = \frac{\alpha_T \, \Delta T}{h} \tag{2.18}$$

Die Krümmung k der Stabachse ist direkt proportional der Temperaturdifferenz über die Trägerhöhe und der Wärmedehnzahl α_T und umgekehrt proportional der Trägerhöhe h.

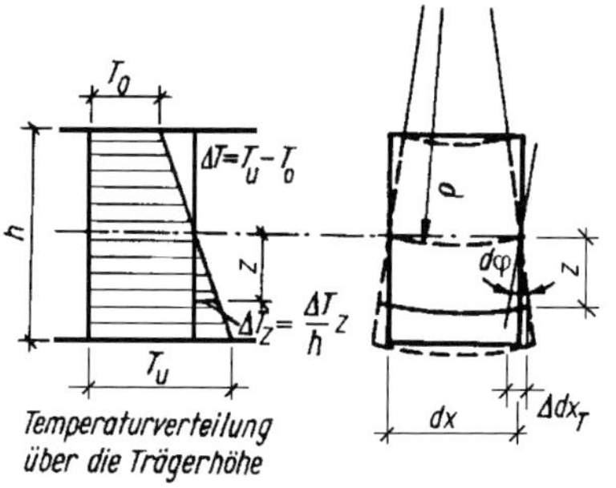

Bild 2.7

Im Allgemeinen wird mit Temperaturschwankungen von ± 15 K bis ± 20 K gerechnet. Bei ungeschützten Stahlbauten ist ΔT mit ± 35 K anzunehmen. Man setzt voraus, dass das Bauwerk bei einer mittleren Temperatur von +10 °C errichtet wird.

Bei statisch unbestimmten Konstruktionen können sich bestimmte Längenänderungen nicht frei einstellen. In diesem Fall werden zusätzliche innere Kräfte ausgelöst, die sehr groß sein können.

Für Temperaturschwankungen lässt sich die Beanspruchung einfach errechnen, wenn die Längenänderung vollständig behindert wird. Bei Erwärmung würde sich ein Stab um Δl_T ausdehnen. Infolge der Behinderung entsteht eine Druckspannung (bzw.

Druckkraft), die eine gleich große Verkürzung erzeugt, so dass die Ausgangslänge l_0 unverändert bleibt. Für diesen Fall gilt

$$\Delta l = 0; \qquad \Delta l_T + \Delta l_N = 0; \qquad \Delta l_N = -\Delta l_T; \qquad \frac{\sigma}{E} l_0 = -\alpha_T l_0 \, \Delta T \tag{2.19}$$

Das negative Vorzeichen in Gl. (2.19) drückt aus, dass die erzeugte Spannung eine Druckspannung sein muss. Wird nicht nach der Spannung, sondern nach der Kraft gefragt, so erhält man mit $\sigma = N/A_0$ und Gl. (2.19)

$$N = -A_0 E \alpha_T \, \Delta T \tag{2.20}$$

Für eine teilweise Nachgiebigkeit Δl lassen sich die vorstehenden Beziehungen ebenso verwenden. Es wäre jetzt lediglich

$$\Delta l \neq 0; \qquad \Delta l_T + \Delta l_N = \Delta l; \qquad \Delta l_N = \Delta l - \Delta l_T$$

2.4 Kennwerte für Kriechen und Schwinden

Es ist eine weitere Formänderungserscheinung zu beachten, die Kriechen genannt wird. Hierbei handelt es sich um Längenänderungen, die bei bestimmten Baustoffen durch Dauerdruckspannungen entstehen. Sie halten bei Beton, für den solche Kriecherscheinungen von zu berücksichtigender Größe sind, mehrere Jahre lang an. Sie bedingen ein erhebliches Anwachsen der Formänderung. Besonders wichtig ist dies beim Spannbeton, der unter einer ständigen Dauerbeanspruchung steht.

Diese sehr komplexen Vorgänge können hier nur kurz vorgestellt werden. Für die konkreten baustoffspezifischen Anwendungen bleiben die speziellen Vorschriften (s. auch Ende dieses Kapitels) vorbehalten.

Für die Berechnung der Kriechverformung des Betons sind viele Einflüsse zu beachten. Die folgenden Beziehungen lassen diese besonders gut erkennen.

Die Kriechstauchung ε_{bk} in Abhängigkeit vom Belastungszeitraum Δt wird:

$$\varepsilon_{ck}(\Delta t) = \frac{\sigma_c(t_0)}{E_c(t_0)} \varphi(\Delta t) \tag{2.21}$$

$\sigma_c(t_0)$	Betonspannung nach Elastizitätstheorie zum Zeitpunkt der Lasteintragung
$E_c(t_0)$	E-Modul des Betons zum Zeitpunkt der Lasteintragung
$\Delta t = t - t_0$	Belastungszeitraum in Tagen
$\varphi(\Delta t) = \varphi_\infty f(\Delta t)$	Kriechzahl für Belastungszeitraum Δt

Für die Berechnung der Kriechzahl wird auf die Literatur, z. B. den Eurocode (EC2-1-1, 3.1.4) verwiesen.

Von praktischer Bedeutung ist vorwiegend die Endkriechstauchung

$$\varepsilon_{ck\infty} = \frac{\sigma_c(t_0)}{E_c(t_0)}\,\varphi_\infty$$

In den Vorschriften wird dafür die Endkriechzahl φ_∞ in Abhängigkeit vom Alter bei Belastung, Umgebungsbedingungen und wirksamer Bauteildicke in Tabellenform angegeben.

Eine weitere Formänderungserscheinung des Betons ist das Schwinden. Ursachen sind chemische Vorgänge bzw. die Austrocknung. Zur Berechnung der Schwindverkürzung für den Zeitraum Δt dienen folgende Beziehungen.

$$\varepsilon_{cs}(\Delta t) = \varepsilon_{cd}(\Delta t) + \varepsilon_{ca}(\Delta t) \qquad (2.22)$$

Aus der Formel ist ersichtlich, dass sich die Schwindverkürzung aus zwei Anteilen zusammensetzt. Der erste Anteil $\varepsilon_{cd}(\Delta t)$ entsteht aus der Trocknung des Betons durch das Austrocknen des nicht gebundenen Wassers. Der zweite Anteil $\varepsilon_{ca}(\Delta t)$ wird durch Betonerhärtung ausgelöst. Der Hauptanteil des Schwindens entsteht bereits in den ersten 3–5 Tagen nach dem Betonieren. Größe und Verlauf des Schwinden können durch die Betonzusammensetzung (z. B. Zementsorte) und den Wassergehalt (Verhältnis Wasser / Zement – w/z-Wert) gesteuert werden.

Das Schwinden ist besonders dann von Bedeutung, wenn Baustoffe mit unterschiedlichem Schwindmaß gemeinsam verarbeitet werden. Dies ist z. B. der Fall, wenn eine monolithische Stahlbetondecke auf Mauerwerkswänden hergestellt wird. Besonders kritisch ist dies bei Dachdecken, da sie auf Grund der fehlenden Auflast erhöhte Bewegungsmöglichkeiten haben. Rissbildungen im Mauerwerk sind häufig die Folge. Wichtige Festlegungen dazu sind in DIN 18530 (Massive Deckenkonstruktionen für Dächer) enthalten. Werden keine besonderen Maßnahmen gegen solche Schwindererscheinungen getroffen, sollte z. B. ein Bauwerk aus Mauerwerkswänden und monolithischen Stahlbetondecken nicht länger als 24 m sein.

2.5 Belastung und Festigkeitsverhalten

Das Festigkeitsverhalten der Baustoffe bzw. Bauteile wird wesentlich vom Lastverhalten bestimmt. Je nach Bauwerk sind dabei folgende Erscheinungen zu beachten (Bilder 2.8 und 2.9):

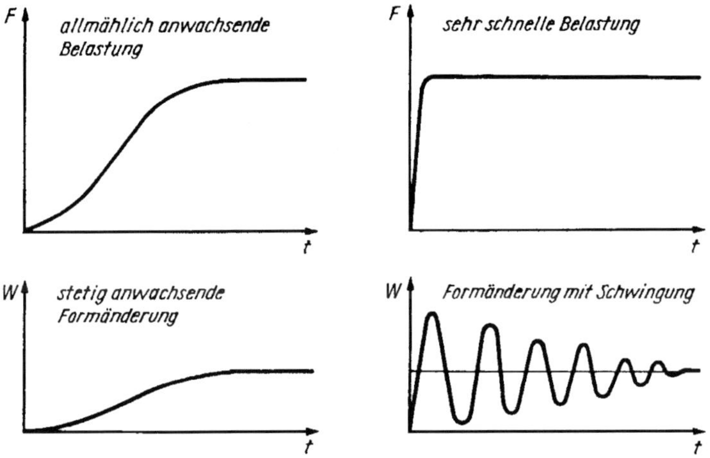

Bild 2.8

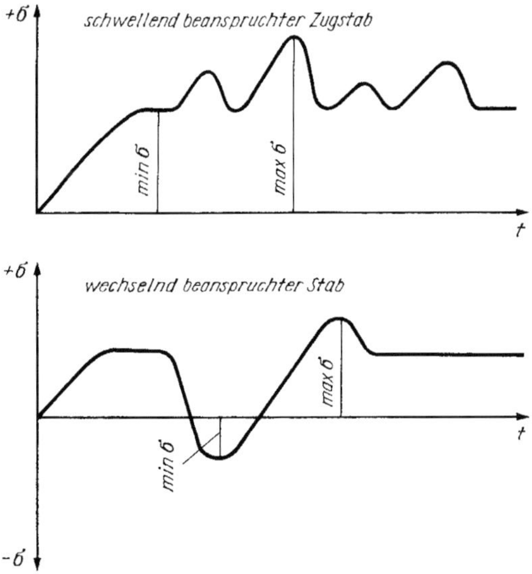

Bild 2.9

- **Lasteintragung**
  allmählich anwachsend (Eigenlasten)
  schnell oder sehr schnell (Fahrzeuge)
  plötzlich (Anprall)

- **Dauer der Lasteinwirkung in Verbindung mit ihrer Größe**
  dauernd wirksamer Anteil (Dauerlast) der rechnerischen Gesamtlast (Höchstlast) und zeitliche Veränderung
- **periodische Veränderlichkeit der Belastung**
  Anzahl der Lastspiele während der Lebensdauer.

Danach lassen sich folgende Zuordnungen vornehmen:

- **vorwiegend ruhende oder statische Belastung**
  statischer Festigkeitsnachweis
  statische Festigkeit des Materials
- **schwellende oder wechselnde dynamische Belastung**
  Ermüdungsfestigkeitsnachweis (Betriebsfestigkeitsnachweis)
  Dauer- oder Zeitfestigkeit des Materials.

Die statische Festigkeit ergibt sich aus einer einmaligen Belastung bis zum Bruch. Sie hat Bedeutung bei Bauteilen, die vorwiegend ruhenden (statischen) Belastungen ausgesetzt sind.

Wird ein Bauteil häufigen Lastwechseln ausgesetzt (Brücken, Kranbahnen, Maschinen), so tritt der Bruch bereits bei Spannungen unterhalb der Bruchfestigkeit ein. Man bezeichnet diese Festigkeit als Ermüdungsfestigkeit. Der Ermüdungsbruch nimmt seinen Ausgang von Stellen mit örtlichen Spannungsspitzen, die durch

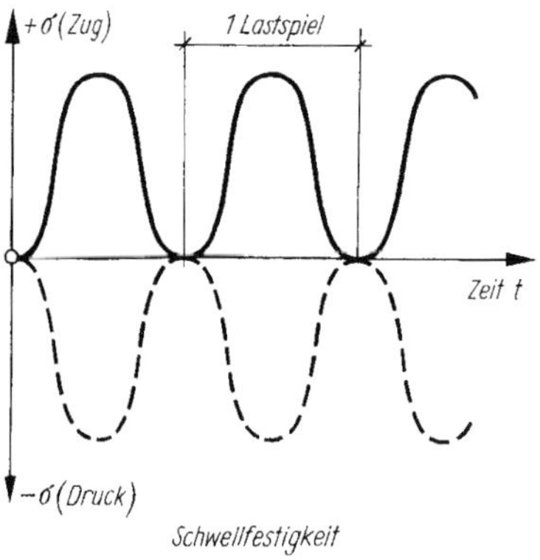

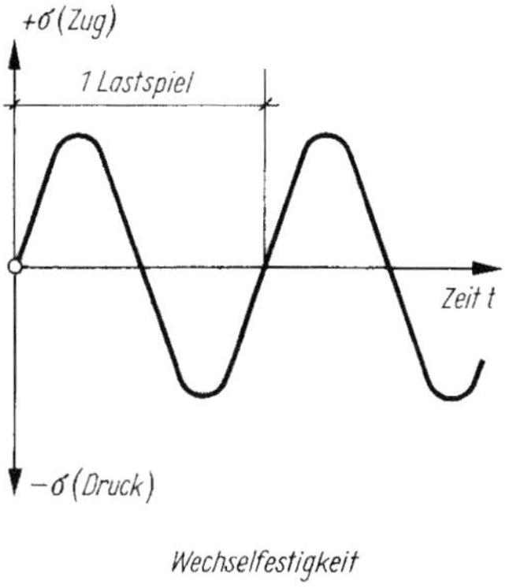

Bild 2.10

Kerben, Nietlöcher, kleine Risse oder plötzliche Querschnittsübergänge verursacht werden.

Zur Beschreibung der Ermüdungsfestigkeit können zwei Kennwerte herangezogen werden (Bild 2.10):

Schwellfestigkeit

Darunter wird diejenige größte Spannung σ verstanden, die bei beliebig vielen Lastwechseln zwischen 0 und σ (Zug oder Druck) ohne Zerstörung aufgenommen werden kann.

Wechselfestigkeit

Darunter wird diejenige Spannung σ verstanden, die bei dauerndem Wechsel zwischen $+\sigma$ (Zug) auf $-\sigma$ (Druck) beliebig oft ohne Zerstörung aufgenommen wird.

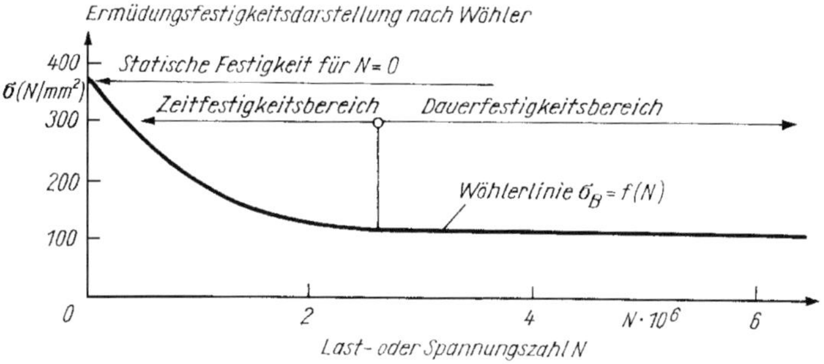

Bild 2.11

Für Metalle gelten ungefähr folgende Beziehungen zwischen der statischen Festigkeit und der Schwell- bzw. Wechselfestigkeit:

Schwellfestigkeit: $\sigma_{Sch} \approx \frac{2}{3}\sigma_B$

Wechselfestigkeit: $\sigma_W \approx \frac{1}{3}\sigma_B$

Für die Beurteilung der Beanspruchung im Sinne der Ermüdungsfestigkeit ist ein Ermüdungsfestigkeitsnachweis nach den jeweiligen Vorschriften zu führen.

Die Größe der Materialfestigkeit bei Schwell- oder Wechselbeanspruchung wird im Dauerversuch ermittelt. Die Abhängigkeit von der Lastspielzahl wurde erstmalig von *A. Wöhler* (1800–1882) untersucht. Die Ergebnisse, in ein Diagramm übertragen, sind als *Wöhler-Linie* (Bild 2.11) in die Festigkeitskennwerte eingegangen. Die Grenzlastspielzahlen für Metalle liegen dabei zwischen $N = 2 \cdot 10^6$ bis $100 \cdot 10^6$. Bei Lastspielzahlen darüber verläuft die Kurve parallel zur Abszissenachse. Der Bereich mit darunterliegenden Lastspielzahlen wird als Zeitfestigkeit bezeichnet. Er erstreckt sich bei Stahl von $N = 1$ bis $N = 2 \cdot 10^6$. Die Zeitfestigkeit ergibt stets höhere Werte als die Dauerfestigkeit.

Im Bauwerk verursachen nur Verkehrslasten Spannungsschwankungen, da Eigenlasten ständig wirksam sind. Die Spannung im Material wird daher bei Lastwechseln nicht entsprechend den Bedingungen der Schwell- oder Wechselfestigkeit schwanken, sondern sich zwischen einem unteren (min σ) und einem oberen Wert (max σ) bewegen.

Es muss also eine weitere Beziehung in die Ermittlung des Dauerfestigkeitsverhaltens eingeführt werden. Diese wird durch folgendes Verhältnis berücksichtigt:

$$\Delta\delta = \kappa_\sigma = \frac{\min\sigma}{\max\sigma}\,; \qquad \Delta\tau = \kappa_\tau = \frac{\min\tau}{\max\tau}$$

Statt κ wird heute häufig die Bezeichnung $\Delta\sigma$ bzw. $\Delta\tau$ verwendet.

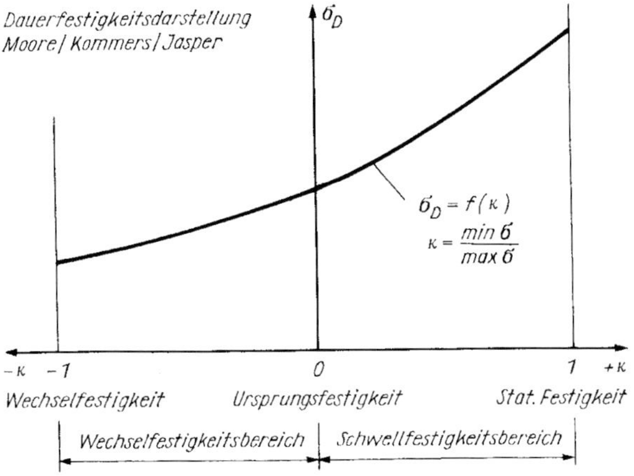

Bild 2.12

Die κ-Werte umfassen dabei den Bereich von

$\kappa = +1$	statischer Festigkeit
$1 > \kappa > 0$	Schwellbereich
$\kappa = 0$	reiner Schwellfestigkeit (Ursprungsfestigkeit)
$0 > \kappa > -1$	Wechselbereich
$\kappa = -1$	reiner Wechselfestigkeit

In der Darstellung der Dauerfestigkeiten σ_D nach *Moore/Kommers/Jasper* (Bild 2.12) für $\kappa = -1$ bis $+1$ sind diese Zusammenhänge erkennbar.

Neben der Lastspielzahl und dem Spannungsverhältnis κ gehen noch die Konstruktionsform und Ausführung (als Kerbfall erfasst) in die Festigkeitskennwerte ein.

Für Kranbahnen beispielsweise ist ein Nachweis für die Sicherheit gegen Versagen durch Materialermüdung zu führen, wenn mehr als 10.000 Lastwechsel mit mehr als 50% der vollen Nutzlast zu erwarten sind.

2.6 Kennwerte aus Festigkeitsprüfungen

Führt man Festigkeitsversuche mit einer Anzahl von Prüfkörpern desselben Baustoffes unter gleichen Bedingungen durch, so erhält man verschiedene Werte. Die Festigkeit ist eine Zufallsgröße mit Streuungen um einen Erwartungswert. Grafisch lassen sich solche Zufallsgrößen in Häufigkeitsverteilungen darstellen (Bild 2.13). Trägt man auf der Ordinatenachse nicht die absoluten Häufigkeitswerte auf, sondern bezieht sie jeweils auf die Gesamtzahl der Versuche ($n_i/\sum n_i$), drückt der Quotient die Wahrscheinlichkeit des Auftretens von Ergebnissen dieses Intervalls aus. Man erhält dann eine Wahrscheinlichkeitsverteilung, für die man bei stetigem Verlauf den Begriff Dichteverteilung oder Häufigkeitsdichte verwendet (Bild 2.14).

Eine der wichtigsten stetigen Verteilungen ist die *Gauß-Verteilung.* Ergebnisse von Messungen physikalischer Größen unterliegen häufig einer solchen Verteilung. Die Dichtefunktion der Gaußverteilung lautet

$$p(x)=\left[\frac{1}{a\sqrt{2\pi}}\right]e^{-\frac{(x-b)^2}{2a^2}}$$

Darin sind a und b Konstanten, die in der Wahrscheinlichkeitsrechnung allgemein als Streuung σ und Mittelwert μ (Bild 2.15) bezeichnet werden. In Festigkeitsprüfungen werden sie Standardabweichung s und Mittelwert $\bar{R}$ genannt. Sobald man diese bei

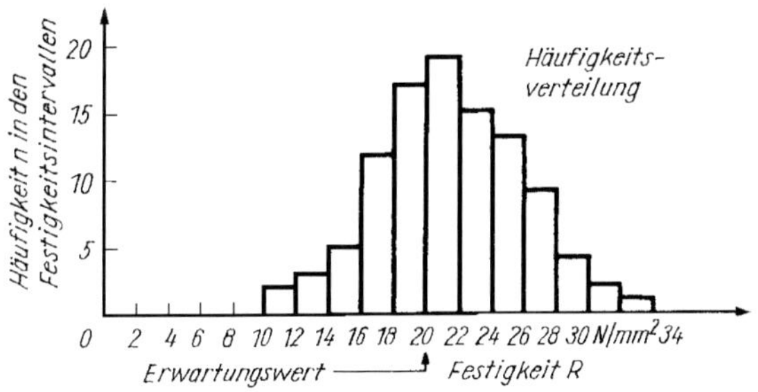

Bild 2.13

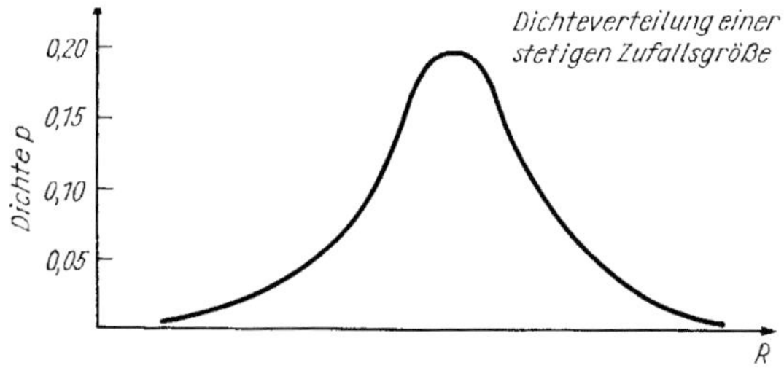

Bild 2.14

den Parameter (den Erwartungs- oder Mittelwert $\bar{R}$ und die Standardabweichung s) kennt, ist die gesuchte Zufallsgröße vollständig bestimmt (vgl. Bsp. 5 in Abschnitt 2.7).

Nach diesen Darlegungen über reale Festigkeiten von Baustoffen ist zu klären, welche Größe man als Ausgangswert (Normwert) für Berechnungen und Nachweise festlegt. Im Wesentlichen sind es zwei Werte, mit denen gearbeitet wird (Bild 2.16):

- der Mittelwert ($R_{50\%}$)
- der untere 5%-Quantilwert $R_{5\%}$ (5%-Fraktile).

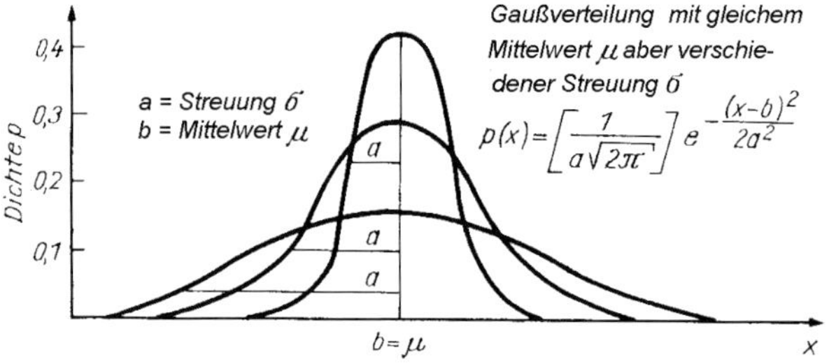

Bild 2.15

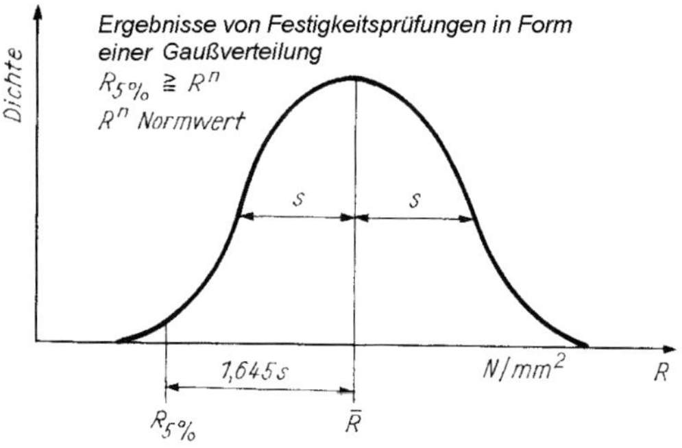

Bild 2.16

Die Vorschriften orientieren auf den unteren 5%-Quantilwert. Er wird nur in 5 % aller Fälle unterschritten gegenüber 50 % beim Mittelwert. Außerdem geht bei seiner Ermittlung über die Standardabweichung s die Streuungsbreite mit ein.

Die Beziehungen zur Bestimmung von , s und $R_{5\%}$ für eine Anzahl von n Prüfkörpern mit den jeweiligen Ergebnissen R_i lauten

$$\bar{R} = \frac{1}{n}\sum_{i=1}^{n} R_i \qquad (2.23)$$

$$s = \sqrt{\frac{1}{n-1}\sum_{i=1}^{n}(R_i - \bar{R})^2} \qquad (2.24)$$

$$R_{5\%} = \bar{R} - 1{,}645s \qquad (2.25)$$

Da für die Festigkeitsklassen von Baustoffen sowohl $R_{5\%}$ als auch $\bar{R}$ vorgegeben werden, ist damit auch die Standardabweichung s begrenzt. Der Quotient aus s und $\bar{R}$ (Variationskoeffizient genannt) liegt z. B. bei Beton zwischen $v = 0{,}15$ und 0,05. Die Stichprobenanzahl sollte außerdem $n \geq 15$ sein.

Infolge der Bedeutung von charakteristischen Festigkeitskennwerten (σ_S oder σ_B) werden neben R noch weitere Symbole verwendet. In der europäischen Normung wird ausschließlich f (engl. force) verwendet. Weitere Indizes geben den Baustoff (c – Beton, s – Stahl), den Inhalt (k – charakteristischer Wert, d – Bemessungswert) und die Grundlage (y – Streckgrenze aus engl. yieldpoint bzw. u – Bruchgrenze aus engl. ultimate) an.

2.7 Beispiele

Beispiel 2.1

Ein stählerner Zuganker von l_0 = 20,0 m Länge wird durch eine Zugkraft von N = 100 kN beansprucht. Der Durchmesser beträgt 28 mm (A_0 = 6,16 cm²). Wie groß ist die Längenzunahme Δl?

E = 21000 kN/cm²

$$\Delta l = \frac{N l_0}{E A_0} = \frac{100 \cdot 2000}{21000 \cdot 6{,}16} = 1{,}55 \text{ cm}$$

Beispiel 2.2

Ein als stabil vorausgesetzter Druckstab aus Holz (E = 11000 N/mm²) mit einer Länge l_0 = 3,00 m erhält eine Spannung σ = –7,0 N/mm². Wie groß ist die Verkürzung?

$$\Delta l = -\frac{\sigma}{E} l_0 = -\frac{7}{11000} 3000 = -1{,}9 \text{ mm}$$

Beispiel 2.3

Ein stählerner Träger mit einer Länge l_0 = 30,0 m erwärmt sich um ΔT = +35 K. Um wie viel verlängert er sich?

$$\Delta l_T = \alpha_T l_0 \ \Delta T = 0{,}000012 \cdot 3000 \cdot 35 = 1{,}26 \text{ cm}$$

Beispiel 2.4

Ein Stahlstab der Länge l_0 = 3,00 m mit einem Querschnitt A_0 = 34,8 cm² kühlt sich um ΔT = –35 K ab. Welche Spannung entsteht im Träger, und welche Kraft wirkt auf die Einspannstellen, wenn

a) die Längenänderung vollständig behindert ist,

b) die Lagerstellen um 0,08 cm nachgeben?

Zu a) $\sigma = -210000 \cdot 0{,}000012\,(-35) = +88{,}2$ N/mm²

$N = A_0\sigma = 34{,}8 \cdot 8{,}82 = 307$ kN

Zu b) $\Delta l_T + \Delta l_N = \Delta l$; $\Delta l = -0{,}08$ cm

$$\alpha_T l_0 \ \Delta T + \frac{\sigma}{E} l_0 = \Delta l$$

$$\sigma = \frac{E\,\Delta l}{l_0} - E\alpha_T \ \Delta T$$

$$\sigma = \frac{210000(-0{,}8)}{3000} - 210000 \cdot 0{,}000012(-35)$$

$\sigma = -56{,}0 + 88{,}2 = +32{,}2$ N/mm²

$N = A_0\sigma = 34{,}8 \cdot 3{,}22 = 112{,}1$ kN

Beispiel 2.5

Für Betonprobewürfel ist eine Druckfestigkeit von 25 N/mm² nachzuweisen. Die aus dem angelieferten Beton nach Vorschrift entnommenen und behandelten Proben (20 Probewürfel von je 15 cm Kantenlänge) ergaben im Druckversuch Bruchfestigkeiten R_i in N/mm² laut folgender Tabelle. Zu ermitteln ist der Wert $R_{5\%}$.

i	R_i	$\lvert R_i - \bar{R} \rvert$	$(R_i - \bar{R})$	i	R_i	$\lvert R_i - \bar{R} \rvert$	$(R_i - \bar{R})$
1	29,4	2,135	4,558	11	32,3	0,765	0,585
2	33,6	2,065	4,264	12	29,9	1,635	2,673
3	28,6	2,935	8,614	13	32,9	1,365	1,863
4	27,4	4,135	17,098	14	29,8	1,735	3,019
5	34,8	3,265	10,660	15	36,1	4,565	20,893
6	26,9	4,635	21,483	16	32,5	0,965	0,931
7	30,5	1,035	1,071	17	31,3	0,235	0,055
8	32,6	1,065	1,134	18	33,2	1,665	2,772
9	31,8	0,265	0,070	19	32,1	0,565	0,319
10	35,2	3,665	13,432	20	29,8	1,735	3,019

$\sum R_i = 630{,}7$; $n = 20$; $\bar{R}_{150} = \dfrac{630{,}7}{20} = 31{,}535$ N/mm^2

$\sum (R_i - \bar{R})^2 = 118{,}459$; $s = \sqrt{\dfrac{1}{20-1} 118{,}459} = 2{,}459$ N/mm^2

$R_{5\%} = 31{,}535 - 1{,}645 \cdot 2{,}459 = 27{,}5$ N/mm^2 > 25,00 N/mm^2

3 Spannungen bei einfachen Festigkeitsfällen

3.1 Voraussetzungen und Annahmen

Axiale Normalkräfte (Zug- bzw. Druckkräfte) und örtliche Scherkräfte stellen die einfachen Festigkeitsfälle dar. Bei diesen Beanspruchungen nimmt man an, dass alle Flächenelemente des Querschnitts gleichmäßig belastet werden, so dass die Spannung einfach berechnet werden kann. Als Kennwert des Querschnitts genügt hierzu die Größe seiner Fläche. Den Berechnungsansätzen liegen einige Bedingungen und Annahmen zugrunde.

Für die Bestimmung von Spannungen bei Zug- bzw. Druckbeanspruchung des Bauteils gelten folgende *Voraussetzungen:*

a) gerade Stabachse des Bauteils

b) mittiger Kraftangriff (Bild 3.1)

c) Gedrückte Bauteile sind gedrungen und starkwandig, so dass kein Knicken oder Beulen auftritt.

d) gleichmäßige Verteilung der Spannungen über den Querschnitt. (Diese Annahme wird in der Umgebung der Krafteinleitung und bei Querschnittsschwächungen bzw. -übergängen nicht erfüllt.)

e) Als Querschnitt wird eine Schnittfläche senkrecht zur Stabachse verstanden.

Scher- bzw. Schubspannungen treten bei äußeren Kräften senkrecht zur Achse des beanspruchten Bauteils auf. Beide Spannungsarten stellen Ansprüche an die Schubfestigkeit des Materials. Eine Trennung in Scher- bzw. Schubfestigkeit wird für die Spannungsermittlung vorgenommen.

Man unterscheidet

a) **Scherspannungen.** Sie treten bei Querkraft ohne Biegewirkung auf. Kraft und Gegenkraft fallen fast in dieselbe Ebene (wie bei der Schere). Im Querschnitt erfolgt ein Verschieben auf dem Weg des Abscherens, daher spricht man von Scherkraft.

b) **Schubspannungen.** Sie treten bei Querkraft mit Biegewirkung auf und heißen deshalb auch Biegeschubspannungen. Kraft und Gegenkraft wirken in einem größeren Abstand am Bauteil.

Scherspannungen sind vorwiegend bei der Berechnung der Verbindungsmittel (Niete, Schrauben, Bolzen, Dübel, Schweißnähte) zu beachten. Bei der Untersuchung der Bauteile selbst hat man es meist mit Schubspannungen zu tun. Allerdings sei erwähnt, dass es den Fall des reinen Scherens praktisch nicht gibt. Es treten stets geringe Biegewirkungen auf, die in den erwähnten Verbindungsmitteln unberücksichtigt bleiben.

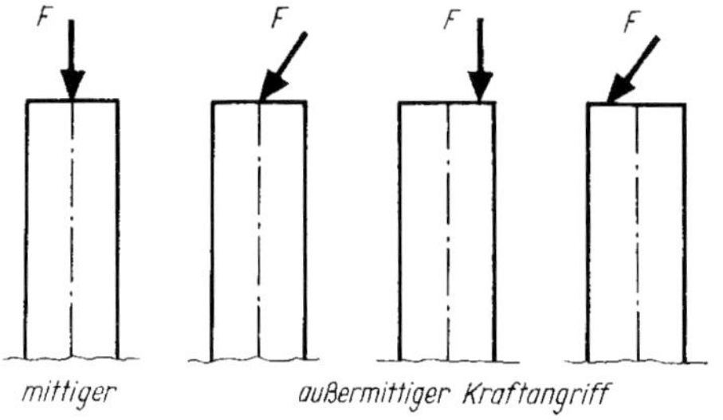

Bild 3.1

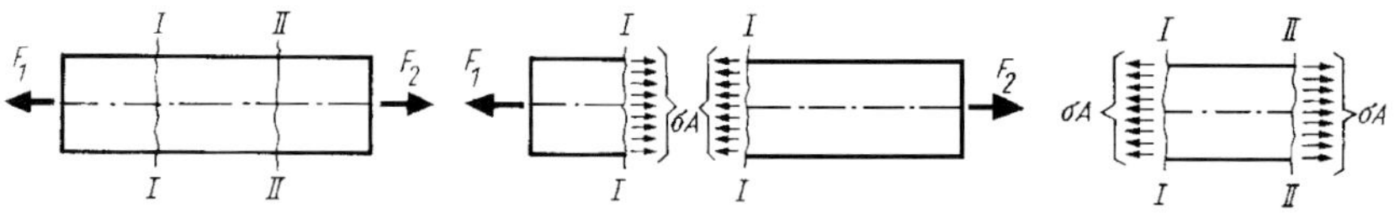

Bild 3.2

Zur Ableitung von Berechnungsansätzen für Spannungen dienen Gleichgewichtsbedingungen. Bei der Ermittlung der Stütz- und Schnittkräfte wird nur das Gleichgewicht zwischen äußeren Kräften bzw. zwischen äußeren Kräften und Schnittgrößen untersucht. Diese Betrachtungen gaben Auskunft über die Gesamtbeanspruchung jedes Querschnitts.

Bild 3.2 zeigt einen Baukörper, dessen äußere Kräfte F_1 und F_2 im Gleichgewicht stehen. Legt man einen Schnitt I – I und rückt die beiden Stabteile auseinander, so müssen die unwirksam gewordenen inneren Kräfte zur Herstellung des ursprünglichen Gleichgewichtszustandes angetragen werden. Bisher wurden Schnittgrößen *(N, V, M)* als Resultierende der Spannungen verwendet. In Bild 3.2 sind jetzt Spannungen angetragen, die bereits Richtung und Verteilung der inneren Kräfte erkennen lassen. Sollen die einzelnen Stabteile in Ruhe bleiben, dann muss auch Gleichgewicht zwischen den äußeren und den inneren Kräften in Form der Spannungen bestehen. Beide müssen zusammen die Gleichgewichtsbedingungen erfüllen.

Auch die inneren Kräfte eines herausgeschnittenen Stabteils müssen im Gleichgewicht stehen. Dazu denkt man sich einen Teil des Stabes herausgeschnitten, indem zusätzlich zum Schnitt I – I noch der Schnitt II – II gelegt wird. Bild 3.2 rechts zeigt den herausgeschnittenen Tragwerksteil mit den inneren Kräften (Spannungen). Man kann daher festhalten:

Ein Baukörper befindet sich im Gleichgewicht, d. h. in Ruhe, wenn seine äußeren Kräfte im Gleichgewicht sind. Trifft das zu, dann besteht auch Gleichgewicht zwischen den äußeren und den inneren Kräften an jedem abgeschnitten gedachten Teil des Baukörpers, ferner auch Gleichgewicht zwischen den inneren Kräften untereinander an jedem herausgeschnitten gedachten Teil des Baukörpers.

Für den in Bild 3.2 dargestellten Fall ist zu sehen, dass die Summe der Spannungen über den ganzen Querschnitt $\sigma A = N$ werden muss und dass die Wirkungslinie der Resultierenden aller Spannungen mit der von F (in der Stabachse) zusammenfallen muss. Man wird also für diesen Fall die Spannungen einfach errechnen können.

Für die Spannungsermittlung braucht man keineswegs mehr das Gleichgewicht zwischen allen äußeren Kräften und den inneren Kräften des betrachteten Schnittes anzusetzen, da aus der statischen Untersuchung bereits die Schnittgrößen bekannt sind. Diese bilden jeweils die Resultierende bestimmter Einwirkungen. Man errechnet daher die Spannungen aus den Schnittgrößen.

3.2 Zug- und Druckspannungen, Pressungen

Nach den in Abschnitt 3.1 benannten Voraussetzungen tritt in jedem Querschnitt des beanspruchten Bauteils nur eine Normalkraft N auf (bei Fachwerkstäben als Stabkraft bezeichnet). Sie ruft gleichmäßig über den ganzen Querschnitt verteilte Zug- oder Druckspannungen hervor. Wird die Gesamtbeanspruchung mit N bezeichnet und entfällt auf jede Flächeneinheit die Kraft σ, so gilt für eine Fläche der Größe A die Bedingung $N = A\sigma$. Diese wird je nach Verwendungszweck aufgelöst. Die Vorsätze „vorh“, „zul“, und „erf“ sind im Eurocode nicht mehr anzutreffen, stellen aber die Zusammenhänge übersichtlich dar.

a) Spannungsermittlung und Spannungskontrolle

$$\text{vorh}\,\sigma = \frac{\text{vorh}\,N}{\text{vorh}\,A} \leq \text{zul}\,\sigma \tag{3.1}$$

b) Bemessung

$$\text{erf}\,A = \frac{\text{vorh}\,N}{\text{zul}\,\sigma} \tag{3.2}$$

c) Leistungsermittlung

$$\text{zul}\,N = \text{vorh}\,A \cdot \text{zul}\,\sigma \tag{3.3}$$

Nicht immer ist auf der ganzen Länge des Bauteils der gleiche Querschnitt vorhanden. An manchen Stellen wird er durch Niet- oder Bolzenlöcher, Zapfenlöcher, Versätze, Aussparungen, Schraubengewinde usw. geschwächt sein. Infolge des verminderten Querschnittes werden dort größere Spannungen auftreten. Da stets die größten vorhandenen Spannungen den zulässigen gegenübergestellt werden müssen, ist für A der sich ergebende Nutz- oder Nettoquerschnitt A_N eines Bauteiles zu verwenden. Bei Zugkräften ergibt sich A_N aus A nach Abzug der Querschnittsschwächung ΔA, daher $A_N = A - \Delta A$. Bei Druckkräften ist ein Abzug nur erforderlich, wenn der Querschnitt an seiner geschwächten Stelle nicht voll, gar nicht oder nur durch einen weicheren Baustoff ausgefüllt ist.

Tabelle 3.1: Bemessungswerte einiger Baustoffe für Normalspannungen

Stahl	**Streckgrenze**	
Baustahl S 235 ($d \leq 40$ mm)	$f_{y,k}$ = 240 N/mm^2	
Baustahl S 355 ($d \leq 40$ mm)	$f_{y,k}$ = 360 N/mm^2	
Holz	**Bemessungswert im Standardfall**	
Nadelholz C24	Biegung:	$f_{m,d}$ = 14,8 N/mm^2
	Zug parallel zur Faser	$f_{t,0,d}$ = 8,62 N/mm^2
	Druck parallel zur Faser	$f_{c,0,d}$ = 12,9 N/mm^2
Brettschichtholz GL 28h	Biegung:	$f_{m,d}$ = 17,2 N/mm^2
	Zug parallel zur Faser	$f_{t,0,d}$ = 12,0 N/mm^2
	Druck parallel zur Faser	$f_{c,0,d}$ = 16,3 N/mm^2
Glas	**Char. Biegezugfestigkeit**	
Spiegelglas	f_k = 45 N/mm^2	
ESG aus Spiegelglas	f_k = 120 N/mm^2	

Die zulässigen Grenzspannungen sind in den jeweils gültigen Normen enthalten. In Tabelle 3.1 sind für ausgewählte Baustoffe entsprechende Werte angegeben. Weiterführende Regelungen der jeweiligen Norm sind zu beachten.

Holz kann senkrecht zur Faser auf Zug nur gering beansprucht werden. Ebenso ist eine reine Zugbelastung bei Grauguss, natürlichen und künstlichen Steinen, Mörtel und Beton auszuschließen.

Die zulässigen Druckspannungen für Mauerwerk aus natürlichen Steinen bewegen sich je nach Art des Mauerwerkes, der Mörtelgruppe und Steingruppe zwischen 0,2 und 5,0 N/mm^2. Für Mauerwerk aus künstlichen Steinen liegen sie je nach Steinfestigkeit und Mörtelgruppe zwischen 0,3 bis 5,0 N/mm². Diese Werte gelten für Schlankheiten $h/d \leq 10$. Bei Schlankheiten über 10 erfolgt eine Abminderung wegen Knickgefahr.

Bei Druckkräften, die nicht im Inneren von Bauteilen, sondern zwischen berührenden Flächen wirken (z. B. unter Auflagerplatten oder Fundamenten), spricht man auch von Pressungen. Zur Kennzeichnung von solchen Flächenpressungen z. B. der Bodenpressung unter Flachgründungen wird auch das Symbol p verwendet. Bei mittiger Belastung der Übertragungsfläche wird p genauso wie σ in Gl. (3.1) ermittelt.

Bei Flächenpressungen zwischen Baustoffen unterschiedlicher Festigkeit wird die zulässige Spannung des weniger festen Stoffes maßgebend (z. B. Stahlflächen auf Mauerwerk).

Die Gln. (3.1) bis (3.3) gehen vom einfachen Nachweis der zulässigen Spannungen aus und lassen grundsätzliche Zusammenhänge zwischen Normalkraft – Querschnittsfläche – Spannungen erkennen.

Je nach Baustoff werden erweiterte Formen verwendet, ohne dass der genannte einfache Zusammenhang

$$\frac{N/A_N}{\text{zul}\,\sigma} \leq 1$$

verändert ist.

Im Holzbau z. B. erfolgt der Nachweis z. B. für eine mittige Zugkraft in folgender Form:

$$\frac{N_d/A_N}{f_{t,0,d}} \leq 1$$

Vielfach werden auch die resultierenden Schnittkräfte verglichen. Die zulässigen Schnittkräfte werden dann auch als Grenzschnittkräfte bezeichnet. Im Stahlbau gilt z. B. für das Nachweisverfahren Elastisch-Plastisch (E-P) die Form:

$$\frac{N_d}{N_{pl,d}} \leq 1 \quad \text{mit} \quad N_d = \psi \cdot \gamma_F \cdot N_k \quad \text{und} \quad N_{pl,d} = A_N \cdot f_{y,k}/\gamma_M$$

3.3 Lochleibungsspannungen

Eine besondere Form der Flächenpressung findet man als Lochleibungsdruck in Niet- und Schraubenlöchern. Hier erfolgt die Kraftübertragung zwischen gekrümmten Flächen.

Niete und Schrauben dienen dazu, einzelne Bauteile zu verbinden. Die Zerstörung einer solchen Verbindung kann auf zweierlei Arten geschehen. Einmal können die Verbindungsmittel abgeschert werden. Es kann aber auch das Material in der Berührungsfläche versagen. In jedem Fall sind die Verbindungen so zu bemessen, dass weder die zulässigen Scherspannungen noch die zulässigen Lochleibungsspannungen überschritten werden. An dieser Stelle wird zunächst nur der Lochleibungsdruck betrachtet.

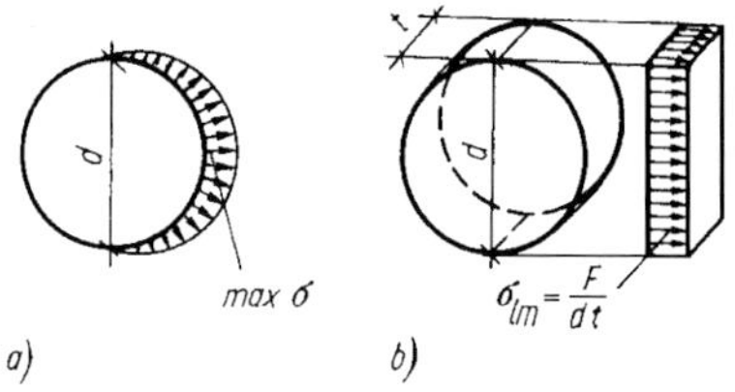

Bild 3.3

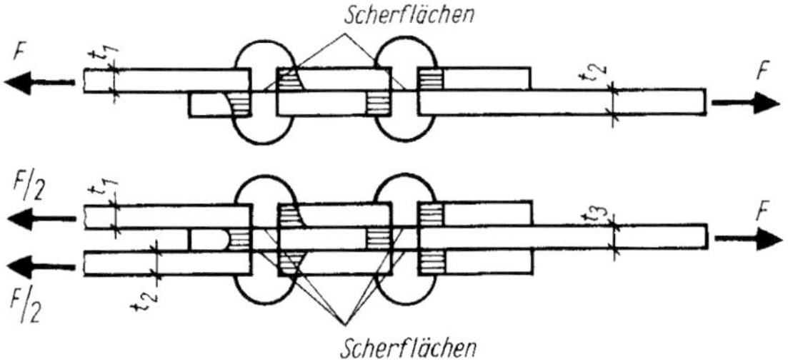

Bild 3.4

Im Allgemeinen kann man annehmen, dass der Schaft an der Lochwandung anliegt. Bei einer Beanspruchung der Verbindung wird der Niet- oder Schraubenschaft an die Lochwandung gepresst. Bild 3.3a zeigt die ungefähre Verteilung der Drücke über den Durchmesser und der linke Teil von Bild 3.4 dieselbe über die Blechdicke bei einer einschnittigen bzw. zweischnittigen Verbindung. Für die Berechnung wird aber nicht diese Spannungsverteilung berücksichtigt, sondern man legt eine gleichmäßige Verteilung sowohl über den Schaftdurchmesser als auch über die Blechdicke zugrunde, wie sie Bild 3.3b und der rechte Teil von Bild 3.4 zeigen. Als Druckfläche wird somit ein Rechteck von der Größe $A_1 = dt$ angenommen. Die größte Lochleibungsspannung tritt dort auf, wo die geringste Blechdicke t vorhanden ist. Es ist also stets mit min t zu rechnen.

Bei zweischnittigen Verbindungen nach Bild 3.4 ist aus den Blechdicken $(t_1 + t_2)$ und t_3 der Wert min t zu wählen.

Bei mehreren Nieten oder Schrauben im Stahlbau hintereinander legt man für die Berechnung ebenfalls eine gleichmäßige Beteiligung an der Kraftübertragung zugrunde. Im Holzbau gilt dies nicht mehr. Hier ist abhängig von Kraft und Faserrichtung die wirksame Anzahl n_{ef} zu ermitteln. Ist n die Anzahl der Verbindungsmittel, so ermittelt man im z. B. Stahlbau die Grenzlochleibungskraft wie folgt:

$$F_{b,R,d} = t \cdot d_{Sch} \cdot \sigma_{b,R,d} = t \cdot d_{Sch} \cdot \alpha_b \cdot k_1 \cdot \frac{f_{ub}}{\gamma_{M2}} \tag{3.4}$$

α_b ist hierbei ein Beiwert für den Einfluss der Lochabstände in Kraftrichtung und k_1 für den Einfluss quer zur Kraftrichtung erfasst. Sie können Tabelle 3.2 entnommen werden.

Tabelle 3.2: Bestimmungsgleichungen für α_b und k_1

Maßgebender Abstand	**Bedingung für Abstände**	**in Kraftrichtung**	**quer zur Kraftrichtung**
Randabst.	$1{,}2d_0 \leq e_1 \leq 3{,}0d_0$ $1{,}2d_0 \leq e_2 \leq 1{,}5d_0$	$\alpha_b = \text{MIN}\begin{cases} f_{u,b}/f_u \\ e_1/(3 \cdot d_0) \\ 1{,}0 \end{cases}$ $\alpha_1 = 1{,}1 \cdot e_1/d_L - 0{,}3$	$k_1 = \text{MIN}\begin{cases} 2{,}8 \cdot e_2/d_0 - 1{,}7 \\ 1{,}4 \cdot p_2/d_0 - 1{,}7 \\ 2{,}5 \end{cases}$
Lochabst.	$2{,}2d_0 \leq p_1 \leq 3{,}75d_0$ $2{,}4d_0 \leq p_2 \leq 3{,}0d_0$	$\alpha_b = \text{MIN}\begin{cases} f_{u,b}/f_u \\ p_1/(3 \cdot d_0) - 0{,}25 \\ 1{,}0 \end{cases}$	$k_1 = \text{MIN}\begin{cases} 1{,}4 - p_2/d_0 - 1{,}7 \\ 2{,}5 \end{cases}$
Die Maximalwerte sind nur unter bestimmten Bedingungen (z. B. Gefahr von Korrosion) einzuhalten.			
Bezeichnungen: 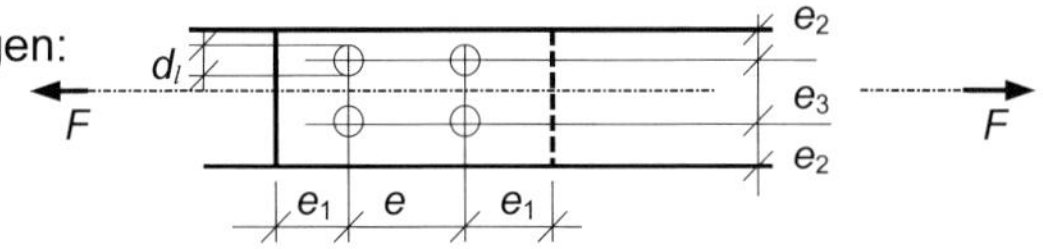			

Wie bereits erwähnt, ist stets noch die Scherfestigkeit einer Verbindung zu untersuchen. Bei einschnittigen Verbindungen wird meist für die Bemessung die Scherfestigkeit maßgebend, während bei zweischnittigen die Lochleibungsspannung den Ausschlag gibt.

3.4 Scherspannungen

Querkräfte verteilen sich nicht gleichmäßig über den beanspruchten Querschnitt. Die Spannungen sind bei Vollquerschnitten (in der Kraftrichtung gesehen) an den Rändern des Querschnitts kleiner als im inneren Bereich. Bei Scherkräften kann man die genaue Spannungsverteilung über den Querschnitt im Allgemeinen vernachlässigen. Man nimmt rechnerisch eine gleichmäßige Spannungsverteilung an.

Durch diese Annahme gilt für den Querschnitt A die Bedingung $F = A\tau$ (Bild 3.5), wenn mit F die Scherkraft und mit A die Scherfläche bezeichnet wird.

Allgemein gilt also

Spannungsermittlung und Spannungskontrolle:

$$\text{vorh}\,\tau = \frac{\text{vorh}\,F}{\text{vorh}\,A} \leq \text{zul}\,\tau \qquad (3.5)$$

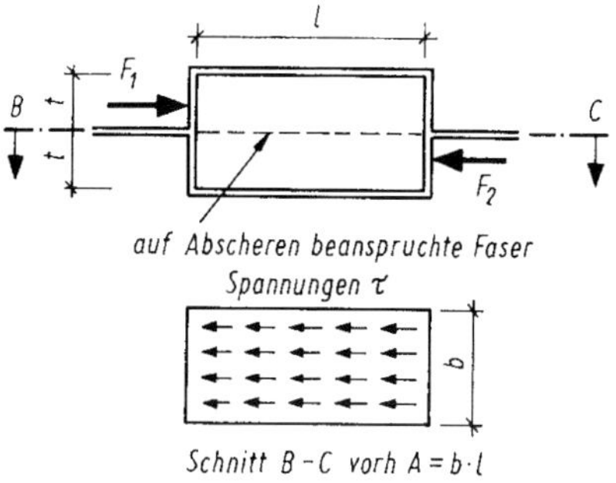

Bild 3.5

Tabelle 3.3: Bemessungswerte einiger Baustoffe für Scher- und Schubspannungen

Material bzw. Bauteil	**Scher- bzw. Schubspannung**
Stahl	$\tau_{R,d} = f_{y,k} / \sqrt{3}\gamma_{M0}$
Schrauben und Bolzen	$\tau_{a,R,d} = \alpha_v \cdot f_{u,b} / \gamma_{M2}$
Bei Schrauben und Bolzen gilt: α_v = 0,60 für Festigkeitsklasse 4.6, 5.6, 8.8 und 10.9 α_v = 0,5 für Festigkeitsklasse 10.9, wenn das Gewinde in der Scherfuge liegt. γ_{M0} = 1,0; γ_{M2} = 1,25 f_{ub}: Charakteristischer Wert der Zugfestigkeit des Schraubenwerkstoffes.	

Tabelle 3.3 (Fortsetzung):

Holz (Standardfall)	**Abscheren**
Nadelholz C24	$f_{v,d}$ = 2,46 N/mm²
Brettschichtholz	$f_{v,d}$ = 2,15 N/mm²
Der Standardfall gilt für mittlere Lasteinwirkungsdauer (KLED = mittel) und Nutzungsklasse (NKL) 1 oder 2.	

Bemessung:

$$\text{erf}\, A = \frac{\text{vorh}\, F}{\text{zul}\, \tau} \tag{3.6}$$

Leistungsermittlung:

$$\text{zul}\, F = \text{vorh}\, A\, \text{zul}\, \tau \tag{3.7}$$

Die Schubfestigkeit ist bei den meisten Baustoffen kleiner als ihre Druck- bzw. Zugfestigkeit. Daher werden auch die zulässigen Scher- und Schubspannungen kleiner als die zulässige Spannung für Druck oder Zug.

3.5 Beziehungen für Verbindungsmittel

Schrauben im Stahlbau

Bei den Verbindungsmitteln sind sowohl Scher- als auch Lochleibungsspannungen nachzuweisen. Die Schraubendurchmesser und Werkstoffe sind genormt. Häufig läuft die Bemessung auf die Ermittlung der Schraubenanzahl hinaus. Auch für die Anordnung bestehen Forderungen, die sich auf Randabstände, Abstände untereinander und die Anzahl der in Kraftrichtung hintereinanderliegenden Niete oder Schrauben erstrecken.

Die **Tragkraft einer Schraube im Stahlbau** beträgt

$$F_{b,R,d} = t \cdot d_{Sch} \cdot \sigma_{b,R,d} = t \cdot d_{Sch} \cdot \alpha_b \cdot k_1 \cdot \frac{f_{ub}}{\gamma_{M2}} \qquad \textbf{Lochleibung} \tag{3.8}$$

$$V_{a,R,d} = m \cdot A \cdot \tau_{a,R,d} = m \cdot A \cdot \alpha_v \cdot f_{ub} / \gamma_{M2} \qquad \textbf{Abscheren} \tag{3.9}$$

$$\text{erf}\, n = \frac{V_d}{F_{l,r,d}} \quad \text{bzw.} \quad \text{erf}\, n = \frac{V_d}{F_{a,R,d}} \tag{3.10}$$

m Anzahl der Scherflächen eines Nietes oder einer Schraube

A Schaftquerschnitt, meist nach einschlägigen Tabellen

d_{Sch} Schaftdurchmesser der Schraube bzw. des geschlagenen Nietes, wobei auf die Unterschiede zwischen rohen Schrauben und Passschrauben zu achten ist.

Schweißnähte mit Scherbeanspruchung

Im Stahlbau werden Schweißverbindungen in Form von Flankenkehlnähten gern für Stabanschlüsse benutzt und sind auf Abscheren nachzuweisen (Bild 3.6).

Die Scherfläche ergibt sich aus Nahtdicke a und rechnerischer Schweißnahtlänge l. Bei Kehlnähten wird als Nahtdicke a die Höhe des der Naht einbeschriebenen gleichseitigen Dreiecks angesetzt (Bild 3.7). Die rechnerische Nahtlänge l unterscheidet sich von der ausgeführten Nahtlänge l_1 um fertigungsbedingte Abweichungen (Endkraterabzüge). Da die Nahtdicke a meist konstruktiv und technologisch bedingt ist, besteht die Bemessung in der Ermittlung von l. Folgende Beziehungen bestehen (w – Symbol für Schweißen nach engl. weld):

$$\tau_{||} = \frac{F}{A_w} \tag{3.11}$$

mit $A_w = \sum a \cdot l$

Häufig werden Schweißnähte durch mehrere Spannungsarten beansprucht (Bild 3.8). Auf die Ermittlung der einzelnen Spannungen kann hier nicht näher eingegangen werden. Nachzuweisen ist, dass der Vergleichswert $\sigma_{W,V}$ der vorhandenen Schweißspannungen ($\sigma_{||}$ bleibt unberücksichtigt) die Grenzschweißspannung $f_{vw,d}$ nicht überschreitet:

$$\frac{\sigma_{W,V}}{f_{vw,d}} \leq 1 \qquad \text{mit} \quad \sigma_{W,V} = \sqrt{\sigma_{\perp}^2 + \tau_{\perp}^2 + \tau_{||}^2}$$

$$\text{und} \quad f_{vw,d} = f_u \,/\, \sqrt{3} \cdot \beta_w \cdot \gamma_M$$

Der Wert β_W ist abhängig von der Nahtart und -güte, Beanspruchung und Werksstoff. Er nimmt im Regelfall Werte von 0,8 bis 0,9 an.

Meistens wird der Nachweis auf der Basis von Kräften geführt. Die Spannungen sind dann mit der Schweißnahtdicke und -länge zu multiplizieren.

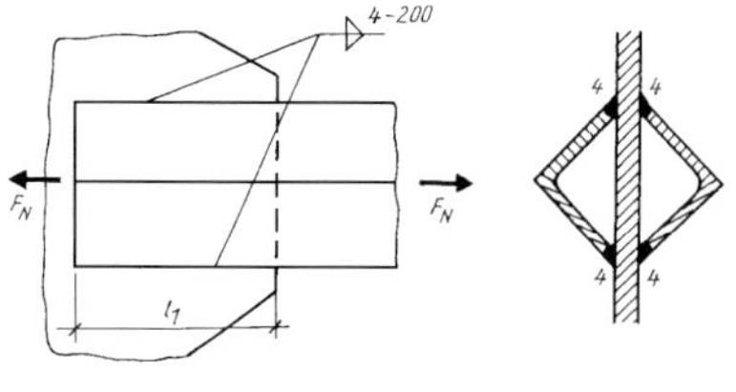

Bild 3.6

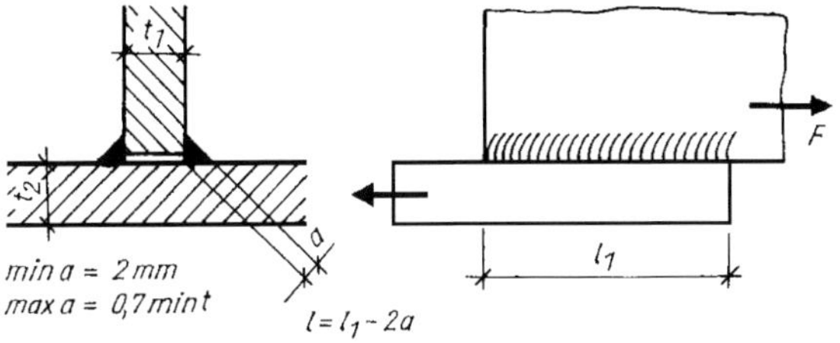

Bild 3.7

Beanspruchung durch Normalkraft N oder Querkraft Q

$$\left.\begin{matrix}\sigma_{\perp}\\ \tau_{\perp}\\ \tau_{\parallel}\end{matrix}\right\} = \frac{F}{A_w}$$

Beanspruchung durch Biegemoment M:

$$\sigma_{\perp} = \frac{M \cdot z}{I_w}$$

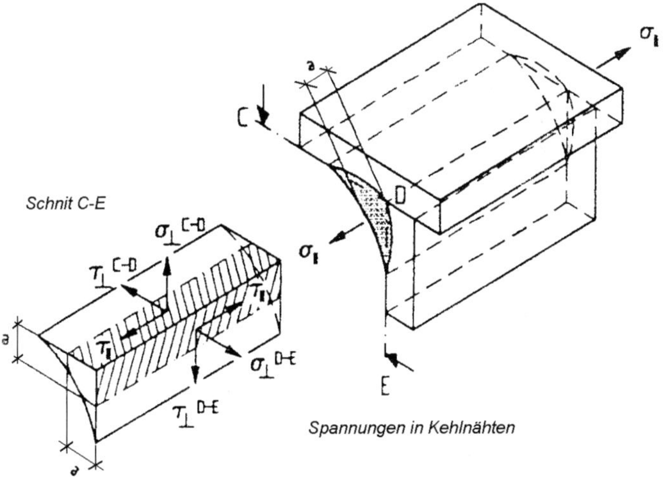

Schnit C-E

Spannungen in Kehlnähten

Schnitt A-B

Schweißnahtschubspannung in der Verbindung Steg - Flansch bei Schweißträgern

$$\tau_{\parallel} = \frac{V \cdot S}{I \cdot \sum a}$$

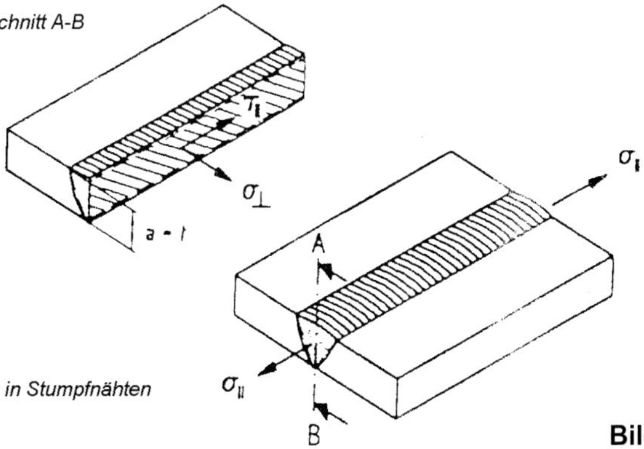

Spannungen in Stumpfnähten

Bild 3.8

Die hier kurz gezeigten Formeln beziehen sich auf ein vereinfachtes Verfahren. In den Vorschriften ist zudem ein richtungsbezogenes Verfahren enthalten, welches häufig zu günstigeren Ergebnissen führt.

Es soll an dieser Stelle darauf hingewiesen werden, dass bei Aluminium auf Grund der veränderten Materialstruktur für Schweißverbindungen zulässige Werte gelten die unter 50 % der Festigkeit des Grundwerkstoffes liegen.

Holzverbindungsmittel

An dieser Stelle sollen nur einige Hinweise im Zusammenhang mit den behandelten Beanspruchungsarten gegeben werden. Alle weitergehenden Betrachtungen müssen dem Holzbau vorbehalten bleiben.

Allgemein gilt für Stiftverbindungen im Holzbau:

$$R_d = \frac{k_{\text{mod}}}{\gamma_M} R_k \tag{3.12}$$

k_{mod}	Modifikationsbeiwert abhängig von Einwirkdauer und Nutzungsklasse, im Standardfall 0,8
$\gamma_M = 1{,}1$	Teilsicherheitsbeiwert
R_k	von der Verbindung abhängiger charakteristischer Wert

Nägel besitzen als universell einsetzbares mechanisches Holzverbindungsmittel nach wie vor einen weiten Anwendungsbereich. Sie wirken punktförmig mit relativ geringer Einzeltragkraft, können aber durch Verteilung über eine große Fläche erhebliche Kräfte übertragen.

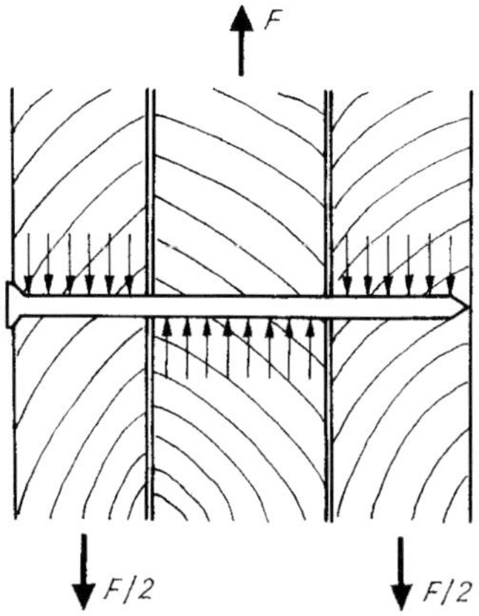

Wirkung Holz auf Nagel einer zweischnittigen Verbindung

Bild 3.9

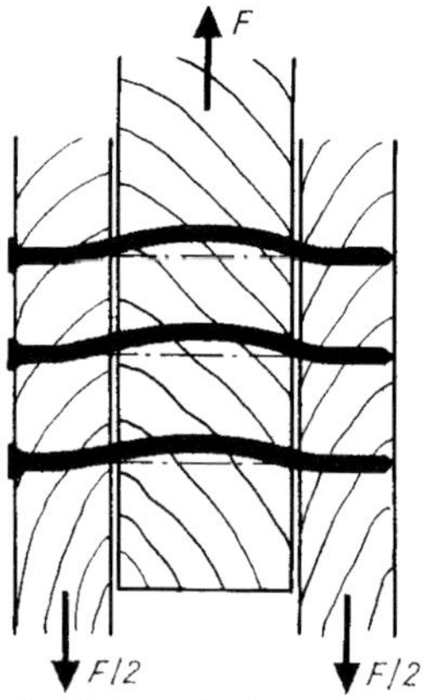

Darstellung der Nagelverformung

Bild 3.10

Die Tragfähigkeit der Nägel wird nicht nur von der Scherfestigkeit des Nagels bestimmt. Holzeigenschaften und ihre Wirkung auf die Verformung beeinflussen die Tragfähigkeit wie

- Lochleibungsfestigkeit des Holzes (Bild 3.9)
- Einspannwirkung des Holzes gegenüber dem Nagel
- Reibungswirkung zwischen Holz und Nagel.

Die Tragfähigkeit einer Nagelverbindung geht durch Verformungen des Nagels und des Holzes verloren (Bild 3.10). Die Berechnung der zulässigen Tragkraft eines Nagels in Anlehnung an die Scher- bzw. Lochleibungsfestigkeit bei Schrauben ist nicht möglich. Die Vorschriften enthalten aus diesem Grund aus Versuchen abgeleitete zulässige Belastungen je Nagelscherfläche für die jeweiligen Nageldurchmesser in Abhängigkeit von einigen weiteren Einflüssen (Holzdicke, Eindringtiefe, Nagelanzahl, Vorbohrungen der Nagellöcher). Weitere Vorschriften für die Gestaltung der Nagelung bewirken eine flächenhafte Kraftübertragung unter Beachtung der Struktur des Holzes.

Für die Berechnung einer Holz-Holz-Verbindung unter Beachtung der genannten Forderungen gilt dann

$$R_k = \sqrt{2 \cdot M_{y,k} \cdot f_{h,k} \cdot d^{2,6}} \qquad (3.13)$$

$M_{y,k} = 0{,}3 \cdot f_{u,k} \cdot d^{2,6}$ in N/mm² mit $f_{u,k} = 600$ N/mm²

$f_{h,k} = 0{,}082 \cdot \rho_k \cdot d^{-0,3}$ in N/mm² für nicht vorgebohrte Löcher

$f_{h,k} = 0{,}082 \cdot \rho_k \cdot (1 - 0{,}01 \cdot d)$ in N/mm² für vorgebohrte Löcher

ρ_k Holzrohdichte

Im Allgemeinen kann man die Werte für R_d in Tabellen ablesen.

***Stabdübel-, Passbolzen- und Bolzenverbindungen**:* Bolzenverbindungen haben unter allen Holzverbindungsmitteln die größte Lastverschiebung. Die unterschiedlichen Erscheinungen bei der Kraftübertragung zeigt Bild 3.11. Zunächst wirkt die Reibung in den Berührungsflächen, danach kommt die Lochleibungsfestigkeit des Holzes zum Tragen, und nach erfolgter Verbiegung begrenzt die Seilwirkung der Schraube die Tragfähigkeit. In diesem Zusammenhang sind auch die Dicke und Gestaltung der Unterlegscheiben bedeutsam. Der Schaftdurchmesser hat Einfluss auf die Formänderung (Bild 3.12).

Für die Berechnung kommt nur die Lochleibungswirkung in Frage, da durch Schwinden des Holzes die Reibung verlorengehen kann.

Die Beanspruchungen sind der Norm zu entnehmen.

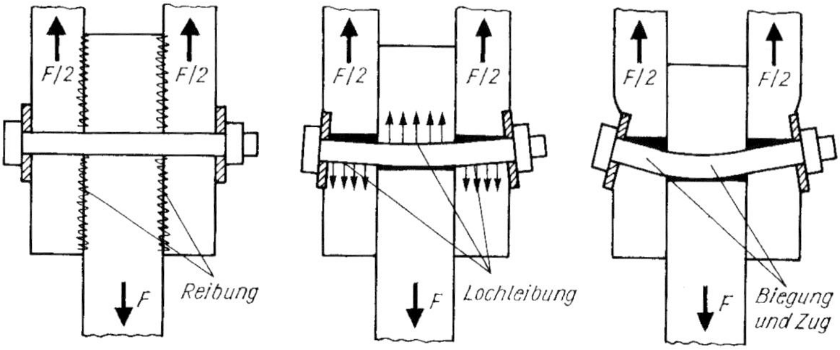

Stufen der Kraftübertragung in einer Bolzenverbindung

Bild 3.11

Konstruktive Forderungen garantieren auch bei diesen Verbindungen eine der Holzstruktur entsprechende Kraftübertragung.

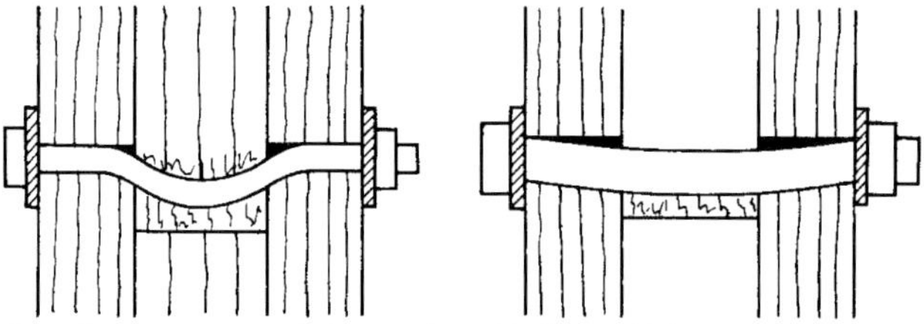

Formänderungen von Bolzen unterschiedlicher Dicke

Bild 3.12

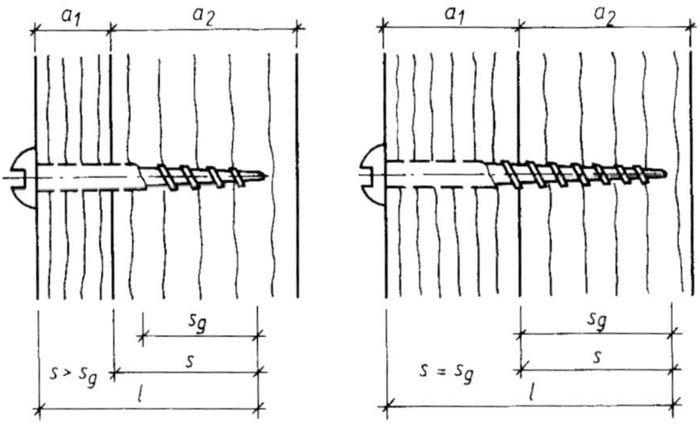

Bild 3.13

Holzschrauben haben als Verbindungsmittel für tragende Konstruktionen erst später Eingang in die Vorschriften gefunden. Sie gleichen in der Kraftübertragung Nägeln. Ihr Verhalten im Holz weist aber Besonderheiten auf, da sie sich nicht herausziehen lassen, ohne dass im Gewindebereich Holzfasern abgeschert werden.

Auch für Holzschrauben gelten konstruktive Forderungen bzw. Abzüge und Zuschläge für Besonderheiten der Ausführung.

Die Berechnung von Holzschrauben erfolgt wie bei Nägeln. Lediglich für vorgebohrte Hölzer und bei einem Schraubendurchmesser $d > 8$ mm gelten die Regeln für Stabdübel. Für Einschraubtiefen t unter $t_{req} < 9d$ ($t < 4d$ ist unzulässig) muss R_d mit t/t_{req} multipliziert werden.

Für $M_{y,k}$ gilt abweichend von Nägeln für Holzschrauben nach DIN 7998

$$M_{y,k} = 0{,}15 \cdot f_{u,k} \cdot d^{2{,}6} \quad \text{in N/mm}^2 \quad \text{mit} \quad f_{u,k} = 400 \text{ N/mm}^2$$

Für die vielen verfügbaren Sonderschrauben sind der Wert bzw. weitere konstruktive Forderungen auch der entsprechenden allgemeinen bauaufsichtlichen Zulassung zu entnehmen.

3.6 Beispiele

Beispiel 3.1

Ein Zugstab soll aus Nadelholz C24 ausgeführt werden.

Stabkraft $N_d = 275$ kN, $f_{t,0,d} = 8{,}62$ N/mm^2.

Der Stab ist für den Standardfall (Lasteinwirkungsdauer – KLED: mittel und Nutzungsklasse – NKL: 1) zu bemessen und die Spannung nachzuweisen.

$$\text{erf}\,A_N = \frac{250\text{ kN}}{8{,}62\text{ N/mm}^2} = 290\text{ cm}^2$$

Die Schwächung des Querschnittes im Anschlussbereich mit Bolzen M 24 wird mit 20 % erwartet:

$$\text{erf}\,A_N = A - \Delta A = A - 0{,}20A = 0{,}80\ \text{erf}\,A$$

$$\text{erf}\,A = \frac{290}{0{,}8} = 362\text{ cm}^2 \quad \text{gewählt: Kantholz 20/20}$$

$$\text{vorh}\,A_N = 400 - 2 \cdot 2{,}4 \cdot 20 = 304\text{ cm}^2$$

$$\frac{N_d/A_N}{f_{t,0d}} = \frac{250000/30400}{8{,}62} = 0{,}96$$

Die Bolzenanzahl für den Anschluss mit Stahllaschen (hier dünne Außenbleche) ist noch zu ermitteln. Der Bemessungswert für die Verbindung wird einschlägigen Tabellen entnommen. Dabei ist darauf zu achten, dass entsprechende Randbedingungen eingehalten werden. Für einen Bolzen der Stahlfestigkeit 4.6 und einen Winkel von 0° zwischen Kraft- und Faserrichtung gilt:

$$R_d = 14{,}8\ \text{kN je Bolzen}$$

Für eine zweischnittige Verbindung gilt:

$$\text{erf}\, n = \frac{275/2}{14{,}8} = 9{,}3 \quad \text{gewählt: 10 Bolzen (in 2 Reihen)}$$

Beispiel 3.2

Ein quadratischer Mauerwerkspfeiler mit der Seitenlänge 36,5 cm ist aus Vollziegeln SFK 12 und Mörtelgruppe II hergestellt. Die Decke ist durchlaufend (keine Endauflager). Die Raumhöhe beträgt h = 2,8 m. Es kann das vereinfachte Verfahren (sh. Vorschrift) in Anwendung gebracht werden.

Wie groß darf eine mittige Last N höchstens werden?

Zu berücksichtigende Abminderungsfaktoren:

Einfluss Deckendrehung:

ϕ_1 = 1,0 (kein Endauflager)

Einfluss Knicken:

ρ = 1,0 (Abminderungsfaktor Wanddicke, Auflagertiefe)

$h_{ef} = \rho \cdot h = 1{,}0 \cdot 2{,}8 = 2{,}8$ m (Knicklänge)

$a = t$ = 36,5 cm (voll Auflagertiefe)

$$\phi_2 = 0{,}85 \cdot \frac{a}{t} - 0{,}0011 \left(\frac{h_{ef}}{t}\right)^2 = 0{,}85 \cdot \left(\frac{36{,}5}{36{,}5}\right) - 0{,}0011 \left(\frac{280}{36{,}5}\right)^2 = 0{,}785$$

$\phi = \phi_1 \cdot \phi_2 = 0{,}785$

Zulässige Druckspannung:

f_k = 5,4 N/mm² (Tabellenwert)

γ_M = 1,5 (Teilsicherheitsbeiwert)

$$f_d = 0{,}85 \cdot \frac{f_k}{\gamma_M} = 0{,}85 \cdot \frac{5{,}4}{1{,}5} = 3{,}06\ \text{N/mm}^2$$

$N_{Rd} = b \cdot t \cdot \phi \cdot f_d = 365 \cdot 365 \cdot 0{,}785 \cdot 3{,}06 = 320020\text{N} = 320$ kN

Beträgt das vorhandene Eigengewicht 180 kN, ergibt sich folgende Nutzlast:

$$Q_k = \frac{320 - 1{,}35 \cdot 180}{1{,}5} = 51\ \text{kN}$$

Beispiel 3.3

Ein Träger überträgt auf eine Mauer eine ständige Auflagerkraft von $F_k = 32$ kN. Die Wanddicke ist $d = 36{,}5$ cm. Vorhanden ist ein Vollziegelmauerwerk aus SFK 12 und MG II (siehe Beispiel 3.2). Die Auflagerlänge des Trägers ist $l_a = 20{,}0$ cm und seine Flanschbreite $b = 10{,}6$ cm. Die Pressung zwischen Träger und Mauerwerk ist nachzuweisen.

Es handelt sich um eine örtliche Lasteintragung mit Teilflächenpressung. In diesem Fall darf die Pressung um den Faktor β erhöht werden. Dieser ist von verschiedenen geometrischen Werten abhängig und beträgt zwischen $1{,}0 \leq \beta \leq 1{,}5$.

$N_{Ed} = 1{,}35 \cdot 32 = 43{,}2$ kN (einwirkende Last)

$A_b = 200 \cdot 106 = 21200$ mm^2 (Auflagerfläche)

$\beta = 1{,}25$ (Lasterhöhungsfaktor)

$N_{Rd} = \beta \cdot A_b \cdot f_d = 1{,}25 \cdot 21200 \cdot 3{,}06 = 81090$ N $= 81$ kN

Es ist ersichtlich, dass die Auslastung nur reichtlich 50% beträgt. Da bei einem Trägerauflager eine gleichmäßige Lasteintragung abhängig von der Trägerverformung meist nicht auftritt, kann eine zu hohe Auslastung zu hohen Kantenpressung am Auflagerbeginn führen.

Beispiel 3.4

Ein stählerner Zugstab aus zwei gleichschenkligen Winkelprofilen soll für eine Stabkraft S bemessen und an ein Knotenblech von $t = 15$ mm angeschlossen werden.

a) Anschluss mit nicht eingepassten Schrauben (ohne Beachtung der Exzentrizität)

b) Anschluss mit Kehlnähten

Belastung: $S_G = 160$ kN

$S_Q = 160$ kN

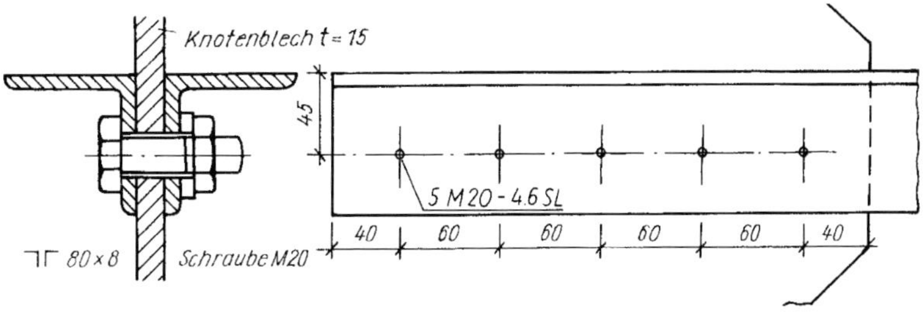

Bild 3.15

Der Nachweis der Tragsicherheit wird auf der Grundlage von Grenzzuständen mit Nachweisverfahren **Elastisch-Plastisch** geführt:

Grenzzustand der Einwirkungen:

$$S_d = \gamma_{FG} \cdot S_G \cdot \psi + \gamma_{FQ} \cdot S_Q \cdot \psi = 1{,}35 \cdot 160 \cdot 1{,}0 + 1{,}50 \cdot 160 \cdot 1{,}0 = 456 \text{ kN}$$

a) Nachweis für Stab und Anschluss mit Schrauben SL, Güte 4.6

Stab: Werkstoff S 235 JR vgl. Bild 3.15

$$f_{u,k} = 360 \text{ N/mm}^2\,; \qquad f_{y,k} = 235 \text{ N/mm}^2$$

$$f_{y,d} = f_{y,k} / \gamma_{M0} = 235/1{,}0 = 235 \text{ kN/mm}^2$$

$$\text{erf } A_N = \frac{S_d}{f_{y,d}} = \frac{456000}{235} = 1940 \text{ mm}^2$$

gewählt: 2 L 80 × 8, Schrauben M 20 *(d_L = 21 mm)*

$A_{Brutto} = 2 \cdot 12{,}3 = 24{,}6 \text{ cm}^2$

$A_{Netto} = 2 \cdot 12{,}3 - 2 \cdot 0{,}8 \cdot 2{,}1 = 21{,}2 \text{ cm}^2$

Lochgeschwächter Querschnitt:

Nachweis gegen Bruch:

$N_{R,d} = 0{,}9 \cdot A_{Netto} \cdot f_{u,k}/1{,}25\ \gamma_{M2}$

$N_{R,d} = 0{,}9 \cdot 21{,}2 \cdot 36{,}0/1{,}25 = 550 \text{ kN}$

$$\frac{S_d}{N_{R,d}} = \frac{456}{550} = 0{,}83 < 1$$

Nachweis gegen Fließen:

$N_{pl,R,d} = A_{Brutto} \cdot f_{y,k} / \gamma_{M0}$

$N_{pl,R,d} = 24{,}6 \cdot 23{,}5/1{,}0 = 578 \text{ kN}$

$$\frac{S_d}{N_{pl,R,d}} = \frac{456}{578} = 0{,}79 < 1$$

Anschluss: Schrauben M 20, SL, Güte 4.6

Grenzabscherkraft je Schraube:

$V_{v,R,d} = A_{(S)} \cdot m \cdot \alpha_v \cdot f_{u,b,k} / \gamma_{M2}$

$A_{(S)}$ ist der Schaft- oder Spannungsquerschnitt der Schraube, abhängig welcher Teil sich in der Fuge befindet.

$V_{a,R,d} = 3{,}14 \cdot 2 \cdot 0{,}6 \cdot 40 / 1{,}25 = 120{,}6 \text{ kN}$

Grenzlochleibungskraft je Schraube:

(Randabstand e_1 = 40 mm, Lochdurchmesser d_0 = 21 mm, Lochabstand e = 60 mm)

$V_{b,R,d} = t \cdot d_{Sch} \cdot \alpha_b \cdot k_1 \cdot f_{u,k} / \gamma_{M2}$

$V_{b,R,d} = 1{,}5 \cdot 2{,}0 \cdot 0{,}635 \cdot 2{,}5 \cdot 36/1{,}25 = 137 \text{ kN}$

erforderliche Schraubenanzahl: $n = \frac{S_d}{\min V_{R,d}} = \frac{456}{121} = 3{,}77$

gewählt: n = 5 Schrauben

Nachweis: $S_d / R_d \leq 1$

Lochleibung: $\frac{456}{5 \cdot 121} = 0{,}75 < 1$

Abscheren: $\frac{456}{5 \cdot 137} = 0{,}67 < 1$

b) Nachweis für Stab und Anschluss mit Schweißnähten *a* = 4 mm

Stab: $\text{erf}\, A = \frac{S_d}{f_{y,d}} = \frac{456000}{235} = 1940\,\text{mm}^2$

gewählt: 2 L 75 × 8 laut Profiltafel $A = 2 \cdot 11{,}4 = 22{,}8\ \text{cm}^2$

$S_{R,d} = A \cdot f_{y,d} = 22{,}8 \cdot 23{,}5 = 536$ kN

$$\frac{S_d}{S_{R,d}} = \frac{456}{536} = 0{,}85 < 1$$

Anschluss: 4 Kehlnähte, a = 4 mm

Grenzschweißnahtspannung:

$$f_{vw,Rd} = \frac{f_{u,k}}{\sqrt{3} \cdot \beta_w \cdot \gamma_M} = \frac{36{,}0}{\sqrt{3} \cdot 0{,}8 \cdot 1{,}25} = 20{,}78\ \text{kN/cm}^2$$

$$\text{erf} \sum l = \frac{S_d}{\alpha \cdot \sigma_{w,R,d}} = \frac{456}{0{,}4 \cdot 20{,}73} = 55\,\text{cm}$$

gewählt: 4 Nähte, a = 4 mm, je l = 15 cm

$$\sigma_{w,ED} = \frac{S_d}{A_w} = \frac{456}{4 \cdot 15 \cdot 0{,}4} = 19{,}0\,\text{kN/cm}^2$$

$$\frac{\sigma_{w,ED}}{f_{vw,Rd}} = \frac{19{,}0}{20{,}78} = 0{,}91 < 1$$

Beispiel 3.5

Es ist der Untergurt für einen Brettbinder sowie ein Zugstoß des Gurtes mit genagelten Laschen (Bild 3.16) zu bemessen. Es werden Bretter von 30 mm Dicke für den Gurt aus Nadelholz C24 verwendet.

Die Gurtstabkraft beträgt $N_d = 30$ kN, die Bemessung ist für den Standardfall ($k_{mod} = 0{,}8$) zu führen.

Bemessung und Nachweis Gurt:

$f_{t,0,d} = 8{,}62$ N/mm²

$$\text{erf } A_N = \frac{30000}{8{,}62} = 3480 \text{ mm}^2$$

$$\text{erf } A = \frac{34{,}8}{0{,}9} = 38{,}7 \text{ cm}^2$$ (10 % Schwächung durch Nägel angenommen)

gewählt: Brett 30 mm × 150 mm mit vorh $A = 45$ cm²

$$\frac{N_d / A_N}{f_{t,0,d}} = \frac{30000/(0{,}9 \cdot 4500)}{8{,}62} = 0{,}86 < 1$$

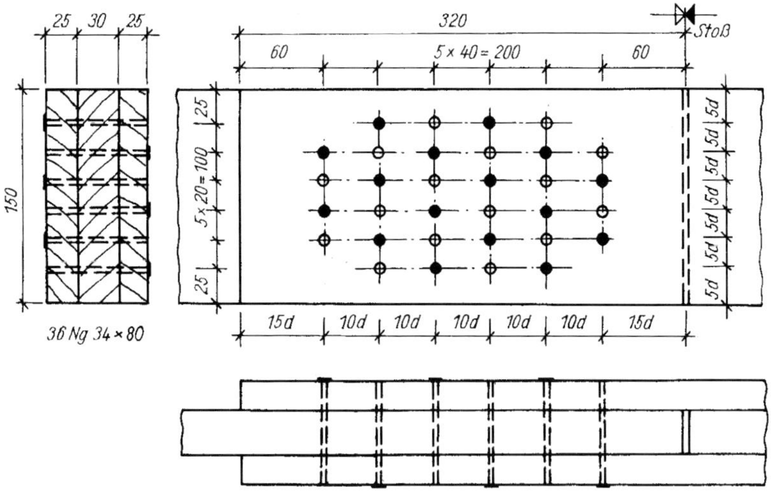

Bild 3.16

Bemessung und Nachweis Laschenstoß:

Für eine symmetrische Stoßausbildung werden 2 Laschen vorgesehen, wobei jede Lasche für den 1,5-fachen Stabkraftanteil auszulegen ist:

$$\text{erf } A_L = \frac{1{,}5 \cdot 0{,}5 \cdot 30000}{0{,}9 \cdot 8{,}62} = 2900 \text{ mm}^2 \text{ je Lasche}$$

gewählt: 2 Laschen 25 × 150 mit vorh $A = 2 \cdot 37{,}5 = 75 \text{ cm}^2$

$$\frac{1{,}5 N_d / A_N}{f_{t,0,d}} = \frac{1{,}5 \cdot 30000/(0{,}9 \cdot 7500)}{8{,}62} = 0{,}78 < 1$$

Als Verbindungsmittel werden Nägel 34 × 80 verwendet.

$R_d = 557$ N je Nagel und Scherfläche sowie $t_{req} = 31$ mm

vorh $t_1 = 2 \cdot 25 = 50$ mm und vorh $t_2 = 30$ mm,

damit $R_{d,gem} = t_2/t_{req} \cdot R_d$

$R_{d,gem} = 557 \cdot 30/31 = 539$ N

$$\text{erf } n = \frac{30/2}{0{,}539} = 28 \text{ Nägel gewählt: 32 Nägel je Stoßseite.}$$

Nachweis: $\dfrac{N_d}{m \cdot n \cdot R_d} \leq 1; \qquad \dfrac{30000}{2 \cdot 32 \cdot 539} = 0{,}87 < 1$

Eine Möglichkeit der Nagelanordnung zeigt Bild 3.16. Die erforderlichen Abstände in jeder Richtung sind ebenfalls abzulesen.

4 Flächenmomente

4.1 Definition und Anwendungsgebiete

Aus den bisherigen Untersuchungen geht hervor, dass für die Spannungsermittlung die Beanspruchung des Querschnittes und Kennwerte des Querschnittes erforderlich sind. Für die Beanspruchung durch Normalkräfte und Scherkräfte genügte die Fläche *A*. Bei der Untersuchung weiterer Festigkeitsarten und der Stabilitätsprobleme werden Kenngrößen des Querschnittes gebraucht, die auch seine Form sowie die Anordnung der Flächenelemente erfassen. Bei Biegung, Schub und Torsion z. B. hängt die „Leistungsfähigkeit" eines Querschnittes wesentlich davon ab, wie er geformt und bezüglich der Kraftwirkung angeordnet ist. Ein Biegeversuch mit einem Brett, das man einmal flach liegend und einmal hochkant stehend belastet (Bild 4.1), zeigt die unterschiedliche Tragfähigkeit bei gleicher Querschnittsgröße *A* sehr anschaulich.

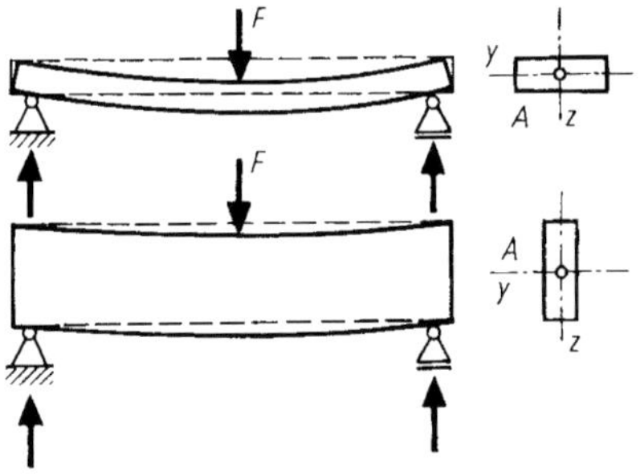

Bild 4.1

Kenngrößen des Querschnittes, in denen die Form und Anordnung der Fläche berücksichtigt sind, werden allgemein als Flächenmomente bezeichnet. Der Name kann aus einer Ähnlichkeit zur Bestimmung der Momente aus Kräften erklärt werden. Darunter wurde das Produkt aus einer Kraft und ihrem Abstand von einer Bezugsachse bzw. einem Bezugspunkt ($M = F \cdot a$) verstanden. Bei Flächenmomenten erscheint an Stelle der Kraft eine Fläche (A oder ΔA oder auch ein differentiales Flächenelement $\mathrm{d}A$). Der Abstand a des Schwerpunktes der Fläche von einer Bezugsachse kann in der ersten ($\mathrm{d}Aa$) oder zweiten ($\mathrm{d}Aa^2$) Potenz erscheinen. Danach unterscheidet man Flächenmomente 1. Grades oder 2. Grades. Für einfache Aufgaben der Festigkeitslehre genügen Flächenmomente 1. Grades S, Maßeinheit cm^3 und Flächenmomente 2. Grades I, Maßeinheit cm^4. Flächenmomente sind reine Kenngrößen des Querschnittes und nur abhängig von der Größe und Form der Fläche sowie ihrer Lage zur Bezugsachse. Gleiche Querschnitte haben daher auch gleiche Flächenmomente unabhängig vom Baustoff, aus dem die Bauteile bestehen.

Neben den genannten Flächenmomenten 1. und 2. Grades werden noch das Widerstandsmoment, das Flächenzentrifugalmoment, das Polare Flächenmoment, das Torsionsflächenmoment und das Wölbflächenmoment 2. Grades verwendet. Bei der Ableitung von Gleichungen für die Spannungsermittlung bei Biegung, Schub und Torsion ergeben sich die verschiedenen Flächenmomente. Die Tabelle 4.1 gibt Aufschluss über die Anwendung bei den einzelnen Festigkeitsarten.

Tabelle 4.1: Querschnittskenngrößen

Querschnittsgröße	**Benötigt zur Berechnung von**
A Fläche in cm^2	Spannung auf Zug, Druck, Abscheren Formänderung aus Zug, Druck, Abscheren
S Flächenmoment 1. Grades in cm^3	Spannung aus Schub
I Flächenmoment 2. Grades in cm^4	Spannung aus Biegung und Schub Formänderung aus Biegung
I_T Torsionsflächenmoment in cm^4	Spannung und Formänderung aus Torsion

Sind die Spannungsverteilung und ihr Zusammenhang mit den Flächenmomenten bekannt, dann wird man den Querschnitt so ausbilden, dass die wirtschaftlichste und günstigste Ausnutzung der Baustoffe erreicht wird. Die Ausbildung und Weiterentwicklung des I-Profils als Biegeträger stellen ein Beispiel dafür dar.

4.2 Flächenmoment 1. Grades

Das Flächenmoment 1. Grades S wird wie folgt definiert (Bild 4.2):

$$S_y = \sum_{i=1}^{n} \Delta A_i z_i \tag{4.1}$$

$$S_z = \sum_{i=1}^{n} \Delta A_i y_i \tag{4.2}$$

Der Index gibt die Bezugsachse an. Hierin sind ΔA_i die Größe der Teilfläche i, y_i bzw. z_i sind die Koordinaten des Schwerpunktes der Teilfläche i und n ist die Anzahl der Teilflächen. Je nach der Lage des Schwerpunktes einer Teilfläche im Koordinatensystem können positive oder negative Teilbeträge ΔS entstehen. S kann sich daher positiv, negativ oder auch zu null ergeben. Die Maßeinheit folgt aus Fläche × Länge = (Längeneinheit)^3.

Für eine Fläche lassen sich viele verschiedene Flächenmomente 1. Grades berechnen, je nach der Lage der gewählten Bezugsachse. Es ist daher stets notwendig, die Bezugsachse durch einen Index anzugeben.

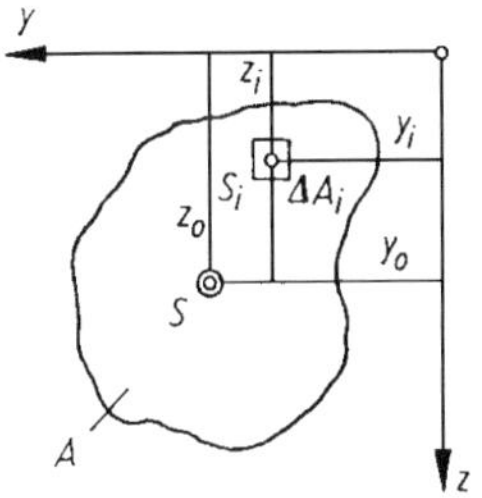

Bild 4.2

In Bild 4.2 sind y_0 und z_0 die Koordinaten des Schwerpunktes der Gesamtfläche. Es gilt folgender Satz:

> Das Flächenmoment 1. Grades der Gesamtfläche, bezogen auf eine Achse, ist gleich der Summe der Flächenmomente 1. Grades der Teilflächen, bezogen auf dieselbe Achse.

Der Inhalt deckt sich mit dem Momentensatz bei Kräften, wenn man die Gesamtfläche als Resultierende und die Teilflächen als Einzelkräfte auffasst.

Die genannte Beziehung wird zur Schwerpunktermittlung ausgewertet. Sucht man den Schwerpunkt einer unregelmäßig gestalteten Fläche, so gliedert man diese in Teilflächen auf, deren Schwerpunkte bekannt sind (Rechtecke, Dreiecke, Einzelprofile usw.). Die Flächenmomente 1. Grades der Teilflächen lassen sich für beliebig gelegte Bezugsachsen y und z berechnen. Die Koordinaten des Schwerpunktes der Gesamtfläche liefern die folgenden Gleichungen:

$$S_y = Az_0 = \sum_{i=1}^{n} \Delta A_i z_i \,; \qquad z_0 = \frac{\sum \Delta A_i z_i}{\sum \Delta A_i} = \frac{S_y}{A} \tag{4.3}$$

$$S_z = Ay_0 = \sum_{i=1}^{n} \Delta A_i y_i \,; \qquad y_0 = \frac{\sum \Delta A_i y_i}{\sum \Delta A_i} = \frac{S_z}{A} \tag{4.4}$$

Wählt man als Bezugsachse eine Schwerachse der Gesamtfläche, dann wird der Abstand des Gesamtschwerpunktes (y_0 oder z_0) zu null. In diesem Fall wird auch das Flächenmoment 1. Grades zu null. Daher gilt folgender Satz:

Das Flächenmoment 1. Grades *S* einer Fläche *A*, bezogen auf eine Achse durch ihren Schwerpunkt (Schwerlinie), hat den Wert null. Erhält man für ein Flächenmoment 1. Grades *S* den Wert null, so ist die Bezugsachse eine Schwerachse der Fläche *A*.

Auf ähnliche Art lassen sich auch Schwerpunkte von Linien und Körpern bestimmen. An Stelle der Teilflächen treten dann nur Teillinien bzw. Teilvolumen oder Teilmassen.

4.3 Flächenmoment 2. Grades

Im Flächenmoment 2. Grades I einer Fläche A wird die Wirksamkeit der Flächenelemente bei Biegung um die Bezugsachse erfasst. Die Definition lautet (Bild 4.3):

$$I_y = \Delta A_1 z_1^2 + \Delta A_2 z_2^2 + \Delta A_3 z_3^2 + \ldots + \Delta A_n z_n^2$$

$$I_y = \sum_{i=1}^{n} \Delta A_i z_i^2 \tag{4.5}$$

$$I_z = \sum_{i=1}^{n} \Delta A_i y_i^2 \tag{4.6}$$

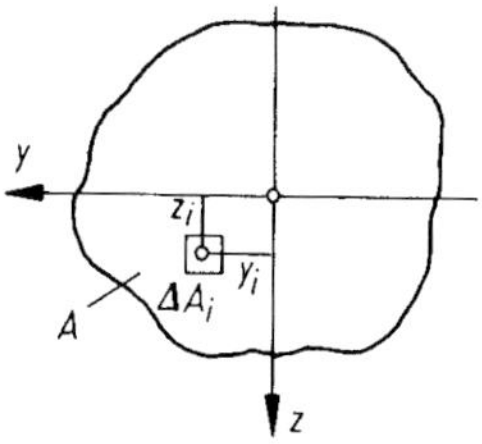

Bild 4.3

Flächenmomente 2. Grades I_y bzw. I_z müssen jeweils als Summe der Produkte $\Delta A z^2$ bzw. $\Delta A y^2$ gebildet werden. Man kann daher nicht die Gesamtfläche mit dem Quadrat ihres Schwerpunktabstandes multiplizieren. Die Gln. (4.5) bzw. (4.6) liefern nur Näherungen, da zur genauen Bestimmung an Stelle der Teilflächen ΔA differenziale Flächenelemente dA einzusetzen sind. Die mathematisch exakte Definition lautet daher:

$$I_y = \int_A z^2 \mathrm{d}A \tag{4.7}$$

$$I_z = \int_A y^2 \mathrm{d}A \tag{4.8}$$

Symbol für das Flächenmoment 2. Grades, früher auch als Trägheitsmoment bezeichnet, ist das I. Der jeweilige Index kennzeichnet die Bezugsachse. Das Ergebnis für ein Flächenmoment 2. Grades ist immer positiv, da auch Flächenelemente mit negativen Koordinaten durch die 2. Potenz positive Anteile liefern. Die Maßeinheit ist Fläche × (Länge)^2 = (Längeneinheit)^4. Für einen Querschnitt findet man je nach Lage der Bezugsachse beliebig viele Werte für das Flächenmoment 2. Grades. Von besonderer Bedeutung sind Flächenmomente 2. Grades für bestimmte Schwerachsen.

Für alle Grundformen von Flächen werden die Flächenmomente 2. Grades nach Formeln ermittelt. Tabelle 4.2 enthält einige Formeln für verschiedene Querschnitte. Außerdem ist das in Abschnitt 5 erläuterte Widerstandsmoment mit aufgeführt.

Tabelle 4.2: Querschnittswerte

Querschnitt	**Flächenmoment 2. Grades**	**Widerstandsmoment**
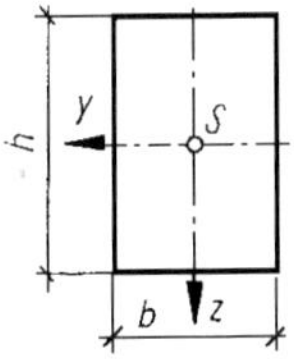	$I_y = \frac{bh^3}{12}$; $I_z = \frac{hb^3}{12}$	$W_y = \frac{bh^2}{6}$; $W_z = \frac{hb^2}{6}$
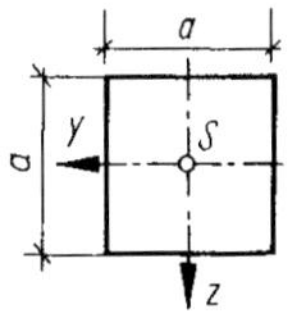	$I_y = I_z = \frac{a^4}{12}$	$W_y = W_z = \frac{a^3}{6}$
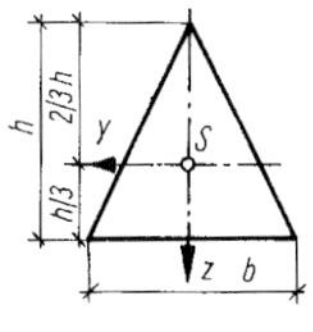	$I_y = \frac{bh^3}{36}$; $I_z = \frac{hb^3}{48}$	$W_{yo} = \frac{bh^2}{24}$; $W_{yu} = \frac{bh^2}{12}$; $W_z = \frac{hb^2}{24}$
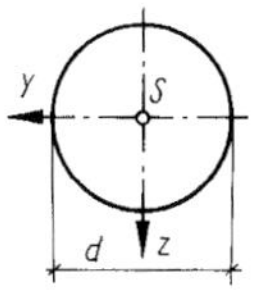	$I_y = I_z = \frac{\pi r^4}{4}$	$W_y = W_z = \frac{\pi r^3}{4}$

Für Rechteckquerschnitte soll die Ableitung dieser Formeln gezeigt werden (Bild 4.4). Geometrisch lässt sich das Flächenmoment 2. Grades durch das Volumen eines Körpers nach Bild 4.4b deuten. Der Anteil des Flächenelementes $\mathrm{d}I_y = z^2\,\mathrm{d}A$ entspricht dem Volumen einer Säule aus Grundfläche $\mathrm{d}A$ und Höhe z^2. Alle Säulenhöhen ergeben die parabelförmige Begrenzung des dargestellten Körpers. Der Inhalt des Parabelrestkörpers entspricht I_y, mit:

$$I_y = \frac{1}{3} h \left(\frac{h}{2}\right)^2 = \frac{bh^3}{12}$$

Zum gleichen Ergebnis gelangt man, wenn I_y als Integral berechnet wird (Bild 4.4c). Alle Flächenelemente des schraffierten Streifens der Höhe $\mathrm{d}z$ haben den Schwerpunktabstand z. Ihr Anteil wird $\mathrm{d}I_y = z^2 b\mathrm{d}z$. Für die Gesamtfläche erhält man:

$$I_y = \int_{z=-h/2}^{z=+h/2} \mathrm{d}I_y = b \int_{z=-h/2}^{z=+h/2} z^2 \mathrm{d}z = \left[\frac{b}{3} z^3\right]_{-h/2}^{+h/2} = \frac{bh^3}{12}$$

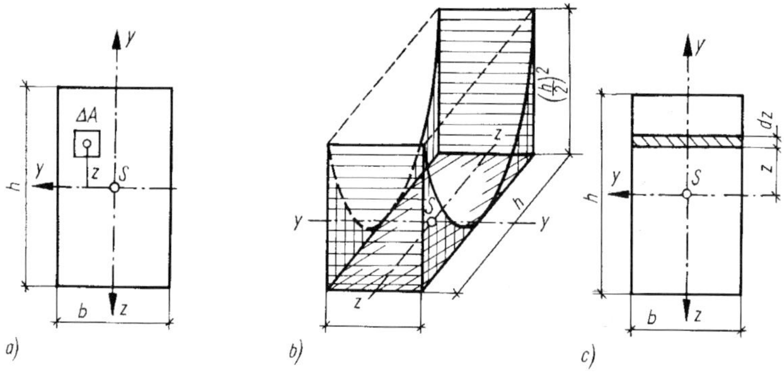

Bild 4.4

Aus dem Ergebnis erkennt man den Einfluss des Abstandes von der Bezugsachse. Die Breite b geht nur linear ein, während h in der 3. Potenz zum Flächenmoment 2. Grades beiträgt. Neben den Flächenmomenten 2. Grades für Schwerachsen einfacher Querschnittsformen sind auch solche für weitere Formen zu berechnen. Eine Grundlage dafür bietet die Beziehung zwischen Flächenmoment 2. Grades paralleler Achsen (Bild 4.5).

Für den Querschnitt in Bild 4.5 ist das Flächenmoment 2. Grades I_n gesucht. Es beträgt nach Gl. (4.7), da jedes Flächenelement von der Achse n den Abstand $(z + a)$ hat,

$$I_n = \int_A (z+a)^2 \,\mathrm{d}A = \int_A z^2 \mathrm{d}A + 2a \int_A z\mathrm{d}A + a^2 \int_A \mathrm{d}A$$

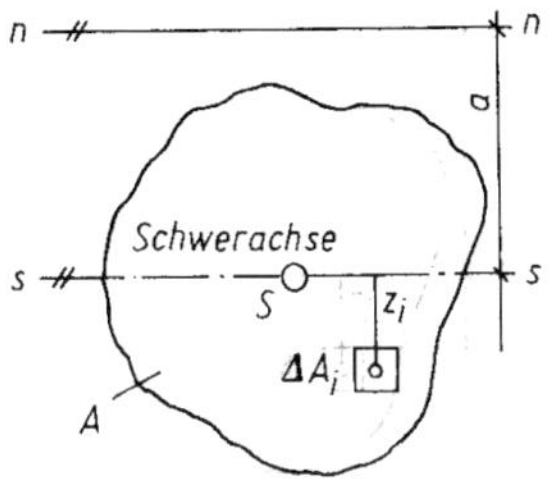

Bild 4.5

Darin ist $\int z^2 \,\mathrm{d}A = I_s$ nach Gl. (4.7). Das zweite Glied enthält mit $\int z \,\mathrm{d}A$ das Flächenmoment 1. Grades bezogen auf eine Schwerachse. Nach Abschnitt 4.2 wird es null. Das dritte Glied liefert für $\int \mathrm{d}A = A$. Man erhält

$$I_n = I_s + 2a \cdot 0 + a^2 A \, ; \qquad I_n = I_s + Aa^2 \tag{4.9}$$

Den Inhalt der Gl. (4.9) bezeichnet man als Satz von *Steiner*. Er lautet:

> Das Flächenmoment 2. Grades I_n einer Fläche A für eine zur Schwerachse $s \ldots s$ parallele Achse n ist gleich der Summe aus dem Flächenmoment 2. Grades I_s und dem Produkt aus der Fläche A und dem Quadrat des Abstandes der beiden parallelen Achsen.

Aus folgt außerdem, dass das Flächenmoment 2. Grades für eine Schwerachse $s \ldots s$ stets kleiner ist als jedes Flächenmoment 2. Grades für eine beliebige andere, zu ihr parallele Achse.

Bei Querschnitten aus mehreren einfachen Teilflächen oder Profilen wird Gl. (4.9) in Verbindung mit den folgenden Sätzen angewendet:

> Das Flächenmoment 2. Grades einer Summe von Flächen ist gleich der Summe der Flächenmomente 2. Grades der Flächen, bezogen auf dieselbe Achse.

> Das Flächenmoment 2. Grades einer Fläche mit Aussparungen ist gleich dem Flächenmoment 2. Grades der vollen Fläche, vermindert um das Flächenmoment 2. Grades der Aussparungen, bezogen auf dieselbe Achse.

Diese Sätze über die Flächenmomente 2. Grades einer Summe von Flächen gelten auch für die noch folgenden anderen Arten von Flächenmomenten 2. Grades. Zum Wert des Flächenmomentes 2. Grades liefern die weit von der Bezugsachse entfernt liegenden Flächenelemente die größten Beiträge, da der Abstand in der 2. Potenz eingeht. Man wird daher die Querschnittsfläche möglichst weit von der Bezugsachse entfernt anordnen, um ein großes Flächenmoment zu erzielen. Ein Maß für das Verhältnis von Flächenmoment 2. Grades und Querschnittsfläche bieten die Quadrate der Trägheitsradien bzw. die Trägheitsradien selbst nach Gln. (4.10) und (4.11):

$$I_y = A i_y^2 ; \qquad i_y = \sqrt{\frac{I_y}{A}} \tag{4.10}$$

$$I_z = A i_z^2 ; \qquad i_z = \sqrt{\frac{I_z}{A}} \tag{4.11}$$

Der Trägheitsradius entspricht dem geometrischen Mittelwert der Entfernungen aller Flächenelemente von der Bezugsachse. Damit liefert er eine für alle Querschnittsformen verwendbare Aussage über die Spreizung des Materials. Bei der Ermittlung des Schlankheitsgrades von Druckstäben bildet der Trägheitsradius den maßgebenden Querschnittswert.

4.4 Polares Flächenmoment 2. Grades

Im polaren Flächenmoment I_P wird die Lage der Flächenelemente gegenüber einem Punkt (dem Pol) erfasst. Bezeichnet man den Abstand der Flächenelemente dA vom Bezugspunkt mit r, dann wird (Bild 4.6a)

$$I_p = \Delta A_1 r_1^2 + \Delta A_2 r_2^2 + \Delta A_3 r_3^2 + \ldots + \Delta A_n r_n^2 \tag{4.12}$$

$$I_p = \sum_{i=1}^{n} \Delta A_i r_i^2$$

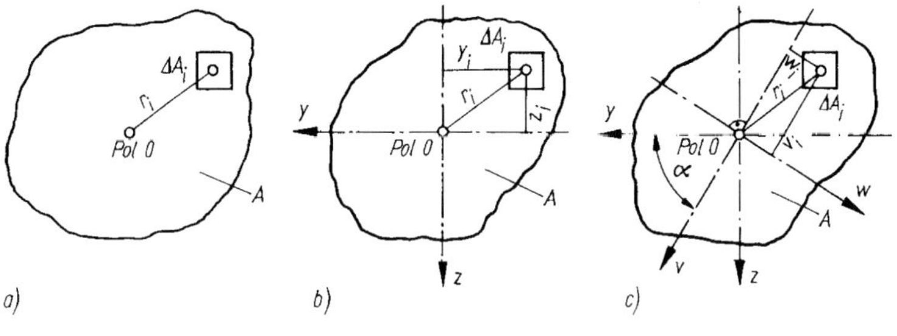

Bild 4.6

Die Flächenelemente müssen auch hier als unendlich klein angenommen werden, so dass die genaue Definition lautet

$$I_P = \int_A r^2 \mathrm{d}A \tag{4.13}$$

Je nach der Lage des Bezugspunktes gibt es beliebig viele Werte I_P für eine Fläche. Vorwiegend wird jedoch I_P für den Schwerpunkt des Querschnittes gebraucht. Das Polare Flächenmoment ist stets positiv und hat die Maßeinheit (Längeneinheit)^4.

Zwischen dem Polabstand r und den Koordinaten eines rechtwinkligen Koordinatensystems (Bild 4.6b) besteht der Zusammenhang

$$r^2 = y^2 + z^2$$

Setzt man diesen Wert für r^2 in Gl. (4.13) ein, dann wird

$$I_P = \int_A r^2 \, \mathrm{d}A = \int_A (y^2 + z^2) \, \mathrm{d}A = \int_A y^2 \, \mathrm{d}A + \int_A z^2 \, \mathrm{d}A$$

$$I_P = I_z + I_y \qquad (4.14)$$

Das polare Flächenmoment I_P einer Querschnittsfläche A ist gleich der algebraischen Summe der Flächenmomente 2. Grades zweier rechtwinkliger Achsen durch den Bezugspunkt. Da $r^2 = y^2 + z^2$ für jedes rechtwinklige Koordinatensystem mit dem Pol als Ursprung gilt, muss auch bei Drehung des rechtwinkligen Achsenkreuzes die Summe der beiden Flächenmomente 2. Grades konstant bleiben (Bild 4.6c).

Das polare Flächenmoment I_P einer Fläche bestimmt man nach Gl. (4.14) aus der Summe zweier Flächenmomente 2. Grades.

4.5 Flächenzentrifugalmoment 2. Grades

Dieses Flächenmoment erfasst die Lage der Flächenelemente gegenüber zwei sich schneidenden Achsen (Bild 4.7a). Jedes einzelne Flächenmoment ΔA wird mit den Abständen seines Schwerpunktes von beiden Achsen multipliziert. Die Summe aller dieser Produkte ergibt

$$I_{yz} = \Delta A_1 y_1 z_1 + \Delta A_2 y_2 z_2 + \Delta A_3 y_3 z_3 + \ldots + \Delta A_n y_n z_n$$

$$I_{yz} = \sum_{i=1}^{n} \Delta A_i \, y_i \, z_i \qquad (4.15)$$

Die mathematische Definition lautet wieder

$$I_{yz} = \int_A yz \, \mathrm{d}A \qquad (4.16)$$

Die einzelnen Flächenelemente liefern je nach ihrer Lage im Koordinatensystem (Bild 4.7b) einen positiven oder negativen Anteil, daher kann ihre Summe sowohl positiv wie negativ als auch null werden.

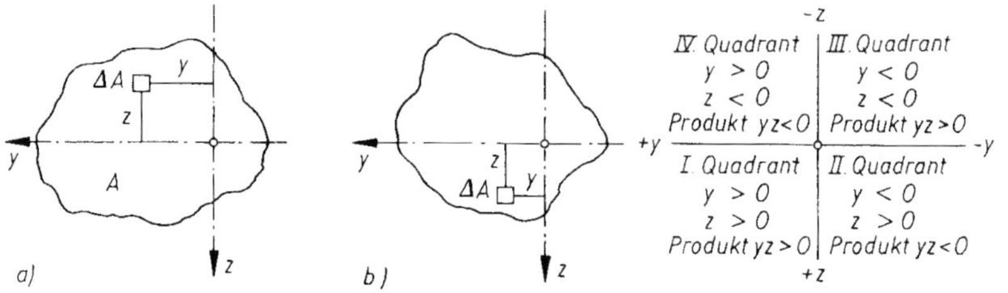

Bild 4.7

Zwei Achsen *y*, *z*, für die $I_{yz} = 0$ wird, bezeichnet man als konjugierte (zugeordnete) Achsen. Ist bei einem rechtwinkligen Achsenkreuz eine der Achsen eine Symmetrieachse, dann wird jedem positiven Produkt $|\Delta A \cdot yz|$ auf der einen Seite der Achse ein gleich großes negatives Produkt $|\Delta A \cdot yz|$ auf der anderen Seite der Achse gegenüberstehen und die Summe ΔAyz zu null werden. Es handelt sich hierbei um zwei rechtwinklige konjugierte Achsen. Jeder Querschnitt (abgesehen von Flächen mit drei und mehr Symmetrieachsen) hat nur ein solches Paar von rechtwinkligen konjugierten Achsen, die für den Querschnitt besondere Bedeutung haben. Alle anderen konjugierten Achsen stehen schiefwinklig aufeinander.

Die Maßeinheit des Flächenzentrifugalmomentes wird

$$\text{Fläche} \times \text{Länge} \times \text{Länge} \Rightarrow (\text{Längeneinheit})^4$$

Der Begriff „Zentrifugalmoment" deutet auf eine Rotationsbewegung hin. Rotiert eine mit Masse belegt gedachte Fläche um eine in ihrer Ebene liegende Schwerachse, dann sind die Fliehkräfte nur im Gleichgewicht, wenn das Flächenzentrifugalmoment für die Rotationsachse und eine senkrecht dazu liegende Schwerachse null werden. Anderenfalls tritt ein Kräftepaar auf, das eine Lageveränderung der Achse hervorrufen will. In der Festigkeitslehre spielt I_{yz} eine Rolle bei der Beanspruchung von Querschnitten ohne Symmetrieachse.

Für Flächenzentrifugalmomente von zwei parallelen rechtwinkligen Achsenkreuzen lässt sich eine ähnliche Beziehung ableiten wie bei Flächenmomenten 2. Grades (Sätze von *Steiner*).

Für die Schwerachsen *y* und *z* einer Fläche *A* sei I_{yz} bereits bekannt. Gesucht wird $I_{y'z'}$ für das um y_0 und z_0 parallel verschobene Achsenkreuz $y'z'$ (Bild 4.8). Die Koordinaten y_0 und z_0 des Schwerpunktes sind mit Vorzeichen einzuführen. Danach gilt für die Koordinaten des Flächenelementes d*A*

$$y' = y_0 + y\,;$$

$$z' = z_0 + z\,;$$

$$I_{y'z'} = \int_A y'z'\,\mathrm{d}A = \int_A (y_0 + y)(z_0 + z)\,\mathrm{d}A\,;$$

$$I_{y'z'} = \int_A yz\,\mathrm{d}A + z_0 \int_A y\,\mathrm{d}A + y_0 \int_A z\,\mathrm{d}A + y_0 z_0 \int_A \mathrm{d}A$$

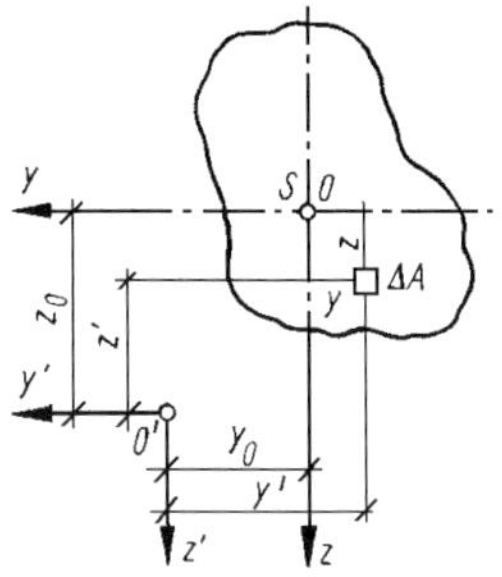

Bild 4.8

Das erste Glied ist I_{yz}. Die Integrale in den beiden folgenden Summanden sind die Flächenmomente 1. Grades des Querschnittes, bezogen auf seine Schwerachsen *y* und *z*. Sie werden gleich null. Das letzte Integral ist die Gesamtfläche.

$$I_{y'z'} = I_{yz} + A y_0 z_0 \qquad (4.17)$$

I_{yz} wird auf das Schwerachsenkreuz bezogen. Ist eine dieser parallelen Schwerachsen eine Symmetrieachse, dann wird $I_{yz} = 0$, und die Formel vereinfacht sich

$$I_{y'z'} = A y_0 z_0 \qquad (4.18)$$

Bei der Berechnung von Flächenzentrifugalmomenten zusammengesetzter Querschnitte wird vorwiegend Gl. (4.18) angewendet, da die Querschnitte fast immer so ausgebildet sind, dass die Teilflächen zur Bezugsachse parallele Symmetrieachsen haben.

4.6 Hauptachsen und Hauptflächenmomente

Unter allen Achsen durch den Schwerpunkt eines Querschnittes gibt es stets zwei, für die das Flächenmoment 2. Grades dieser Fläche den größten bzw. kleinsten Wert annimmt. Diese beiden Achsen sind die Hauptachsen mit den Hauptflächenmomenten.

Hauptachsen liefern die Extremwerte der Flächenmomente 2. Grades max I_S bzw. min I_S. Falls diese nicht mit den Werten I_y, bzw. I_x übereinstimmen, werden auch die Bezeichnungen I_η bzw. I_ζ verwendet (die entsprechenden Achsen bezeichnet man mit η und ζ). Für Hauptachsen treffen folgende Eigenschaften zu:

1. Hauptachsen stehen senkrecht aufeinander.
2. Für Hauptachsen wird das Flächenzentrifugalmoment gleich null.
3. Jede Symmetrieachse ist eine Hauptachse.

Infolge dieser Eigenschaften lässt sich für alle Querschnitte mit einer Symmetrieachse die Lage der Hauptachsen sofort angeben (Bild 4.9). Für die einzelnen Querschnitte gilt

Rechteck und [-Profil: $I_y = \max I_S$, $I_z = \min I_S$

gleichschenkliges Winkelprofil: $I_\eta = \max I_S$; $I_\zeta = \min I_S$

Kreisprofil: $I_y = I_z = I_S = \text{const.}$, $\max I_S = \min I_S$

zusammengesetztes [-Profil:

> y und z sind Hauptachsen. Zu welchen von beiden $\max I_S$ und $\min I_S$ gehören, hängt von der Spreizung der beiden Profile ab.

Bei Querschnitten ohne Symmetrieachse können die Hauptachsen- und Hauptflächenmomente aus den bekannten Flächenmomenten eines rechtwinkligen Achsenkreuzes (I_y, I_z, I_{yz}) bestimmt werden.

Man dreht dazu das y,z-System um den Ursprung und bestimmt die Flächenmomente in Abhängigkeit vom Drehwinkel φ.

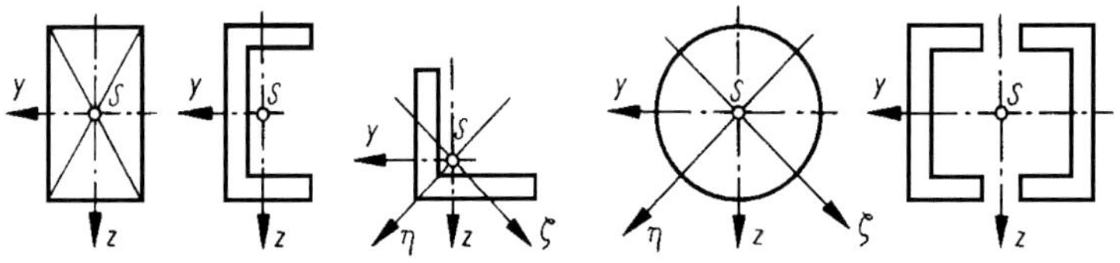

Bild 4.9

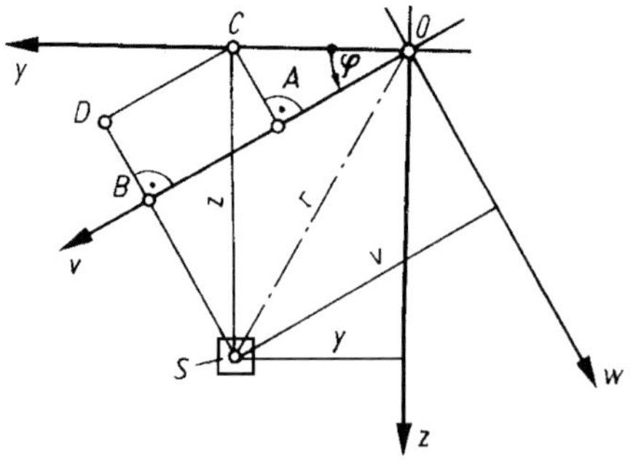

Bild 4.10

Die Koordinaten v und w eines Flächenelementes dA im gedrehten vw-System findet man nach den bekannten Gleichungen (Bild 4.10).

$$v = y\cos\varphi + z\sin\varphi \tag{4.19}$$

$$w = -y\sin\varphi + z\cos\varphi \tag{4.20}$$

Die Flächenmomente 2. Grades für die Achsen y und z sind folgendermaßen definiert:

$$I_y = \int_A z^2\,\mathrm{d}A\,; \qquad I_z = \int_A y^2\,\mathrm{d}A\,; \qquad I_{yz} = \int_A yz\,\mathrm{d}A$$

Für die Achsen v und w ergibt sich hierzu analog

$$I_v = \int_A w^2\,\mathrm{d}A\,; \qquad I_w = \int_A v^2\,\mathrm{d}A\,; \qquad I_{vw} = \int_A vw\,\mathrm{d}A$$

Führt man nun für v und w die Werte nach den Gln. (4.19) und (4.20) ein, so ergibt sich für I_v

$$I_v = \int_A w^2\,\mathrm{d}A = \int_A (-y\sin\varphi + z\cos\varphi)^2\,\mathrm{d}A$$

$$I_v = \int_A (y^2\sin^2\varphi - 2yz\sin\varphi\cos\varphi + z^2\cos^2\varphi)\,\mathrm{d}A$$

$$I_v = \sin^2\varphi\int_A y^2\,\mathrm{d}A + \cos^2\varphi\int_A z^2\,\mathrm{d}A - 2\sin\varphi\cos\varphi\int_A yz\,\mathrm{d}A$$

$$I_v = I_y\cos^2\varphi + I_z\sin^2\varphi - 2I_{yz}\sin\varphi\cos\varphi \tag{4.21}$$

$$I_w = I_y\sin^2\varphi + I_z\cos^2\varphi + 2I_{yz}\sin\varphi\cos\varphi \tag{4.22}$$

Da die Berechnung von I_w in der gleichen Art zu erfolgen hätte, ist das Ergebnis schon mit vorangestellt. Die Richtigkeit der Gl. (4.22) ist sofort zu übersehen, denn die y-Achse gelangt in die Lage w, wenn man um (φ + 90°) dreht. Bekanntlich sind aber sin (90° + φ) = cos φ bzw. cos (90° + φ) = –sin φ. Führt man die vorstehenden Ausdrücke in Gl. (4.21) ein, so nimmt sie die Form von Gl. (4.22) an.

Die Ermittlung von I_{vw} ergibt

$$I_{vw} = \int_A vw\,\mathrm{d}A = \int_A (y\cos\varphi + z\sin\varphi)(-y\sin\varphi + z\cos\varphi)\,\mathrm{d}A$$

$$I_{vw} = \int_a (-y^2\sin\varphi\cos\varphi + z^2\sin\varphi\cos\varphi - yz\sin^2\varphi + yz\cos^2\varphi)\,\mathrm{d}A$$

$$I_{vw} = (I_y - I_z)\sin\varphi\cos\varphi + I_{yz}(\cos^2\varphi - \sin^2\varphi) \tag{4.23}$$

Auf das Polare Flächenmoment I_P hat die Drehung des rechtwinkligen Koordinatensystems keinen Einfluss, da es auf einen Punkt, den Koordinatenursprung, bezogen ist, der seine Lage nicht verändert. Weil $I_P = I_y + I_z$ war, gilt auch

$I_P = I_v + I_w$ (vgl. Bild 4.6)

Durch Einführung des Winkels 2φ können die Gln. (4.21) bis (4.23) noch umgeformt werden. Man erhält die Ergebnisse

$$I_v = \frac{I_y + I_z}{2} + \frac{I_y - I_z}{2} \cos 2\varphi - I_{yz} \sin 2\varphi \qquad (4.24)$$

$$I_w = \frac{I_y + I_z}{2} - \frac{I_y - I_z}{2} \cos 2\varphi + I_{yz} \sin 2\varphi \qquad (4.25)$$

$$I_{vw} = \frac{I_y - I_z}{2} \sin 2\varphi + I_{yz} \cos 2\varphi \qquad (4.26)$$

Die Gln. (4.21) bis (4.23) [bzw. in anderer Form (4.24) bis (4.26)] ermöglichen die Berechnung der Flächenmomente für jede Lage eines rechtwinkligen Schwerachsenkreuzes. Unter diesen Werten befinden sich auch die Hauptflächenmomente. Dreht sich eine Achse um den Schwerpunkt (φ = 0 bis 360°), so sind max I_S bzw. min I_S die Grenzwerte der Funktion $I_S = f(\varphi)$. Lässt man die Bezugsachse sämtliche Winkel φ durchlaufen, so liefern die Nullstellen der ersten Ableitung der Funktion $I_v = f(\varphi)$ nach φ die Winkel φ_0 für die Extremwerte der Funktion

$$I_v = \frac{1}{2}(I_y + I_z) + \frac{1}{2}(I_y - I_z)\cos 2\varphi - I_{yz} \sin 2\varphi$$

$$\frac{dI_v}{d\varphi} = -(I_y - I_z)\sin 2\varphi - 2I_{yz} \cos 2\varphi$$

Vergleicht man das Ergebnis mit Gl. (4.26), so stellt man fest, dass $dI_v/d\varphi = -2I_{vw}$ ist. Für die Hauptachsen muss dieser Wert null werden

$$0 = -(I_y - I_z)\sin 2\varphi_0 - 2I_{yz} \cos 2\varphi_0$$

$$\tan 2\varphi_0 = \frac{2I_{yz}}{(I_z - I_y)} \qquad (4.27)$$

Diese Gleichung wird einmal von dem Winkel φ_0, aber auch von dem Winkel $(\varphi_0 + \pi/2)$ erfüllt, denn $\tan 2\varphi_0 = \tan 2(\varphi_0 + \pi/2)$. Dreht man die *y*-Achse um den Winkel φ_0, so tritt der erste Extremwert auf. Den zweiten Extremwert erhält man durch Drehung der Achse um weitere 90°. Damit sind die vorangestellten Behauptungen bewiesen:

> Die Hauptachsen eines Querschnittes stehen stets senkrecht aufeinander. Für sie verschwindet das Flächenzentrifugalmoment.

Die Werte der Hauptflächenmomente errechnet man, indem man in die Gln. (4.21) oder (4.24) für $\varphi = \varphi_0$ einsetzt. Man kann auch Gl. (4.27) in die Gln. (4.24) und (4.25) einsetzen und damit die Winkelfunktionen ausschalten. Diese Rechnung soll hier übergangen werden. Das Ergebnis lautet

$$\begin{matrix}\max I \\ \min I\end{matrix} = \frac{I_y + I_z}{2} \pm \frac{1}{2}\sqrt{(I_y - I_z)^2 + 4I_{yz}^2} \qquad (4.28)$$

Gl. (4.28) erlaubt, die Hauptflächenmomente auszurechnen, ohne dass der Winkel φ_0 verwendet werden muss. Sie hat aber den Nachteil, dass nicht ersichtlich ist, welches Hauptflächenmoment zum Winkel φ_0 und welches zum Winkel φ_0 + 90° gehört. Meist wird man aber erkennen, zu welcher Achse das größere oder kleinere Hauptflächenmoment gehört. Zu der Achse, von der die Flächenteilchen größere Entfernungen haben, gehört auch das größere Hauptflächenmoment (Bild 4.11). Es wurde festgestellt, dass für die Hauptachsen das Flächenzentrifugalmoment verschwindet. Daneben gibt es noch beliebig viele Achsenpaare, die keine rechten Winkel miteinander bilden, für die aber ebenfalls $I_{vw} = 0$ werden kann. Zwei solche Achsen heißen zugeordnete oder konjugierte Achsen. Die Hauptachsen gehören dazu. Sie sind unter den beliebig vielen konjugierten Achsenpaaren das einzige rechtwinklige Achsenpaar.

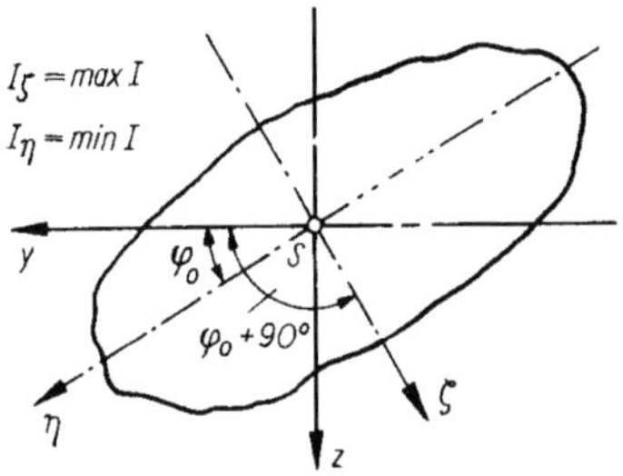

Bild 4.11

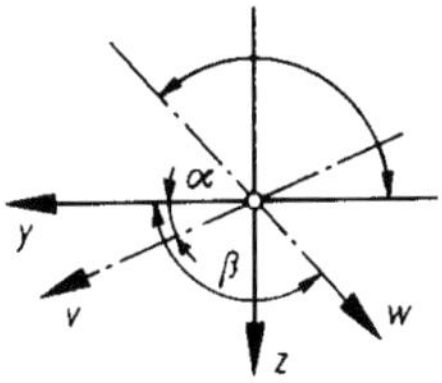

Bild 4.12

Sind I_y, I_z, I_{yz} sowie die Lage von einer der beiden konjugierten Achsen bekannt (z. B. in Bild 4.12 Achse *v* durch den Winkel α), so kann mit folgender Gleichung die Lage der konjugierten Achse *w* (Winkel β) berechnet werden, für die $I_{vw} = 0$ wird:

$$\tan\beta = \frac{I_y - I_{yz}\tan\alpha}{I_{yz} - I_z\tan\alpha} \qquad (4.29)$$

4.7 Trägheitskreis von *Mohr* und *Land*

Ein zeichnerisches Verfahren nach *O. Mohr* und *R. Land* gestattet es, die Flächenmomente 2. Grades beliebiger Achsen sowie die Hauptachsen und Hauptflächenmomente und die Lage der zugeordneten Achse auf einfache Weise zu ermitteln. Voraussetzung ist, dass für ein rechtwinkliges Schwerachsenkreuz die Werte I_y, I_z und I_{yz} errechnet sind.

Im Folgenden soll nur die Handhabung des Verfahrens gezeigt werden, da mit ihm die Veränderung der Flächenmomente 2. Grades bei Drehung von Bezugsachsen um den Schwerpunkt sichtbar wird.

Sämtliche gegebenen und gesuchten Flächenmomente werden im Trägheitskreis unter Verwendung eines Maßstabes (z. B. 1000 $cm^4 \cong 1$ cm) als Strecken dargestellt. Winkel sind im Trägheitskreis unmittelbar enthalten.

Bild 4.13a zeigt den Trägheitskreis. Man trägt auf der *z*-Achse vom Ursprung aus zuerst I_y, (Punkt *C*) und dann I_z (Punkt *B*) auf. Von *C* aus wird I_{yz} rechtwinklig zum Durchmesser $I_P = I_y + I_z$ des Trägheitskreises gezogen ($I_{yz} > 0$ nach rechts, $I_{yz} < 0$ nach links) und so der Punkt *T* (Hauptpunkt) gefunden. Der Mittelpunkt *M* des Durchmessers $I_P = I_y + I_z$ ist der Mittelpunkt des Trägheitskreises. In Bild 4.13a waren $I_y > I_z$ und $I_{yz} > 0$. Wäre $I_y < I_z$ gewesen, so hätte *C* zwischen 0 und *M* gelegen. Ist das Ausgangssystem ein Hauptachsenkreuz, so wird $I_{yz} = I_{\eta\zeta} = 0$. Der Hauptpunkt *T* fällt dann mit dem Punkt *C* zusammen.

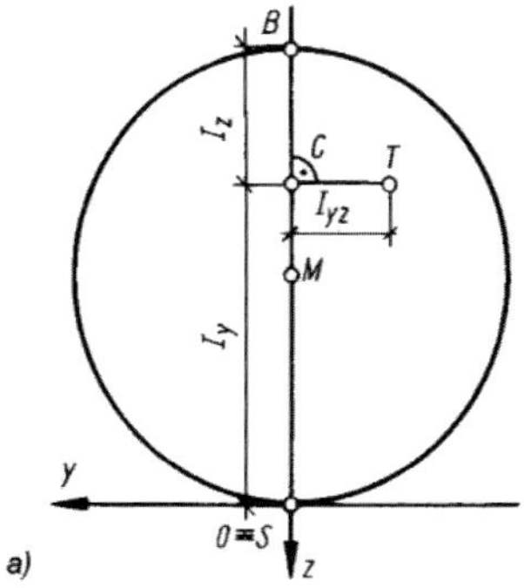

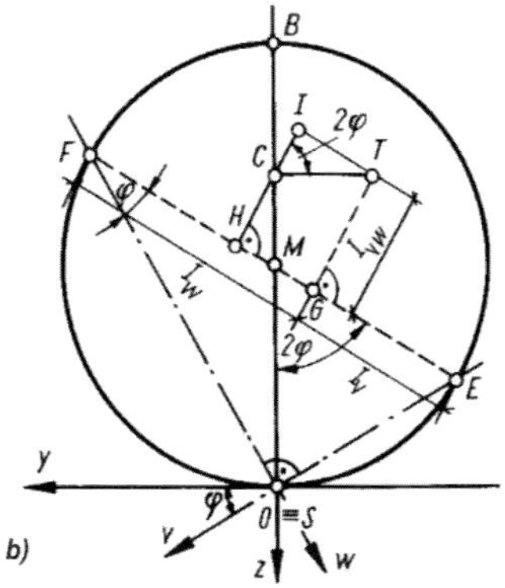

Bild 4.13

Bild 4.13b zeigt die Bestimmung der Flächenmomente I_v, I_w und I_{vw} eines um φ gedrehten Achsenkreuzes. Durch den Schwerpunkt *S* (gleich Ursprung 0) legt man die Achse *v*, die mit der *y*-Achse den beliebigen Winkel φ einschließt. Sie schneidet den Trägheitskreis im Punkt *E*. Durch *E* und *M* wird der Durchmesser $\overline{EMF}$ gezogen. Die Gerade $\overline{SF}$ ist dann die zu *v* rechtwinklige Schwerachse. Vom Hauptpunkt *T* fällt man das Lot auf den Durchmesser $\overline{EF}$. Der Fußpunkt ist mit *G* bezeichnet. Folgende Strecken stellen die Flächenmomente 2. Grades dar:

$$I_v \cong \overline{EG}; \qquad I_w \cong \overline{FG}; \qquad I_{vw} \cong \overline{TG}$$

Das Ergebnis lautet: Zieht man durch den Schwerpunkt *M* des Trägheitskreises einen beliebigen Durchmesser $\overline{EMF}$ und fällt vom Hauptpunkt *T* das Lot auf diesen Durchmesser mit dem Fußpunkt *G*, so stellen die Strecken $\overline{EG}$ und $\overline{FG}$ die Flächenmomente 2. Grades und die Strecke $\overline{TG}$ das Flächenzentrifugalmoment für das rechtwinklige Achsenkreuz $\overline{0E} - \overline{0F}$ dar.

Die genannten Beziehungen gelten für die beliebige Drehung eines rechtwinkligen Koordinatensystems um den Ursprung. Es müssen also mit diesen Beziehungen auch die Lagen der Hauptachsen und die Hauptflächenmomente ermittelt werden können. Es ist bekannt, dass für die Hauptachsen das Flächenzentrifugalmoment verschwindet. Das kann nur der Fall sein, wenn $I_{vw} = \overline{TG} = 0$; d. h., wenn der Hauptpunkt *T* auf dem Durchmesser liegt, der die Schnittpunkte der Achsen mit dem Kreis verbindet.

Umgekehrt findet man die Schnittpunkte der Hauptachsen mit dem Trägheitskreis als Endpunkte des Durchmessers $\overline{TM}$ (Bild 4.14). Die Punkte *T* und *G* fallen hier zusammen. Die Strecken $\overline{FT}$ und $\overline{ET}$ entsprechen jetzt den beiden Hauptflächenmomenten I_η und I_ζ. Das Ergebnis als Merksatz lautet:

> Zieht man einen Durchmesser durch den Hauptpunkt *T* so sind die Endpunkte *F* und *E* die Schnittpunkte der Hauptachsen mit dem Trägheitskreis. Die Strecken $\overline{FT}$ und $\overline{ET}$ entsprechen den Hauptflächenmomenten.

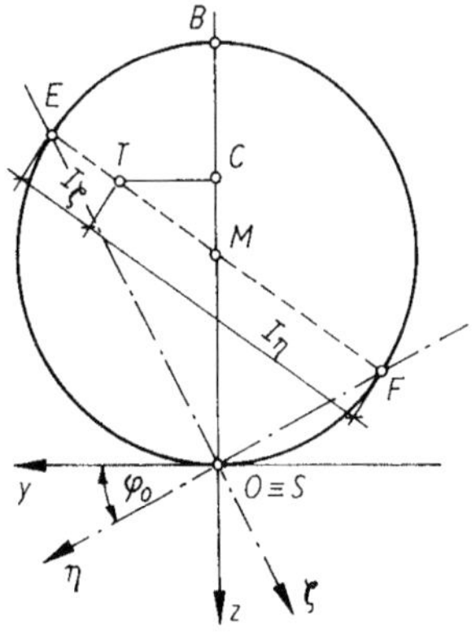

Bild 4.14

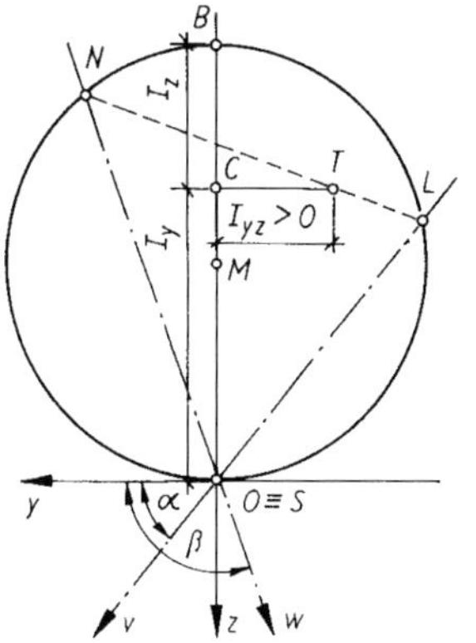

Bild 4.15

Mit Hilfe des Trägheitskreises lässt sich auch zu jeder beliebigen Achse *v* sofort die Achse *w* finden, für die $I_{vw} = 0$ wird (zugeordnete Achsen). Mit Ausnahme der Hauptachsen bilden sie keinen rechten Winkel miteinander. Gegeben ist die Achse $\overline{LS} = v$ (Bild 4.15). Gesucht wird die zugehörige Achse *w,* für die $I_{vw} = 0$ wird. Durch *L* und *T* legt man eine Sehne. Diese schneidet den Trägheitskreis im Punkt *N.* Die Gerade durch die Punkte *N* und *S* ist die gesuchte zugeordnete Achse *w.*

> Legt man durch den Hauptpunkt *T* eine beliebige Sehne $\overline{LN}$, so sind die Geraden $\overline{0L}$ und $\overline{0N}$ zugeordnete Achsen.

4.8 Polygonal berandete Flächen

Eine andere Möglichkeit die Querschnittswerte für beliebig berandete Flächen zu ermitteln, bei denen die Berechnung über zusammensetzte Teilflächen schwerfällt, bietet der folgende Formelsatz. Er ist gut für die Umsetzung in einer Tabellenkalkulation geeignet. Dazu ist die Fläche in ein *n*-Eck aufzuteilen. Startpunkt (P_1) und Endpunkt (P_{n+1}) müssen zusammenfallen. Zwischendurch dürfen sich die Kanten berühren, d. h. übereinander liegen, aber nicht schneiden. Dies ist besonders bei der Erfassung von Löchern zu beachten. Der Umfahrungssinn der äußeren Kontur ist mathematisch positiv zu wählen (Bild 4.16).

$$A = \frac{1}{2}\sum_{i=1}^{n}(y_i z_{i+1} - y_{i+1} z_i) \tag{4.30}$$

$$S_y = \frac{1}{6}\sum_{i=1}^{n}(y_i z_{i+1} - y_{i+1} z_i)\cdot(z_i + z_{i+1}) \tag{4.31}$$

$$S_z = \frac{1}{6}\sum_{i=1}^{n}(y_i z_{i+1} - y_{i+1} z_i)\cdot(y_i + y_{i+1}) \tag{4.32}$$

$$I_y = \frac{1}{12}\sum_{i=1}^{n}(y_i z_{i+1} - y_{i+1} z_i)\cdot(z_i^2 + z_i z_{i+1} + z_{i+1}^2) \tag{4.33}$$

$$I_z = \frac{1}{12}\sum_{i=1}^{n}(y_i z_{i+1} - y_{i+1} z_i)\cdot(y_i^2 + y_i y_{i+1} + y_{i+1}^2) \tag{4.34}$$

$$I_{yz} = \frac{1}{12}\sum_{i=1}^{n}(y_i z_{i+1} - y_{i+1} z_i)\cdot(2y_i z_i + y_i z_{i+1} + y_{i+1} z_i + 2y_{i+1} z_{i+1}) \tag{4.35}$$

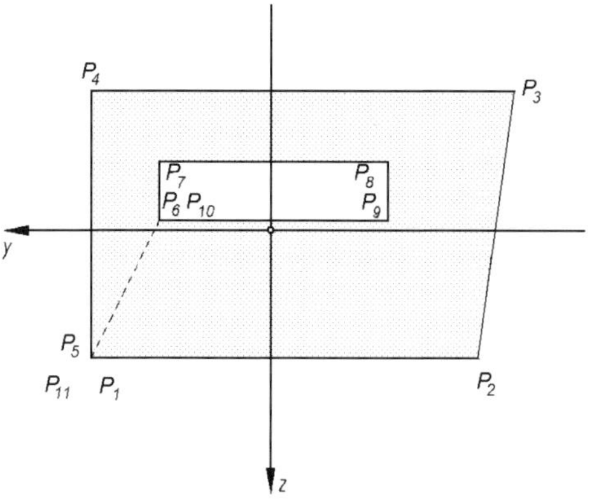

Bild 4.16

4.9 Beispiele

Beispiel 4.1

Für den Querschnitt nach Bild 4.17 sind zu ermitteln:

a) **Lage des Schwerpunktes**

b) **Flächenmoment 1. Grades der Teilfläche A_1, bezogen auf die y-Achse**

c) **Flächenmomente 2. Grades**

d) **Trägheitsradius i_y und i_z**

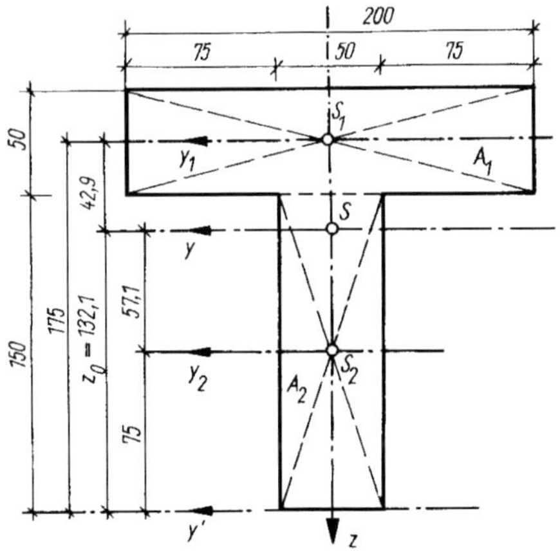

Bild 4.17

Zu a) Man legt eine Bezugsachse beispielsweise an den unteren Querschnittsrand und rechnet nach Gl. (4.3).

$$z_0 = \frac{S_{y'}}{A} = \frac{-20 \cdot 5 \cdot 17{,}5 - 5 \cdot 15 \cdot 7{,}5}{20 \cdot 5 + 5 \cdot 15} = \frac{-2312{,}5}{175} = -13{,}21 \text{ cm}$$

Zu b)

$$\Delta S_y = -20 \cdot 5 \cdot 4{,}29 = -429 \text{ cm}^3$$

Zu c)

$$I_y = \frac{20 \cdot 5^3}{12} + 20 \cdot 5 \cdot (-4{,}29)^2 + \frac{5 \cdot 15^3}{12} + 5 \cdot 15 \cdot 5{,}71^2 = 5900 \text{ cm}^4$$

$$I_z = \frac{5 \cdot 20^3}{12} + \frac{15 \cdot 5^3}{12} = 3490 \text{ cm}^4$$

Zu d)

$$i_y = \sqrt{\frac{5900}{175}} = 5{,}81\ \text{cm}\,; \qquad i_z = \sqrt{\frac{3490}{175}} = 4{,}47\ \text{cm}$$

Beispiel 4.2

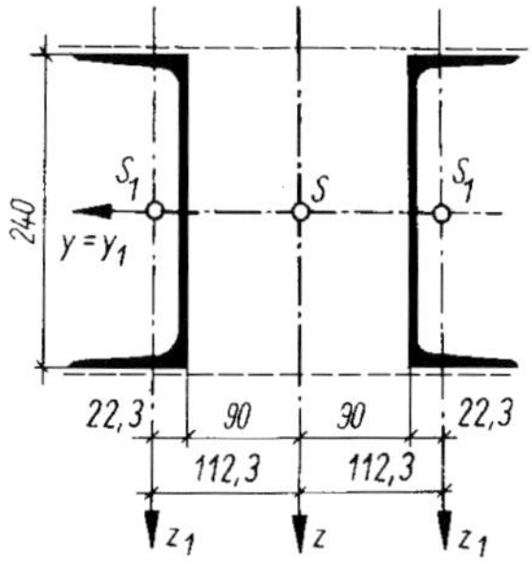

Bild 4.18

Eine Stütze besteht aus zwei Profilen **[** 240 in einem Abstand a = 18 cm (Bild 4.18). Wie groß werden die Hauptflächenmomente und Trägheitsradien?

a) Für ein **[** 240 entnimmt man einer Tafel

$A_1 = 42{,}3\ \text{cm}^2$; $\qquad I_{y1} = 3600\ \text{cm}^4$

$e_{z1} = 2{,}23\ \text{cm}$; $\qquad I_{z1} = 248\ \text{cm}^4$

$e = a_1 + e_{z1} = 9{,}00 + 2{,}23 = 11{,}23\ \text{cm}$

b) Für das zusammengesetzte Profil wird

$A = 2 \cdot 42{,}3 = 84{,}6\ \text{cm}^2$

$I_y = 2 \cdot 3600 = 7200\ \text{cm}^4$

$I_z = 2(I_{z1} + A_1\, e^2) = 2(248 + 42{,}3 \cdot 11{,}23^2) = 11165\ \text{cm}^4$

$$i_y = \sqrt{\frac{I_y}{A}} = \sqrt{\frac{7200}{84{,}6}} = 9{,}22\ \text{cm}\,; \qquad i_z = \sqrt{\frac{I_z}{A}} = \sqrt{\frac{11165}{84{,}6}} = 9{,}22\ \text{cm}$$

Für diese Art von zweiteiligen Querschnitten lassen sich i_y und i_z auch allgemein wie folgt darstellen:

$$i_y = \sqrt{\frac{I_y}{A}} = \sqrt{\frac{2I_{y1}}{2A_1}} = i_{y1}\,; \qquad i_z = \sqrt{\frac{I_z}{A}} = \sqrt{\frac{2I_{z1} + 2A_1e^2}{2A_1}} = \sqrt{i_{z1}^2 + e^2}$$

Beispiel 4.3

Für den Querschnitt nach Bild 4.19 sind der Schwerpunkt und die Querschnittswerte (Fläche und Flächenmoment 2. Grades) zu bestimmen:

Zuerst wird der Koordinatenursprung (System y', z') auf den Punkt P_{14} gelegt und die Fläche und das Flächenmoment ersten Grades bestimmt um den Schwerpunkt zu ermitteln. Die Berechnung erfolgt mit Hilfe der Gln. (4.30) bis (4.32) in Tabellenform (Tabelle 4.3).

Tabelle 4.3

Punkt	***y*-Wert**	***z*-Wert**	***A***	$y_i + y_i + 1$	$z_i + z_i + 1$	S_z	S_y
	m	**m**	**m²**	**m**	**m**	**m³**	**m³**
1	11,0	0,0	2,20	22,00	0,20	48,40	0,44
2	11,0	0,2	3,80	19,50	0,70	74,10	2,66
3	8,5	0,5	0,25	16,50	1,00	4,13	0,25
4	8,0	0,5	2,50	11,00	1,00	27,50	2,50
5	3,0	0,5	4,95	6,30	2,70	31,19	13,37
6	3,3	2,2	–9,68	11,00	4,40	–106,48	–42,59
7	7,7	2,2	–13,75	15,70	2,70	–215,88	–37,13
8	8,0	0,5	–0,25	16,50	1,00	–4,13	–0,25
9	8,5	0,5	17,25	16,50	3,00	284,63	51,75
10	8,0	2,5	12,50	11,00	5,00	137,50	62,50
11	3,0	2,5	–4,75	5,50	3,00	–26,13	–14,25
12	2,5	0,5	0,50	2,50	0,70	1,25	0,35
13	0,0	0,2	0,00	0,00	0,20	0,00	0,00
14	0,0	0,0	0,00	11,00	0,00	0,00	0,00
15	11,0	0,0					
Summe:			15,52			256,08	39,60
Querschnittswerte:			7,76			42,68	6,60

Koordinaten des Schwerpunktes:

$$e_y = S_z/A = 42{,}7/7{,}76 = 5{,}50\ \text{m}$$

$$e_z = S_y/A = 6{,}6/7{,}76 = 0{,}85\ \text{m}$$

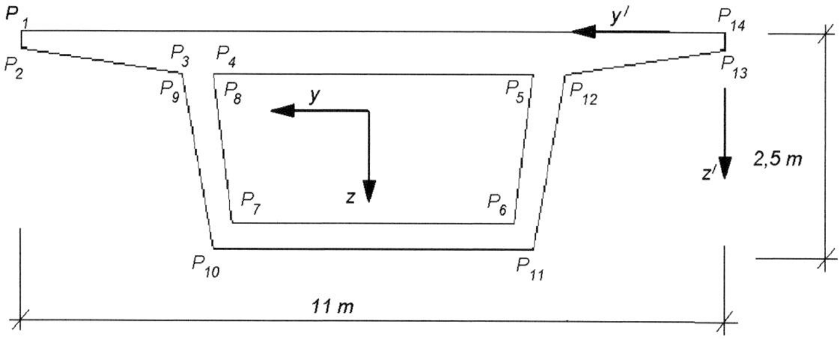

Bild 4.19

Nun erfolgt der zweite Rechendurchgang (Tabelle 4.4) mit korrigierten y- und z-Koordinaten für die Flächenmomente 2. Grades mit Hilfe der Gln. (4.33) bis (4.35).

Tabelle 4.4

Punkt	*y*-Wert	*z*-Wert	*A*	Hilfswerte für			I_y	I_z	I_{yz}
	m	m	m²	I_y	I_z	I_{yz}	m⁴	m⁴	m⁴
1	5,5	–0,85	1,10	1,70	90,75	–24,75	1,87	99,83	–27,23
2	5,5	–0,65	0,03	0,77	55,75	–13,13	0,02	1,39	–0,33
3	3,0	–0,35	–0,18	0,37	22,75	–5,78	–0,06	–3,98	1,01
4	2,5	–0,35	–1,75	0,37	6,25	0,00	–0,64	–10,94	0,00
5	–2,5	–0,35	–4,15	1,47	16,59	–6,80	–6,10	–68,77	28,17
6	–2,2	1,35	–5,94	5,47	4,84	0,00	–32,48	–28,75	0,00
7	2,2	1,35	–4,15	1,47	16,59	6,80	–6,10	–68,77	–28,17
8	2,5	–0,35	0,18	0,37	22,75	–5,78	0,06	3,98	–1,01
9	3,0	–0,35	5,83	2,27	22,75	10,23	13,21	132,52	59,56
10	2,5	1,65	8,25	8,17	6,25	0,00	67,38	51,56	0,00
11	–2,5	1,65	5,83	2,27	22,75	–10,23	13,21	132,52	–59,56
12	–3,0	–0,35	0,03	0,77	55,75	13,13	0,02	1,39	0,33
13	–5,5	–0,65	1,10	1,70	90,75	24,75	1,87	99,83	27,23
14	–5,5	–0,85	9,35	2,17	30,25	0,00	20,27	282,84	0,00
15	5,5	–0,85							
Summe:			15,52				72,51	624,66	0,00
Querschnittswerte:			7,76				6,04	52,05	0,00

Der Wert I_{yz} = 0 zeigt, dass es sich bei den im Schwerpunkt liegenden Achsen in der angegebenen Form um Hauptachsen handelt.

Beispiel 4.4

Für den Pfeilerquerschnitt nach Bild 4.20 sollen I_y, I_z, I_{yz}, I_p sowie die Lage der Hauptachsen und Hauptflächenmomente bestimmt werden.

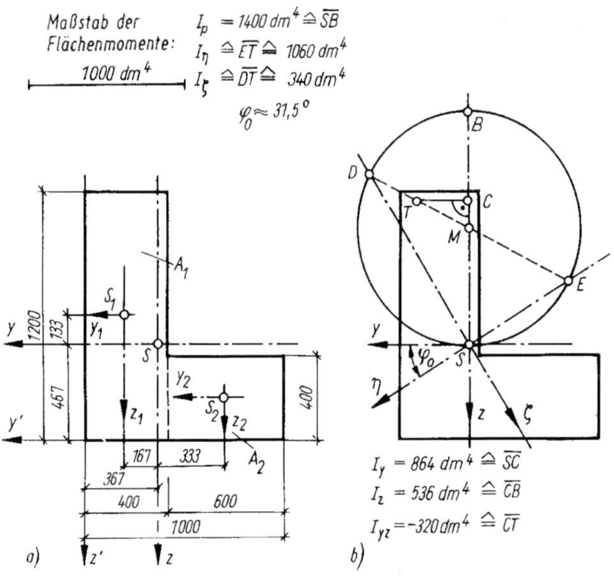

Bild 4.20

a) Lage des Schwerpunktes

Die vorläufigen Bezugsachsen *y'* und *z'* werden in die linke untere Ecke des Querschnitts gelegt. Die Berechnung kann auch hier in Tabellenform geführt werden.

Tabelle 4.5

i	A_i dm²	y_i' dm	z_i' dm	$A_i y_i'$ dm³	$A_i z_i'$ dm³
A_1	48,0	–2,0	–6,0	–96,0	–288,0
A_2	24,0	–7,0	–2,0	–168,0	–48,0
Summen	72,0			–264,0	–336,0

Koordinaten des Schwerpunktes:

$e_y = S_z/A = -336{,}0/72{,}0 = -4{,}67$ dm

$e_z = S_y/A = -264{,}0/72{,}0 = -3{,}67$ dm

b) Flächenmomente 2. Grades I_y, I_z, I_{yz}, I_p

$$I_y = \frac{4{,}0 \cdot 12{,}0^3}{12} + 48{,}0 \cdot (-1{,}33)^2 + \frac{6{,}0 \cdot 4{,}0^3}{12} + 24{,}0 \cdot 2{,}67^2 = 864 \text{ dm}^4$$

$$I_z = \frac{12{,}0 \cdot 4{,}0^3}{12} + 48{,}0 \cdot 1{,}67^2 + \frac{4{,}0 \cdot 6{,}0^3}{12} + 24{,}0 \cdot (-3{,}33)^2 = 536 \text{ dm}^4$$

$I_{yz} = 0 + 48{,}0 \cdot 1{,}67 \cdot (-1{,}33) + 0 + 24{,}0 \cdot (-3{,}33) \cdot 2{,}67 = -320 \text{ dm}^4$

$I_p = I_y + I_z = 684{,}0 + 536{,}0 = 1400 \text{ dm}^4$

c) Hauptachsen und Hauptflächenmomente

Nach Gl. (4.27) ermittelt man

$$\tan 2\varphi_0 = \frac{2I_{zy}}{I_z - I_y} = \frac{2(-320{,}0)}{536{,}0 - 864{,}0} = \frac{640}{328} = 1{,}95$$

$2\varphi_0 = 62°51' \rightarrow \varphi_0 = 31°25'30''$

Die Hauptflächenmomente können nach Gln. (4.24) und (4.25) oder (4.28) errechnet werden.

$\sin 2\varphi_0 = 0{,}8898$ und $\cos 2\varphi_0 = 0{,}4563$

$$I_\eta = \frac{864 + 536}{2} + \frac{864 - 536}{2} 0{,}4563 - (-320) \cdot 0{,}8898$$

$I_\eta = 700 + 75 + 285 = 1060 \text{ dm}^4$

$I_\zeta = 700 - 75 - 285 = 340 \text{ dm}^4$

Die zeichnerische Lösung enthält Bild 4.20b.

Beispiel 4.5

Für den aus zwei [E-Profilen ([E240 mit [E200) nach Bild 4.21 zusammengesetzten Querschnitt (alte in der ehemaligen DDR vorhandene Profilreihen) sind zu ermitteln:

a) die Hauptachsen und die Hauptflächenmomente

b) die Flächenmomente 2. Grades bei der Drehung des Achsenkreuzes um den Winkel $\varphi = 30°$.

a) Querschnittswerte der Einzelprofile und Lage des Schwerpunktes:

[E240: $A_1 = 30{,}6\ \text{cm}^2$; $b_1 = 9{,}0\ \text{cm}$; $e_{z1} = 2{,}42\ \text{cm}$;

$I_{y1} = 2900\ \text{cm}^4$; $I_{z1} = 208\ \text{cm}^4$

[E200: $A_2 = 23{,}4\ \text{cm}^2$; $b_2 = 7{,}6\ \text{cm}$; $e_{z1} = 2{,}07\ \text{cm}$;

$I_{y1} = 113\ \text{cm}^4$; $I_{z1} = 1520\ \text{cm}^4$

Mit diesen Werten ermittelt man zunächst S'_y und S'_z, wobei die vorläufigen Bezugsachsen an den rechten und oberen Querschnittsrand gelegt werden.

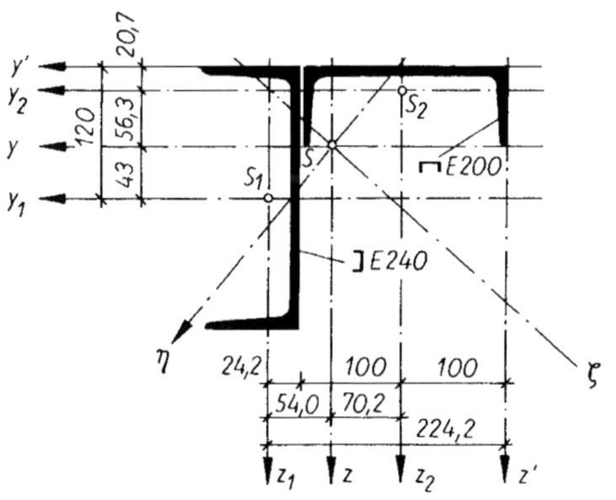

Bild 4.21

Tabelle 4.6

Profil	A_i cm²	y'_i cm	z'_i cm	S'_{zi} cm³	S'_{yi} cm³
[E240	30,6	22,42	12,00	686	367
[E200	23,4	10,00	2,07	234	49
Summen	54,0			920	416

$e_y = S_z/A = 920/54 = 17{,}02$ cm

$e_z = S_y/A = 416/54 = 7{,}70$ cm

Flächenmomente 2. Grades I_y, I_z, I_{yz}, I_p

$$I_y = 2900 + 30{,}6 \cdot 4{,}3^2 + 113 + 23{,}6 \cdot 5{,}63^2 = 4320 \text{ cm}^4$$

$$I_z = 208 + 30{,}6 \cdot 5{,}40^2 + 1520 + 23{,}6 \cdot 7{,}02^2 = 3770 \text{ cm}^4$$

$$I_{yz} = 30{,}6 \cdot (-5{,}40) \cdot (-4{,}30) + 23{,}6 \cdot 7{,}02 \cdot 5{,}63 = 1636 \text{ cm}^4$$

$$I_p = I_y + I_z = 4320 + 3770 = 8090 \text{ cm}^4$$

Hauptachsen und Hauptflächenmomente

$$\tan 2\varphi_0 = \frac{2I_{zy}}{I_z - I_y} = \frac{2 \cdot 1636}{3770 - 4320} = \frac{3272}{-550} = -5{,}95$$

$$2\varphi_0 \approx 180 - 80°28' = 99°32' \rightarrow \varphi_0 = 49°46'$$

$\sin 2\varphi_0 = 0{,}986$; $\quad \cos 2\varphi_0 = -0{,}166$

$$I_\eta = \frac{4320 + 3770}{2} + \frac{4320 - 3770}{2}(-0{,}166) - 1636 \cdot 0{,}986$$

$$I_\eta = 4045 - 46 - 1612 = 2387 \text{ cm}^4$$

$$I_\zeta = 4045 + 46 + 1612 = 5703 \text{ cm}^4$$

zu b) Flächenmomente 2. Grades für das um den Winkel $\varphi = 30°$ gedrehte Achsenkreuz

$\sin 2\varphi = \sin 60° = 0{,}866$; $\quad \cos 2\varphi = \cos 60° = 0{,}500$

$$I_v = \frac{4320 + 3770}{2} + \frac{4320 - 3770}{2} 0{,}500 - 1636 \cdot 0{,}866$$

$$I_v = 4045 + 138 - 1415 = 2768 \text{ cm}^4$$

$$I_w = 4045 - 138 + 1415 = 5322 \text{ cm}^4$$

$$I_{vw} = \frac{4320 - 3770}{2} 0{,}866 + 1636 \cdot 0{,}500 = 1056 \text{ cm}^4$$

5 Biegespannungen

5.1 Grundlagen

Im Bauteil werden Biegespannungen als Folge von Biegebeanspruchungen ausgelöst. Biegemomente entstehen im Träger, wenn äußere Kräfte mit Komponenten quer zur Trägerachse wirken bzw. wenn Komponenten parallel zur Trägerachse außermittig angreifen. Im Folgenden werden nur die Spannungen aus den Biegemomenten untersucht. Alle gleichzeitig denkbaren Schnittgrößen (Querkräfte bzw. Normalkräfte) bleiben zunächst unberücksichtigt.

Für die Betrachtungen zur Biegebeanspruchung werden verschiedene *Annahmen* getroffen. Für Bauteil, Tragwerk und Belastung lauten diese:

a) Das Tragwerk ist so ausgebildet, dass die Stablänge gegenüber der Breite und Höhe des Querschnittes überwiegt (Biegestab, Biegeträger).

b) Die Wirkungen der Querkräfte sind gering gegenüber denen der Biegemomente. Sie bleiben unberücksichtigt.

c) Die Stabachse ist gerade. Für schwach gekrümmte Träger gelten die folgenden Ableitungen näherungsweise.

d) Alle äußeren Kräfte wirken senkrecht zur Stabachse in einer Ebene, der Momentenebene oder auch Lastebene. Diese enthält die Stabachse und schneidet den Querschnitt in einer Hauptachse, die gleichzeitig Symmetrieachse ist. Man bezeichnet diese als Spur der Lastebene oder auch als Kraftlinie.

e) Die äußeren Kräfte, die senkrecht zur Stabachse wirken, werden über die gesamte Trägerhöhe verteilt eingeleitet.

Weitere Voraussetzungen betreffen die Materialeigenschaften bzw. das Materialverhalten. Bei Lasten im Gebrauchszustand liegen die erreichten (zulässigen) Spannungen unterhalb der Elastizitätsgrenze. Man kann ein rein elastisches Verhalten des Werkstoffes annehmen, daher soll gelten:

f) Der Baustoff folgt dem *Hooke*schen Gesetz und ist homogen.

g) Ursprünglich ebene Querschnitte bleiben auch nach der Durchbiegung eben und stehen auch weiterhin senkrecht zur verformten Stabachse (Hypothese von *Bernoulli* 1684–1705).

Diese Bedingungen liegen der klassischen Biegelehre zugrunde. Annahme g) trifft genau genommen nur für den Fall der reinen Biegung (ohne Querkräfte) zu. Unter der Wirkung von Querkräften bleiben die Querschnitte nicht eben, sondern verwölben sich. Diese Erscheinung ist besonders bei kurzen und zugleich hohen Trägern von Bedeutung.

Schneidet die Lastebene den Querschnitt nicht in einer Hauptachse, liegt schiefe Biegung vor. Verläuft die Lastebene nicht durch den später zu erläuternden Schubmittelpunkt *M*, so tritt neben den bereits erwähnten Wirkungen noch Torsion auf.

Die Anwendbarkeit des *Hooke*schen Gesetzes hängt vom Baustoff und der Höhe der Spannungen ab. Die Tragfähigkeit ist bei Erreichen der Spannungen zul σ bzw. σ_S in einem kleinen Bereich des Bauteils keineswegs erschöpft. Durch plastisches Materialverhalten in den am höchsten beanspruchten Schnitten erfolgen Spannungsumlagerungen. Für die Ermittlung der Traglast im Grenzzustand der Tragfähigkeit muss das wirkliche Verhalten des Baustoffes bis zur Erschöpfung erfasst werden (vgl. Abschnitt 5.4). Es wird dann eine Plastizierung des Materials zugelassen, für die das *Hooke*sche Gesetz nicht mehr zutrifft.

Eine Krafteinleitung im Sinne von Annahme e) lässt sich bei hohen Trägern durch Aussteifungen erreichen. Trotzdem treten an den Kraftleitungsstellen örtlich begrenzte Störungen des Spannungsverlaufes auf, die aber im Allgemeinen unberücksichtigt bleiben.

Aus der Formänderung eines Biegeträgers lässt sich rein anschauungsmäßig auf die Verteilung der Spannungen im Querschnitt schließen (Bild 5.1). Da sich der Träger im Regelfall nach unten durchbiegt, müssen sich die unteren Fasern verlängern und die oberen verkürzen. Im unteren Bereich jedes Querschnitts werden daher Zugspannungen, im oberen Druckspannungen wirken. Zwischen Zug- und Druckzone befindet sich eine Faserschicht, die keine Längenänderung erfährt und daher neutrale Schicht oder Nullschicht genannt wird. Ihre Schnittlinie mit dem Querschnitt wird als Nulllinie bezeichnet. In der Nulllinie eines Querschnittes sind die Biegespannungen gleich null.

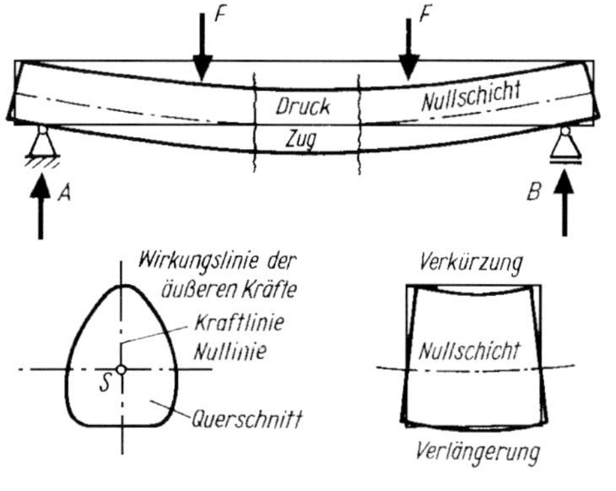

Bild 5.1

Infolge der Biegespannungen verdrehen sich die Querschnitte um die Nulllinie. Wenn ein Querschnitt auch nach der Durchbiegung eben sein soll, müssen die Längenänderungen der einzelnen Fasern proportional ihrem Abstand von der Nulllinie sein. Daraus folgt auch, dass die Spannungen proportional von der Nulllinie anwachsen, solange das *Hooke*sche Gesetz gültig ist. Als Ergebnis der Betrachtung kann festgehalten werden, dass durch Biegemomente Zug- und Druckspannungen im Querschnitt auftreten und ihre Größe proportional dem Abstand des betreffenden Flächenelementes von der Nulllinie ist (Geradliniengesetz der Spannungsverteilung nach *Navier* [1785–1836]).

5.2 Spannungsermittlung bei einachsiger Biegung

Im Schnitt I – I wirkt infolge der äußeren Kräfte ein Biegemoment M_y (Bild 5.2). Der Querschnitt, dargestellt durch die Linie I – I, verdreht sich um eine in ihm liegende Achse in die Lage II – II. Die Linie II – II ist ebenfalls eine Gerade, da der Querschnitt auch nach der Formänderung eben bleiben soll. Für die Längenänderung bzw. Spannungen der einzelnen Fasern gilt nach Abschnitt 5.1

$$\frac{\Delta l_1}{\Delta l} = \frac{1}{z} \quad \text{bzw.} \quad \frac{\sigma_1}{\sigma} = \frac{1}{z}; \qquad \sigma = \sigma_1 z \tag{5.1}$$

Darin sind Δl_1 die Längenänderung und σ_1 die Spannung eines Flächenelementes im Abstand 1 und Δl sowie σ die entsprechenden Werte im Abstand z von der Nulllinie.

Die Spannungen im Querschnitt müssen zusammen mit den Schnittgrößen die drei Gleichgewichtsbedingungen erfüllen:

1. $\int_A \sigma \,\mathrm{d}A = 0;\qquad (\sum H = 0);\qquad \sigma \,\mathrm{d}A = \mathrm{d}F$

2. $\int_A \sigma y \,\mathrm{d}A = 0;\qquad (\sum M_z = 0);\qquad \mathrm{d}F\, y = \sigma \,\mathrm{d}A\, y$

3. $M_y - \int_A \sigma z \,\mathrm{d}A = 0;\qquad (\sum M_n = 0);\qquad \mathrm{d}F\, z = \sigma \,\mathrm{d}A\, z$

$\mathrm{d}F$	Kraft auf das Flächenelement $\mathrm{d}A$
$\mathrm{d}F\, y$	Moment dieser Kraft, bezogen auf die z-Achse
$\mathrm{d}F\, z$	Moment dieser Kraft, bezogen auf die Nulllinie

In diese Gleichgewichtsbedingungen wird Gl. (5.1) eingesetzt.

$$\int_A \sigma \,\mathrm{d}A = \sigma_1 \int_A z \,\mathrm{d}A = 0; \qquad (\sum H = 0)$$

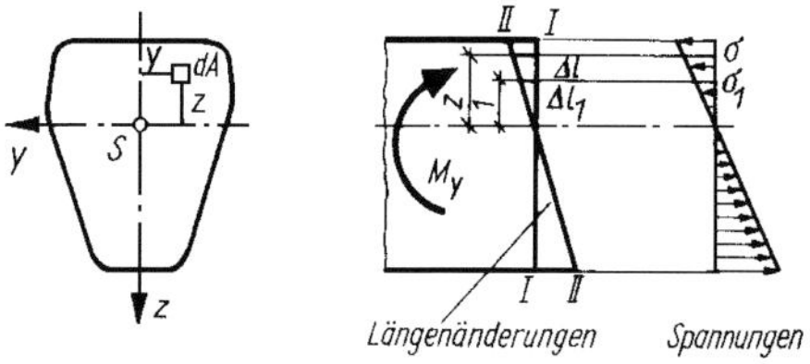

Bild 5.2

Das Integral $\int_A z \, dA$ ist das Flächenmoment 1. Grades des Querschnittes, bezogen auf
die Nulllinie. Es kann nur zu null werden, wenn die Bezugsachse eine Schwerachse ist. Daher gilt: Bei reiner Biegung verläuft die Nulllinie durch den Schwerpunkt des Querschnittes.

$$\int_A \sigma \, dA \, y = \sigma_1 \int_A yz \, dA = 0 \, ; \qquad (\sum M_z = 0)$$

Der Wert $\int_A yz \, dA$ bedeutet das Flächenzentrifugalmoment. Es nimmt nur für zugeordnete Achsen den Wert null an. Daraus folgt:

> Kraftlinie (Spur der Kraftebene) und Nulllinie sind zugeordnete Achsen. Wenn die Kraftlinie mit einer Hauptachse zusammenfällt, so ist die Nulllinie mit der anderen Hauptachse identisch.

$$M_y = \int_A \sigma \, z \, dA = \sigma_1 \int_A z^2 \, dA \, ; \qquad (\sum M_n = 0)$$

Das Integral ist bereits als Flächenmoment 2. Grades I_y, bekannt. Damit werden die Spannungen σ_1 im Abstand 1 und σ im Abstand z

$$\sigma_1 = \frac{M_y}{I_y} \, ; \qquad \sigma = \frac{M_y}{I_y} z \qquad (5.2)$$

Für positive Biegemomente M_y liefert Gl. (5.2) Spannungen mit Vorzeichen entsprechend z-Werten. In der Druckzone erhält man negative σ-Werte, in der Zugzone positive σ-Werte. In einfachen Fällen kann man auf eine Vorzeichendefinition verzichten und den Spannungscharakter (σ_D, σ_Z) aus der Wirkung des Biegemoments und der Lage der Druck- bzw. Zugzone bestimmen.

Gl. (5.2) muss noch eingehender erläutert werden. Für einen Querschnitt ist das errechnete Biegemoment M eine konstante Größe. Veränderlich ist der Abstand z. Die größte Spannung max σ erhält man demnach für z = max z. Die Randfasern mit dem größten Abstand von der Nulllinie werden am stärksten beansprucht.

Betrachtet man den Träger über seine Länge, dann ist σ veränderlich auch mit M. Die größte Spannung im Träger wird sich in den Randfasern des Querschnittes einstellen, wo M = max M ist, sofern der Querschnitt über die Länge gleichbleibt. Diese größte Spannung darf den zulässigen Wert nicht überschreiten. Lediglich an dieser Stelle des Trägers wird die Festigkeit des Baustoffes ausgenutzt.

Will man möglichst wirtschaftlich bauen, muss man den Querschnitt so ausbilden, dass sich das Material in den Randbereichen konzentriert (I-Profil). Außerdem lassen sich die Trägerhöhe und die Flanschdicke dem Momentenverlauf anpassen. Ein Beispiel dafür bieten Stahlbrückenträger mit Verstärkungslamellen im Bereich der größten

Biegemomente. Die Eigenschaften der Baustoffe und auch konstruktive Gründe gestatten jedoch in vielen Fällen eine solche Anpassung nicht, so dass die Träger meist auf ihrer ganzen Länge den gleichen Querschnitt erhalten.

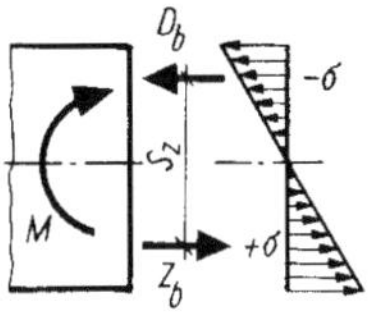

Bild 5.3

Muss der Querschnitt z. B. durch Bolzenlöcher oder Stöße geschwächt werden, dann ordnet man diese möglichst nicht im Bereich der größten Biegemomente an.

Sämtliche Biegedruckspannungen eines Querschnittes lassen sich zu einer Resultierenden D_b zusammenfassen, ebenso die Biegezugspannungen zu Z_b (Bild 5.3). Aus der Gleichgewichtsbedingung $\sum H = 0$ folgt, dass D_b und Z_b gleiche Größe haben. Sie stellen somit ein Kräftepaar dar. Bezeichnet man den Abstand zwischen den Resultierenden der Zug- und Druckspannungen mit s_z gilt

$$M = D_b \cdot s_z = Z_b \cdot s_z$$

Das Moment der äußeren Kräfte steht mit einem kleinen Kräftepaar in großem Abstand, aber auch mit einem großen Kräftepaar in kleinem Abstand im Gleichgewicht. Da s_z wesentlich von der Höhe eines Trägers abhängt, sind hohe Träger bei Biegebeanspruchung wirtschaftlicher. Diese Tatsache deckt sich mit den Vorstellungen und Erfahrungen, die man auch meist ohne statische Kenntnisse bereits besitzt.

Beim Fachwerk ist dieses Prinzip am deutlichsten verwirklicht. Die Resultierenden D_b und Z_b erscheinen als Zug- und Druckkräfte in den Gurten.

Der Abstand der Resultierenden der Biegedruck- und Biegezugspannungen eines Querschnittes wird nach der folgenden Gleichung bestimmt:

$$s_z = \frac{I_y}{S_y} \tag{5.3}$$

S_y ist das Flächenmoment 1. Grades der Druck- oder Zugzone, bezogen auf die y-Achse.

Bei gewalzten I-Trägern beträgt s_z im Mittel $0{,}85h$, wobei h die Trägerhöhe ist. Beim Rechteckquerschnitt wird $s_z = \frac{2}{3}h$.

Nach Gl. (5.2) lässt sich die Spannung für jeden Punkt des Querschnittes berechnen. Für den Spannungsnachweis braucht man vorwiegend die Werte am Querschnittsrand. Sie ergeben sich, wenn für $z = \max z$ (der größte Randfaserabstand) eingesetzt wird.

$$\max\sigma = \frac{M}{I_y}\max z; \qquad W_y = \frac{I_y}{\max z} \tag{5.4}$$

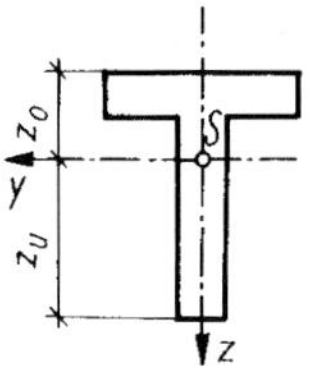

Bild 5.4

Der Wert W_y, ist das Widerstandsmoment mit der Maßeinheit (Längeneinheit)^3. Die Bezugsachse wird durch einen Index gekennzeichnet.

Bei doppeltsymmetrischen Querschnitten haben die oberen und unteren Randfasern dieselben Abstände von der Nulllinie. Die Grenzwerte der Zug- und Druckspannungen sind gleich groß. Ist jedoch die Spannungsnulllinie keine Symmetrieachse (Bild 5.4), dann sind die größten Zug- und Druckspannungen verschieden. Es wird max $z_o \neq$ max z_u. Bei solchen Querschnitten interessieren zwei Widerstandsmomente:

$$W_{yo} = \frac{I_y}{z_o} \tag{5.5}$$

$$W_{yu} = \frac{I_y}{z_u} \tag{5.6}$$

Zum größeren Randabstand gehört stets das kleinere Widerstandsmoment und umgekehrt. Die absolut größte Spannung erhält man mit dem kleineren Widerstandsmoment.

Die Biegespannungsformel lautet nach Einführung des Widerstandsmomentes

$$\max/\min \sigma = \pm \frac{M}{W_y} \leq \text{zul}\, \sigma_b \tag{5.7}$$

bzw.

$$\sigma_o = \frac{M_y}{W_{yo}} \leq \text{zul}\, \sigma_{bo} \tag{5.8}$$

$$\sigma_u = \frac{M_y}{W_{yu}} \leq \text{zul}\, \sigma_{bu} \tag{5.9}$$

Das Widerstandsmoment gegen Biegung ist grundsätzlich nach Gl. (5.4) über das Flächenmoment 2. Grades zu ermitteln. Für einfache Querschnitte ist auch eine direkte Berechnung möglich. Für den Rechteckquerschnitt erhält man z. B.

$$I_y = \frac{b \cdot h^3}{12}; \qquad \max z = \frac{h}{2}; \qquad W_y = \frac{\frac{b \cdot h^3}{12}}{\frac{h}{2}} = \frac{b \cdot h^2}{6} \tag{5.10}$$

Für weitere einfache Querschnittsformen findet man Formeln in entsprechenden Zahlentafeln. Einige sind in Tabelle 4.2 aufgelistet. Für Walzprofile werden Widerstandsmomente in Profiltafeln bereitgestellt.

Beim Spannungsnachweis eines durch Biegemomente beanspruchten Trägers sind neben den Querschnitten mit den Extremwerten der Biegemomente (max *M*, min *M*) auch evtl. geschwächte Querschnitte mit kleineren Biegemomenten zu untersuchen.

Die zulässige Biegedruck- bzw. Biegezugspannung darf an keiner Stelle des Trägers überschritten werden.

Für die verschiedenen Baustoffe sind folgende Hinweise zu beachten:

Holz: Vom Querschnitt sind Zapfen und Bolzenlöcher, Verblattungen und Verkämmungen abzuziehen. Waldkanten am Holz, die nicht größer sind, als in den Gütebedingungen festgesetzt, brauchen nicht abgezogen zu werden. Bei zusammengesetzten Querschnitten mit nachgiebigen Verbindungsmitteln bestehen darüber hinaus besondere Bedingungen.

Bei nur von Rinde und Bast befreiten Nadelrundhölzern mit ungeschwächter Randzone dürfen um 20 % erhöhte Werte in Rechnung gestellt werden.

Die Biegefestigkeit unterscheidet sich von der Zug- oder Druckfestigkeit.

Stahl: Bei Stahl werden die im Zugbereich liegenden Bohrungen abgezogen. Für die so erhaltene Nettoquerschnittsfläche A_N sind das Flächenmoment I_y und daraus das Widerstandsmoment W_y zu ermitteln. I_y darf auf die Schwerachse des Vollquerschnittes bezogen werden.

Grauguss findet für Lager und Gelenke Verwendung. Die zulässigen Biegedruck- und Biegezugspannungen sind voneinander verschieden, weil die Zugfestigkeit des Graugusses erheblich kleiner ist als seine Druckfestigkeit.

Glas: Gläser werden im Bauwesen für tragende Bauteile größtenteils in einer gehärteten Form eingesetzt. Die wichtigsten Sorten sind Einscheibensicherheitsglas (ESG) und teilvorgespanntes Glas (TVG).

Lochschwächungen sind mittels FEM-Berechnungen genau zu erfassen.

Beton: Bei Beton sind die zulässigen Spannungen für Biegedruck und Biegezug sehr voneinander verschieden, weil Beton kaum Zugspannungen, sondern nur Druckspannungen aufnehmen kann. Für reine Biegebeanspruchung ist daher Beton ohne Stahlbewehrung kaum nutzbar.

Stahlbeton ist ein inhomogener Baustoff. Die abgeleiteten Formeln gelten daher nicht für Stahlbeton.

In Tabelle 5.1 werden einige ausgewählte *Werte zulässiger Biegespannungen* angegeben.

Tabelle 5.1: Zulässige charakteristische Biegespannungen ausgewählter Baustoffe

Baustoff	Materialgüte	N/mm²
Stahl	S 235 JR S 355 JQ	$f_{y,k}$ = 240 N/mm² $f_{y,k}$ = 360 N/mm²
Holz LF H Standardfall Glas	NH, C 24 NH, C 30 BSH, GL 24h, GL 24c BSH, GL 28h, GL 28c BSH, GL 32h, GL 32c ESG (DIN 18516 T4) TVG (DIN EN 1863)	$f_{m,k}$ = 24 N/mm² $f_{m,k}$ = 30 N/mm² $f_{m,k}$ = 24 N/mm² $f_{m,k}$ = 28 N/mm² $f_{m,k}$ = 32 N/mm² f_k = 70 N/mm² f_k = 120 N/mm²

Bei der Bemessung eines Querschnittes (hier vorerst zur einfachen Darstellung am alten Sicherheitskonzept mit zulässigen Spannungen) muss das maximale Biegemoment ermittelt sein. Weiterhin kennt man die zulässigen Spannungen. Für die Auswahl eines Querschnittes löst man Gl. (5.7) nach W_y auf:

$$\text{erf } W_y = \frac{\max M}{\text{zul } \sigma} \tag{5.11}$$

Die Gleichung dient nur zur Querschnittsermittlung. In der statischen Berechnung wird der Nachweis $S_d < R_d$ gefordert. Im Fall des Spannungsnachweises gilt:

$$\text{vorh } \sigma = \frac{\max M}{\text{vorh } W_y} \leq \text{zul } \sigma$$

Gelegentlich wird nach dem zulässigen Moment gefragt, dann wird Gl. (5.7) nach M aufgelöst:

$$\text{zul } M = \text{vorh } W_y \cdot \text{zul } \sigma \tag{5.12}$$

Die Beziehungen nach Gln. (5.7 bis 5.12) lassen die Grundzusammenhänge für einfache Biegung erkennen.

Bei der Nachweisführung mit Teilsicherheiten nach EC, hier am Beispiel des Stahlbaus erläutert, werden diese Gleichungen erweitert, ohne dass sich im Grundinhalt etwas verändert hat.

Die Einwirkungen S_d im Grenzzustand der Tragfähigkeit werden dann allgemein

$$M_{ED} = \psi \cdot \gamma_F \cdot M_k$$

Die Tragfähigkeiten R_d im Grenzzustand erhält man z. B. für Stahl mit

$$f_{y,d} = f_{y,k} / \gamma_M$$

Die Widerstandsmomente W_y werden in Abhängigkeit vom Nachweisverfahren (elastisch oder plastisch, siehe Abs. 5.4.) mit

$$W_{pl,y} = \alpha_{pl,y} \cdot W_y$$

ermittelt. Das Biegemoment im Grenzzustand der Tragfähigkeit wird dabei:

$$M_{pl,y,d} = f_{y,d} \cdot W_{pl,y}$$

Der Nachweis erfolgt in der Form

$$\frac{M_{Ed}}{M_{pl,y,d}} \leq 1{,}0 \text{ oder } \frac{\sigma_{Ed}}{f_{R,d}} \leq 1{,}0$$

Im Holzbau wird mit folgender Gleichung nachgewiesen:

$$\frac{M_{Ed}/W_N}{f_{m,d}} \leq 1{,}0$$

Für verschiedene Bauteile bestehen Bestimmungen über die größte zulässige Durchbiegung. Außerdem kann ein Biegeträger seine Stabilität durch seitliches Ausweichen verlieren. Diese Erscheinung bezeichnet man als Kippen. Neben dem Nachweis für Biegebeanspruchung sind daher noch Nachweise über weitere Kriterien der Tragfähigkeit (Formänderung und Stabilität) zu führen.

5.3 Spannungsermittlung bei zweiachsiger Biegung

Der Zustand der zweiachsigen Biegung ist dann gegeben, wenn die äußeren Kräfte sowohl um die eine als auch die andere Hauptachse Biegemomente hervorrufen.

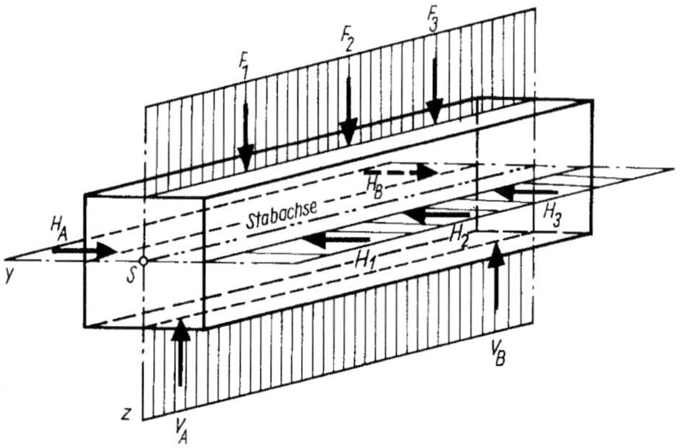

Bild 5.5

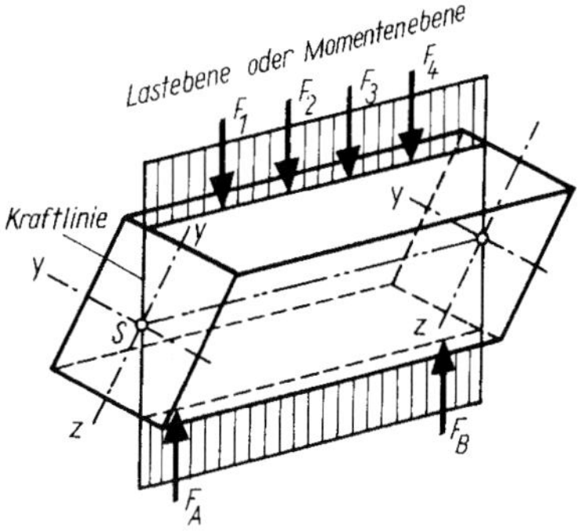

Bild 5.6

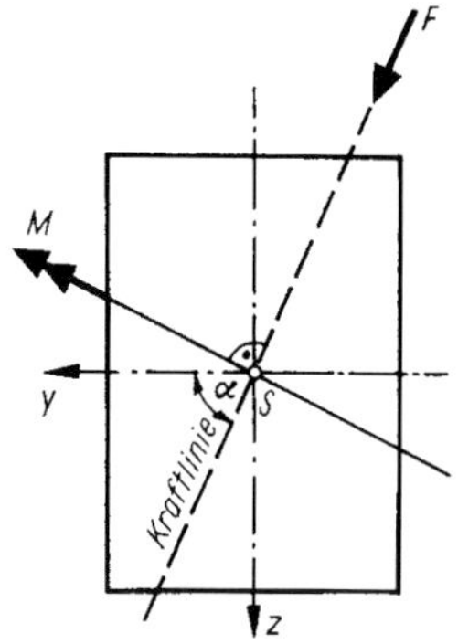

Bild 5.7

Das ist einmal durch die gleichzeitige, aber voneinander unabhängige Wirkung der Kräfte in zwei Lastebenen nach Bild 5.5 möglich. Zum anderen kann schiefe Biegung auftreten, die sich ebenfalls als zweiachsige Biegung darstellen lässt. Schiefe Biegung liegt vor, wenn zwar alle äußeren Kräfte in einer Ebene wirken, diese Ebene aber den Querschnitt nicht in einer Hauptachse schneidet (Bild 5.6). Die Bezugsachse des Biegemomentes M liegt rechtwinklig zur Kraftlinie (Bild 5.7), jedoch fällt sie nicht mehr mit der Nulllinie zusammen. Nulllinie und Spur der Kraftebene schließen einen schiefen Winkel ein. Die Ausbiegungen der Stabachse erfolgen in einer Ebene rechtwinklig zur Nulllinie (Bild 5.8).

Nach den Definitionen der Mechanik sind Biegemomente wie Kräfte gerichtete Größen (Vektoren). Man kann daher das Biegemoment M in zwei Komponenten M_y und M_z zerlegen (Bild 5.9). Ebenso lassen sich die Biegemomente M_y und M_z zu einem resultierenden Moment M zusammenfassen. Es ist dabei so zu verfahren, wie es für Kräfte üblich ist (geometrische Addition usw.). Aus der Zerlegungsfigur (sie entspricht dem Krafteck) liest man folgende Beziehungen ab.

$$M_y = M \sin\alpha\ ; \qquad M = \sqrt{M_y^2 + M_z^2}$$

$$M_z = -M \cos\alpha\ ; \qquad \tan\alpha = \frac{M_y}{M_z}$$

Die Wirkung der beiden Biegemomente M_y und M_z lässt sich auch als zweiachsige Biegung bzw. Doppelbiegung bezeichnen. Ebenso könnte Doppelbiegung durch Zusammenfassung der beiden Biegemomente als schiefe Biegung betrachtet werden.

Die beiden Bezeichnungen ergeben sich aus der beschriebenen Wirkung der äußeren Kräfte, die sowohl in Richtung der Hauptachsen als auch zu diesen geneigt angreifen können.

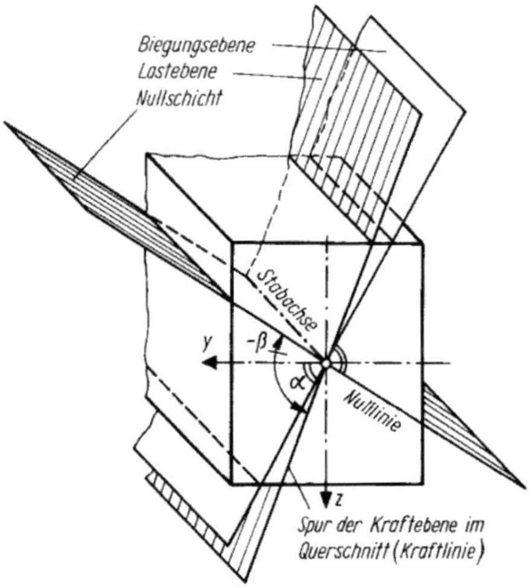

Bild 5.8

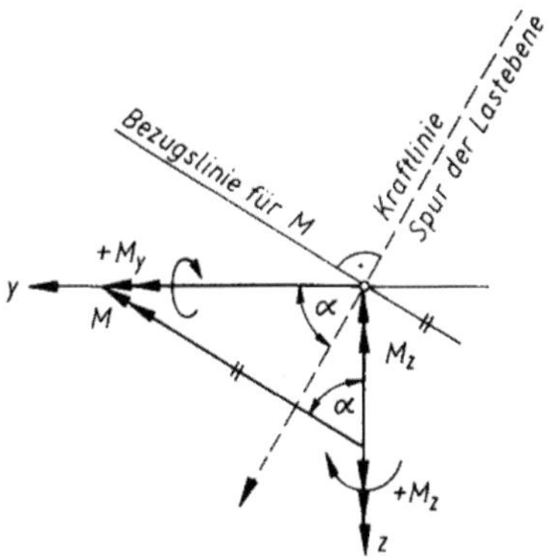

Bild 5.9

Solche Belastungen kommen z. B. bei Trägern von gewölbten Kappen (lotrechte Biegewirkung aus Eigengewicht und Verkehrslast, waagerechte Biegewirkung aus Horizontalkräften), bei Wandriegeln (Eigengewicht des Trägers und der Ausfachung sowie Windbelastung) und bei geneigten Dachpfetten vor.

Die getrennte Wirkung jedes Biegemomentes M_y bzw. M_z stellt für sich allein einachsige oder gerade Biegung dar. In beiden Fällen entstehen Normalspannungen σ. Die Gesamtspannung eines beliebigen Flächenelementes im Querschnitt findet man durch algebraische Überlagerung der Einzelspannungen.

$$\sigma = \frac{M_y}{I_y} z\,; \qquad \sigma = -\frac{M_z}{I_z} y\,; \qquad \sigma = \frac{M_y}{I_y} z - \frac{M_z}{I_z} y \tag{5.13}$$

In Gl. (5.13) sind y und z (die Koordinaten des betrachteten Flächenelementes) mit Vorzeichen einzuführen. M_y und M_z werden positiv eingesetzt, wenn sie im unteren bzw. rechten Querschnittsbereich bei dem nach den Bildern gewählten yz-System Zugspannungen erzeugen (Bild 5.10).

Man erkennt, dass sich in zwei Eckpunkten die größten Zug- bzw. Druckspannungen überlagern (Punkte 1 und 3 in Bild 5.10). In den beiden übrigen Eckpunkten weisen die Einzelspannungen unterschiedliche Vorzeichen auf und heben sich teilweise auf. Meist benötigt man nur die Extremwerte.

Mit $y = \pm b/2$ und $z = \pm h/2$ erhält man aus Gl. (5.13)

$$\sigma = \pm \frac{M_y}{W_y} \pm \frac{M_z}{W_z} \tag{5.14}$$

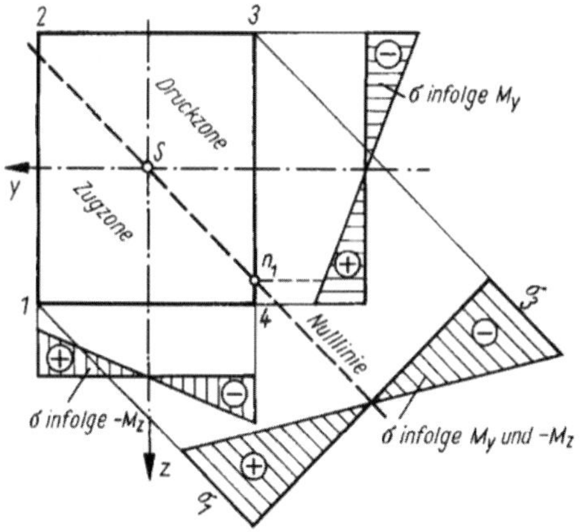

Bild 5.10

Bei der Anwendung von Gl. (5.14) lassen sich die Vorzeichen der einzelnen Spannungsanteile im Allgemeinen aus der Anschauung leichter bestimmen als durch exakte Definition, so dass die Darstellung mit doppeltem Vorzeichen hier zweckmäßiger erscheint.

Die Spannungen wachsen auch hier proportional zum Abstand von der Nulllinie an. Diese verläuft durch den Schwerpunkt, da dort aus beiden Einzelbelastungen keine Spannungen entstehen. Für die Lage der Nulllinie lässt sich zeichnerisch leicht ein weiterer Punkt finden. Betrachtet man in Bild 5.10 den rechten Rand des Querschnittes 3–4, so herrscht dort infolge M_z auf der ganzen Länge 3–4 die gleiche Spannung $-\sigma$, infolge des Momentes M_y die veränderliche Spannung σ. An der Stelle n_1 überlagert sich die Spannung $-\sigma$ mit einer gleich großen $+\sigma$. Da ein spannungsloser Punkt nur auf der Nulllinie liegen kann, muss diese durch n_1 verlaufen.

Damit lässt sich nun auch das endgültige Spannungsbild zeichnen. Würde man alle Spannungen rechtwinklig zum Querschnitt auftragen, erhält man einen Körper, wie er in Bild 5.11 dargestellt ist. Das Ausbiegen erfolgt nicht mehr in Richtung einer Hauptachse, wie das bei gerader Biegung der Fall war, sondern rechtwinklig zur Nulllinie.

Da Kraftlinie und Nulllinie konjugierte Achsen sind, lässt sich die Lage der Nulllinie auch mit dem *Mohr*schen Trägheitskreis (Bild 4.16) oder nach Gl. (4.29) bestimmen. Für Hauptachsen wird I_{yz} = 0, so dass Gl. (4.29) den Winkel β zwischen positiver y-Achse und Spannungsnulllinie in der folgenden Form liefert, wenn α als Winkel zwischen Kraftlinie und y-Achse vorliegt:

$$\tan\beta = -\frac{I_y}{I_z \tan\alpha} \qquad (5.15)$$

Aus der Lage der Nulllinie kann man auf die Spannungsverteilung und die Richtung der Ausbiegung schließen. Deshalb bestimmt man nach Gl. (5.15) zuerst die Nulllinie und erkennt die Querschnittspunkte mit den extremen Spannungen.

Für die Bemessung lässt sich Gl. (5.14) nicht ohne weiteres nach Querschnittskenngrößen auflösen, wenn M_y, M_z und zul σ bekannt sind, da die zwei Werte W_y und W_z vorkommen.

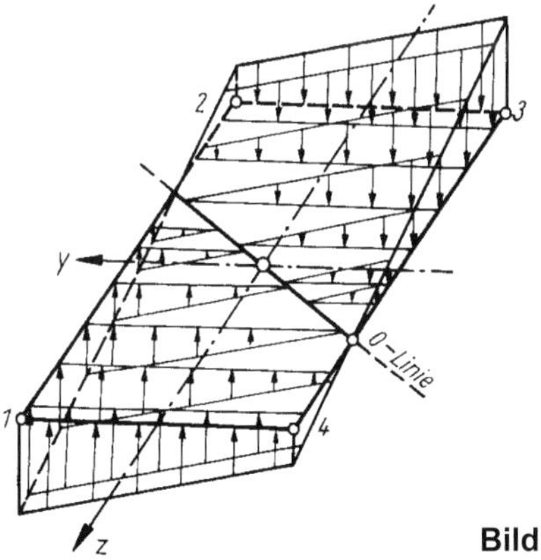

Bild 5.11

Man führt das Verhältnis c der beiden Widerstandsmomente ein. Dieser Wert schwankt für Profile gleichen Typs nur wenig.

$$c = \frac{W_y}{W_z}\,; \qquad W_z = \frac{W_y}{c}\,; \qquad \sigma = \frac{M_y}{W_y} + \frac{M_z}{\frac{W_y}{c}} = \frac{M_y + cM_z}{W_y}$$

$$\text{erf } W_y = \frac{M_y + cM_z}{\text{zul } \sigma_b} \tag{5.16}$$

Bei Rechteckquerschnitten wird

$$c = \frac{\frac{bh^2}{6}}{\frac{hb^2}{6}} = \frac{h}{b} = 1{,}2 \ldots 1{,}5$$

Bei Walzprofilen ist für

I 100 bis I 200	$c \approx 7 \;\ldots\; 8{,}5$
I 200 bis I 600	$c \approx 8{,}5 \ldots 10{,}5$
IPE 140 bis IPE 360	$c \approx 6 \;\ldots\; 7$
HEB 100 bis HEB 600	$c \approx 3 \;\ldots\; 5$

Weiterhin besteht die Möglichkeit, zunächst die Werte erf W_y und erf W_z auszurechnen. Man wählt dann ein Profil mit entsprechend höheren Widerstandsmomenten, so dass voraussichtlich die Summe der Einzelspannungen die zulässige Gesamtspannung nicht überschreitet. Unabhängig von der Bemessung ist in jedem Fall der Nachweis zu führen, dass $S_d \leq R_d$ ist.

Bei Doppelbiegung sind je nach dem Verhältnis $M_x : M_z$ breitere Querschnitte erforderlich. Ein schmales hohes Profil hat ein zu kleines W_z und wird unwirtschaftlich.

5.4 Biegespannungen bei Plastizierung des Materials

Es wurde bereits erwähnt, dass bei Erreichen der zulässigen Biegespannung noch Tragfähigkeitsreserven bestehen. Zum Verständnis der Vorgänge im Querschnitt soll das Biegemoment allmählich bis zum Versagen des Baustoffes gesteigert werden. Zur Vereinfachung wird dabei ein doppeltsymmetrischer Querschnitt vorausgesetzt. Der Baustoff soll homogen sein und gleiches Festigkeitsverhalten gegenüber Zug- und Druckbeanspruchungen aufweisen, was im Wesentlichen für Stahl zutrifft.

In Bild 5.12a sind Spannungsverteilungen dargestellt, wie sie bei verschiedenen Belastungshöhen tatsächlich auftreten. Die erste Figur zeigt eine dreiecksförmige Verteilung (klassische Elastizitätstheorie), die entsteht, solange max $\sigma \leq \sigma_P$ ist.

In der zweiten Figur liegt die maximale Spannung zwischen σ_P und σ_E. Da oberhalb σ_P die Dehnungen stärker zunehmen als die Spannungen, ergibt sich in den Randbereichen kein linearer Spannungsverlauf mehr.

Wird in den Randfasern max $\sigma = \sigma_S$ (dritte Figur), so entziehen sich diese durch plastische Verformungen (Fließen) einer weiteren Kraftaufnahme. Dagegen werden die näher an der Nulllinie liegenden Fasern stärker herangezogen. Dieser Vorgang setzt sich fort (vierte und fünfte Figur) bis zum Versagen.

Die z. B. im Stahlbau verwendeten Spannungsverteilungen (Bild 5.12b) werden auf der Grundlage von ideal-elastischen Spannungs-Dehnungs-Linien abgeleitet.

In der ersten Figur ist ideal-elastisches Verhalten erkennbar. Die zweite Figur zeigt die Spannungsverteilung für Vollplastizierung. Die dritte Figur enthält die im Stahlbau verwendete Teilplastizierung. In der vierten Figur ist die Spannungsverteilung im Grenzzustand der Tragfähigkeit eines auf Biegung beanspruchten Betonquerschnittes dargestellt. Für die Zugzone wird Vollplastizierung angenommen, während in der Druckzone ideal-elastische Verteilung vorliegt. Diese Verteilung resultiert aus der erheblichen Differenz zwischen Betondruck- und Betonzugfestigkeit ($f_{ck} \approx$ 10 bis 15 f_{ctm}). Die letzte Figur zeigt die Spannungsverteilung in der Druckzone eines Stahlbetonquerschnittes im Grenzzustand der Tragfähigkeit. Hierbei soll lediglich eine vollplastizierte Druckzone Gegenstand der Darstellung sein, denn Stahlbeton als nichthomogener Verbundbaustoff soll hier nicht behandelt werden.

Zusammenfassend kann festgestellt werden, dass die dreiecksförmige Spannungsverteilung ideal-elastischem Baustoffverhalten entspricht. Eine rechteckförmige Spannungsverteilung dagegen ist Kennzeichen eines vollplastizierten Materials im Querschnitt. Man spricht dann von der Ausbildung eines Fließgelenkes. Das bei Vollplastizierung vorhandene Biegemoment M_{pl} stellt den Höchstwert des inneren Widerstandes dar. Ab diesem Wert verhält sich das Tragwerk so, als wäre im vollplastizierten Querschnitt ein Gelenk vorhanden.

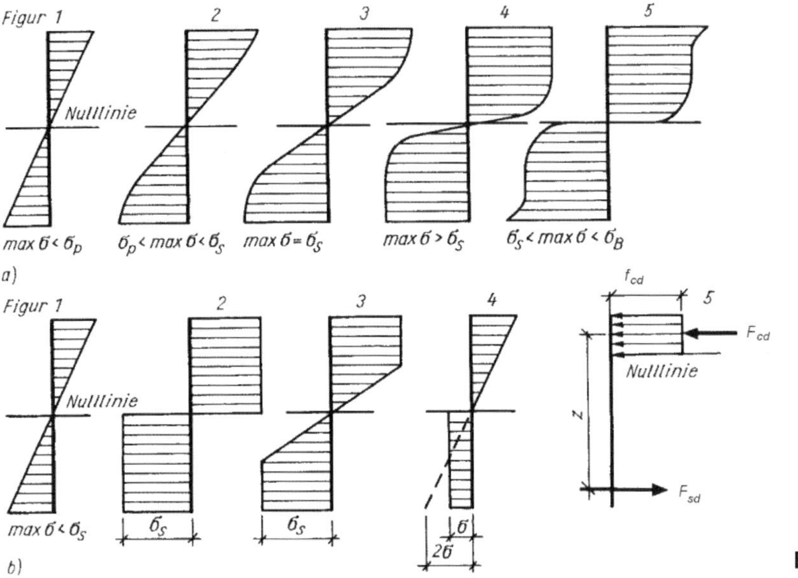

Bild 5.12

Für die Einbeziehung plastischer Tragfähigkeitsreserven müssen noch eine Reihe von Bedingungen erfüllt sein, die den Baustoff, das statische System und die Querschnittsform betreffen. Hier kann nur auf die jeweiligen Vorschriften verwiesen werden. Im Folgenden soll noch auf zwei Anwendungsfälle eingegangen werden, deren Darstellung die Zusammenhänge zwischen Spannungsverteilung, Lage der Nulllinie und Biegemoment für reine Biegung erkennen lässt. Zunächst sind noch einige Betrachtungen für den Fall der Vollplastizierung (rechteckförmige Spannungsverteilung, Figur 2, Bild 5.12b) bei idealisierter Spannungs-Dehnungs-Linie nach Bild 5.13 (bereits von *Prandtl* 1924 vorgeschlagen) anzustellen.

Jedes Flächenelement dA erhält unter diesen Voraussetzungen eine gleich große Spannung σ_S. Da die Summe der Zugspannungen gleich der Summe der Druckspannungen sein muss, müssen Zug- und Druckzone gleiche Größe haben. Damit wird die Flächenhalbierende Nulllinie. Bei nur einachsig symmetrischen Querschnitten

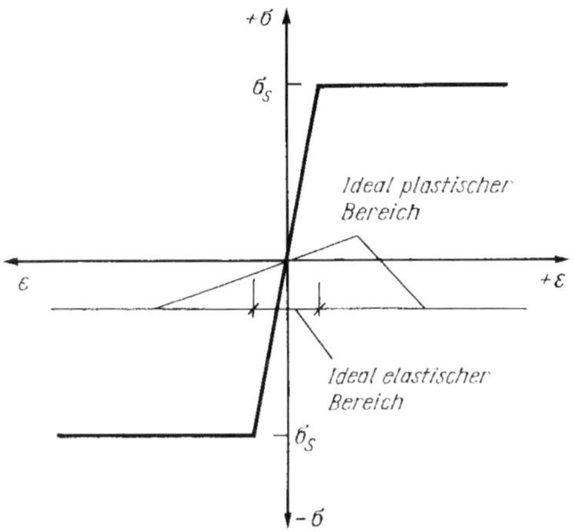

Bild 5.13

(vgl. Bild 5.4) wird daher nicht die *z*-Achse Nulllinie. Das Moment der inneren Kräfte wird

$$M(R) = \int_{Ad} z_{nd} \cdot \sigma_{Sd} \cdot dA + \int_{Az} z_{nz} \cdot \sigma_{Sz} \cdot dA = \sigma_A (S_{zn} + S_{dn}) = M_{pl}$$

Bringt man diese Beziehung in die Form nach Gl. (5.7)

$$\sigma_S = \frac{M_{pl}}{W_{pl}}$$

dann erhält man

$$W_{pl} = (S_{zn} + S_{dn}) \quad \text{vollplastisches Widerstandsmoment} \qquad (5.17)$$

M_{pl} Biegemoment bei Vollplastizierung des Querschnittes

S_{zn}, S_{dn} bedeuten die Absolutwerte des Flächenmomentes 1. Grades der Zug- bzw. Druckzone, bezogen auf die Nulllinie.

Für doppeltsymmetrische Profile des Stahlbaues wird

$$W_{pl} = 2 \cdot S_y \qquad (5.18)$$

Für den statischen Spannungsnachweis im Stahlbau kann eine begrenzte Plastizierung des Querschnittes zugelassen werden (s. auch Figur 3, Bild 5.12b). Hierfür wird vereinfachend eine um 10 % höhere Vergleichsspannung zugelassen:

$$\sigma_{v,d} / (1{,}1 \sigma_{R,d}) \le 1{,}1 \qquad (5.19)$$

Ggf. sind zusätzliche Bedingungen (s. Vorschrift) zu beachten.

Ergänzend sei noch hinzugefügt, dass das vollplastische Widerstandsmoment eines homogenen Rechteckquerschnittes

$$W_{pl} = \frac{b \cdot h^2}{4} \tag{5.20}$$

wird.

5.5 Beispiele

Beispiel 5.1

Für einen Träger wurde max $M_{g,k}$ = 6,0 kNm und max $M_{q,k}$ = 6,0 kNm ermittelt. Welche Querschnitte sind erforderlich, wenn Nadelholz C24 oder ein I-Profil aus S 235 verwendet wird?

Unter Beachtung der Teilsicherheiten ergibt sich:

Einwirkungen S_d:

$$M_d = \gamma_{FG} \cdot \psi \cdot M_{g,k} + \gamma_{FQ} \cdot \psi \cdot M_{q,k}$$

M_d = 1,35 · 1,0 · 6,0 + 1,5 · 1,0 · 6,6 = 18,0 kNm

Holzbalken:

$$\text{erf } W_y = \frac{M_d}{\text{zu } \sigma} = \frac{1800}{1{,}48} = 1216 \text{ cm}^3$$

Gewählt: Kantholz 16 cm × 22 cm mit W_y = 1291 cm³

Querschnittsschwächungen sind nicht vorhanden, so dass $W_N = W_y$ = 1291 cm³ in den Nachweis eingeht. Ohne Kippeinfluss ergibt sich:

$$\frac{M_d / W_N}{f_{n,d}} = \frac{1800/1291}{1{,}48} = 0{,}942 < 1{,}000$$

Der Nachweis ist erfüllt.

I-Profil:

Hier erhält man:

$$\text{erf } W_y = \frac{M_d}{\sigma_{R,d}} = \frac{1800}{23{,}5/1{,}0} = 77 \text{ cm}^3$$

Gewählt: HEB 100 mit W_y = 89,9 cm³

$$\sigma_d = \frac{M_d}{W_y} = \frac{1800}{89{,}9} = 20{,}0 \text{ kN/cm}^2 < 23{,}5 \text{ kN/cm}^2 = f_{\text{R,d}}$$

Nach Grenzzuständen mit dem Verfahren Elastisch-Plastisch ergibt sich folgender Ablauf:

Beanspruchbarkeiten R_d für ein HEB 140 und S 235 JR

$$M_{pl,y,d} = W_{pl,y} \cdot f_{y,d} = \alpha_{pl,y} \cdot W_y \cdot f_{y.k} / \gamma_M$$

$$M_{pl,y,d} = 1{,}14 \cdot 89{,}9 \cdot 23{,}5/1{,}0 = 2408 \text{ kNcm} = 24{,}1 \text{kNm}$$

$$S_d \le R_d: \quad M_d = 18{,}0 \text{ kNm} < M_{pl,y,d} = 24{,}1 \text{ kNm}$$

Als Nachweis der Normalspannung erhält man:

$$\sigma_{d,E-P} = \frac{M_d}{W_{pl,y}} = \frac{1800}{102{,}5} = 17{,}6 \text{ kN/cm}^2$$

$$f_{R,d} = f_{y,d} = f_{y,k} / \gamma_M = 23{,}5/1{,}0 = 23{,}5 \text{ kN/cm}^2$$

$$\frac{\sigma_{d,E-P}}{f_{R,d}} = \frac{17{,}6}{23{,}5} = 0{,}7758 < 1$$

Beispiel 5.2

Ein geleimter **I**-Träger aus Nadelholz C24 hat die Abmessungen nach Bild 5.14. Welches Biegemoment ist für den Balken zulässig?

$$I_y = \frac{4 \cdot 12^3}{12} + 2\left(\frac{12 \cdot 4^3}{12} + 4 \cdot 12 \cdot 8^2\right) = 6850 \text{ cm}$$

$$W_y = \frac{6850}{10} = 685 \text{ cm}^3; \qquad f_{m,d} = 14{,}8 \text{ N/mm}^2$$

$$M_d = W_y \cdot f_{m,d} = 685000 \cdot 14{,}8 = 10{,}14 \cdot 10^6 \text{ Nmm} = 10{,}14 \text{ kNm}$$

Beispiel 5.3

Für den Trägerquerschnitt nach Bild 5.15 sind folgende Werte zu berechnen:

a) Flächenmoment 2. Grades I_y

b) Widerstandsmoment W_{yu} und W_{yo}

c) Randspannungen σ_o und σ_u bei einem Biegemoment $M = 172$ kNm

d) Biegespannungen für das gleiche Moment am oberen Rand des IPE 360

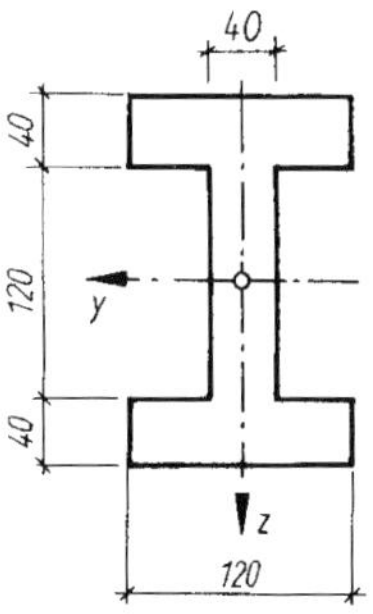

Bild 5.14

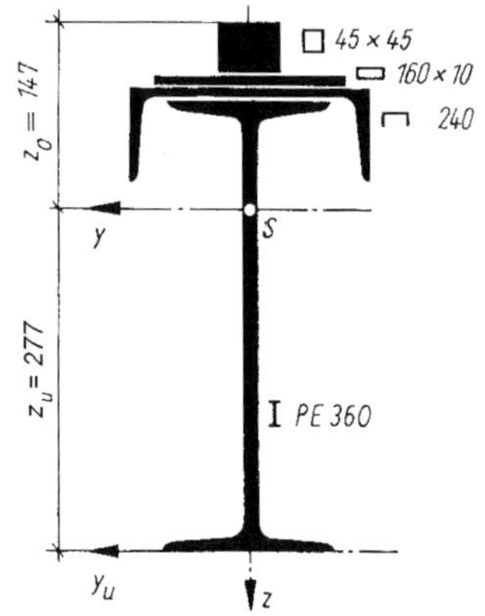

Bild 5.15

zu a)

Tabelle 5.2

Profil	A cm²	$-z_u$ cm	$-S_{yu}$ cm³	a cm	I_{x1} cm⁴	Aa^2 cm⁴
I PE 360	72,7	18,00	1308,6	9,71	16270	6854
[240	42,3	34,72	1468,6	7,01	248	2079
Bl. 160 × 10	16,0	37,45	599,2	9,74	1	1518
Bl. 45 × 45	20,25	40,20	814,1	12,49	34	3159
	151,25				16535	13610

$$-z_u = \frac{\sum S_{yu}}{\sum A} = \frac{4190{,}5}{151{,}25} = 27{,}71 \text{ cm}$$

$I_y = 16535 + 13610 = 30145 \text{ cm}^4$

zu b)

$$W_{yo} = \frac{I_y}{z_o} = \frac{30145}{14{,}7} = 2051 \text{ cm}^3$$

$$W_{yu} = \frac{I_y}{z_u} = \frac{30145}{27{,}7} = 1088 \text{ cm}^3$$

zu c)

$$\sigma_o = \frac{M}{I_y} z_o = \frac{M}{W_{yo}} = \frac{17200}{2051} = 8{,}4\ \text{kN/cm}^2$$

$$\sigma_u = \frac{M}{I_y} z_u = \frac{M}{W_{yu}} = \frac{17200}{1088} = 15{,}8\ \text{kN/cm}^2$$

zu d)

$$\sigma = \frac{M}{I_y} z = \frac{17200}{30145} 8{,}29 = 4{,}73\ \text{kN/cm}^2$$

Beispiel 5.4

Für die in Bild 5.16 dargestellten Querschnitte ist das plastische Widerstandsmoment zu berechnen. Nach Bestimmung der Formel sind die Zahlenwerte für folgende Beispiele zu errechnen:

a) Rohre 100 × 8 mm

b) Kastenprofil 90 × 8 mm

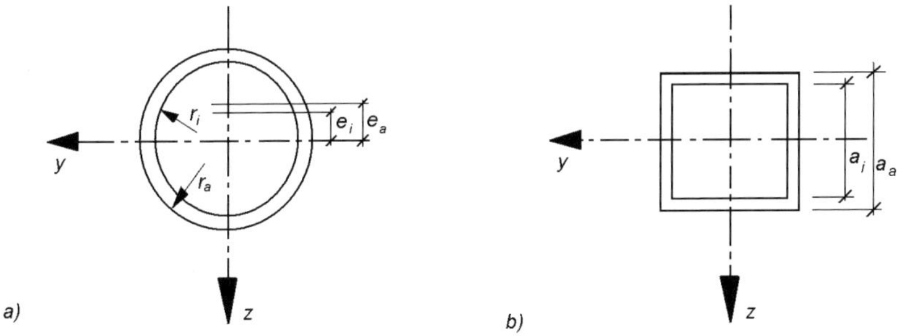

Bild 5.16

zu a)

Bestimmung der Geometriewerte:

r_a = 100/2 = 50 mm; r_i = 50 – 8 = 42 mm

e_i und e_a sind die Schwerpunkte des halben Kreises bezogen auf die y-Achse

$$e_a = \frac{4 \cdot r_a}{3 \cdot \pi}; \qquad e_i = \frac{4 \cdot r_i}{3 \cdot \pi}$$

Bestimmung des Flächenmomentes ersten Grades bezogen auf die *y*-Achse:

$$S_y = \frac{A_a}{2} \cdot e_a - \frac{A_i}{2} \cdot e_i = \frac{\pi \cdot r_a^2}{2} \cdot \frac{4 \cdot r_a}{3 \cdot \pi} - \frac{\pi \cdot r_i^2}{2} \cdot \frac{4 \cdot r_i}{3 \cdot \pi}$$

$$S_y = \frac{2}{3} r_a^3 - \frac{2}{3} r_i^3 = \frac{2}{3}\left(r_a^3 - r_i^3\right)$$

Ermittlung des plastischen Widerstandsmomentes:

$$W_{pl} = 2 \cdot S_y = \frac{4}{3}\left(r_a^3 - r_i^3\right)$$

Für das Beispiel Rohr 100 × 8 mm ergibt sich:

$$W_{pl} = \frac{4}{3}\left(50^3 - 42^3\right) = 67883 \text{ mm}^3 = 67{,}9 \text{ cm}^3$$

zu b)

a_a = 90 mm; a_i = 90 – 16 = 74 mm

$$S_y = \frac{A_a}{2} \cdot e_a - \frac{A_i}{2} \cdot e_i = \frac{a_a^2}{2} \cdot \frac{a_a}{4} - \frac{a_i^2}{2} \cdot \frac{a_i}{4}$$

$$S_y = \frac{1}{8}\left(a_a^3 - a_i^3\right)$$

Ermittlung des plastischen Widerstandsmomentes:

$$W_{pl} = 2 \cdot S_y = \frac{1}{4}\left(a_a^3 - a_i^3\right)$$

Für das Beispiel Kastenprofil 90 × 8 mm ergibt sich:

$$W_{pl} = \frac{1}{4}\left(90^3 - 74^3\right) = 80944 \text{ mm}^3 = 80{,}9 \text{ cm}^3$$

Beispiel 5.5

Der Randträger eines Kappengewölbes wird auf Doppelbiegung beansprucht. Folgende maximale Biegemomente wurden ohne Berücksichtigung von Teilsicheitsbeiwerten errechnet:

$M_{y,k}$ = 48,32 kNm; Baustoff S 235 JR I-Träger

$M_{z,k}$ = –5,96 kNm; $\sigma_{R,d}$ = 218 N/mm²

a) Es ist der Träger zu bemessen und der Spannungsnachweis zu führen.

b) Die Spannungen in allen Eckpunkten sind zu berechnen.

c) Die Spannungsdiagramme der Einzelspannungen und der Gesamtspannung sollen aufgetragen werden.

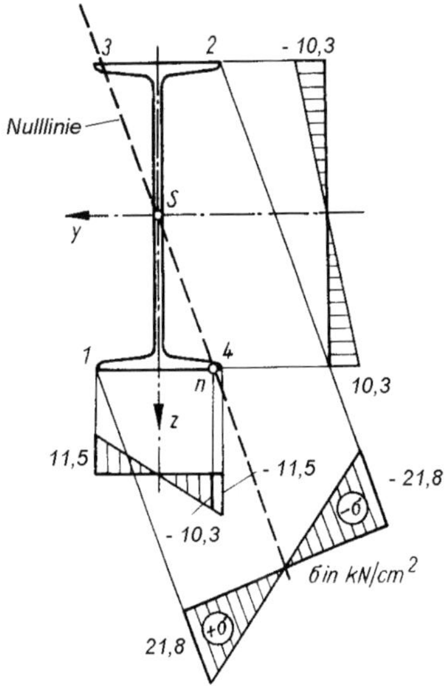

Bild 5.17

zu a)

Für einen ständigen Anteil der Last von 70 % gilt:

$$M_{y,d} = 1{,}35 \cdot 1{,}0 \cdot 48{,}32 \cdot 0{,}7 + 1{,}5 \cdot 1{,}0 \cdot 48{,}32 \cdot 0{,}3 = 67{,}4 \text{ kNm}$$

$$M_{z,d} = -1{,}35 \cdot 1{,}0 \cdot 5{,}96 \cdot 0{,}7 - 1{,}5 \cdot 1{,}0 \cdot 5{,}96 \cdot 0{,}3 = -8{,}31 \text{ kNm}$$

$$\text{erf } W_y = \frac{6740 + 9 \cdot 831}{21{,}8} = 652 \text{ cm}^3$$

Gewählt: I 300 mit W_y = 653 cm³ und W_z = 72,2 cm³

$$\max \sigma_d = \frac{6740}{653} + \frac{831}{72{,}2} = 10{,}3 + 11{,}5 = 21{,}8 \text{ kN/cm}^2 \leq f_{R,d}$$

Die größten Spannungen treten in den Punkten 1 (Zug) und 2 (Druck) auf (Bild 5.17). Mit ihrer Ermittlung ist im Allgemeinen die Aufgabe gelöst. Um die Spannungsverteilung restlos zu erkennen, soll noch die Spannung für alle Eckpunkte errechnet werden.

zu b)

$$\sigma_{1,d} = +\frac{M_{y,d}}{W_y} + \frac{M_{z,d}}{W_z} = 10{,}3 + 11{,}5 = 21{,}8 \text{ kN/cm}^2$$

$$\sigma_{2,d} = -\frac{M_{y,d}}{W_y} - \frac{M_{z,d}}{W_z} = -10{,}3 - 11{,}5 = -21{,}8 \text{ kN/cm}^2$$

$$\sigma_{3,d} = -\frac{M_{y,d}}{W_y} + \frac{M_{z,d}}{W_z} = -10{,}3 + 11{,}5 = 1{,}2 \text{ kN/cm}^2$$

$$\sigma_{4,d} = +\frac{M_{y,d}}{W_y} - \frac{M_{z,d}}{W_z} = 10{,}3 - 11{,}5 = -1{,}2 \text{ kN/cm}^2$$

Zu c) Die zeichnerische Lösung ist in Bild 5.17 enthalten.

Beispiel 5.6

Eine hölzerne Pfette wird durch lotrechte Lasten beansprucht. Das Biegemoment beträgt M_d = 11,8 kNm; α = 65°24′. Da die Pfette auf dem Obergurt eines Binders liegt, wirken die äußeren Kräfte nicht in Richtung einer Hauptachse. Es liegt somit schiefe Biegung vor (Bild 5.18). Die Pfette ist zu bemessen und die Spannung nachzuweisen ($f_{m,d}$ = 1,48 kN/cm²).

a) Umrechnung von schiefer Biegung auf zweiachsige Biegung

$$M_{y,d} = M \sin\alpha = 11{,}8 \cdot 0{,}909 = 10{,}7 \text{ kNm}$$

$$M_{z,d} = -M \cos\alpha = -11{,}8 \cdot 0{,}416 = -4{,}9 \text{ kNm}$$

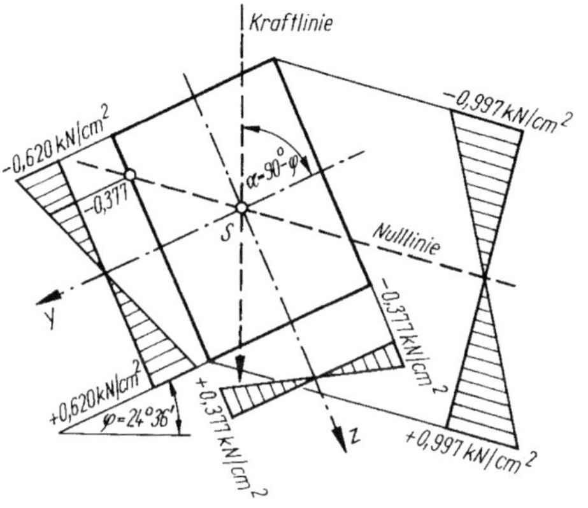

Bild 5.18

b) Bemessung

$$\text{erf } W_y = \frac{1070 + 1,3 \cdot 490}{1,0} = 1710 \text{ cm}^3$$

Gewählt: Balken 18 cm × 24 cm mit W_y = 1728 cm³ und W_z = 1300 cm³

c) Spannungsnachweis

$$\max \sigma_d = \frac{1070}{1728} + \frac{490}{1300} = 0,62 + 0,38 = 1,00 \text{ kN/cm}^2 < f_{m,d}$$

6 Schubspannungen

6.1 Grundlagen

Fast immer treten Biegemomente zusammen mit Querkräften auf. Diese wurden bei der Ermittlung der Biegespannung nicht berücksichtigt. In diesem Teil sollen die Wirkungen der Querkräfte und die sich daraus ergebenden Spannungen untersucht werden.

Es wird hier nochmals darauf verwiesen, dass die Querkräfte in den aktuellen Vorschriften mit *V* bezeichnet werden, während bis vor wenigen Jahren noch die Bezeichnung *Q* verwendet wurde.

Bei Biegung werden zwei benachbarte Querschnitte gegeneinander verdreht (Bild 6.1). Im Querschnitt entstehen dabei Normalspannungen. Infolge von Querkräften werden zwei benachbarte Querschnitte gegeneinander verschoben (Bild 6.2). Die inneren Kräfte wirken diesmal in der Querschnittsebene selbst. Es entstehen Tangentialspannungen τ. Falls Kraft und Gegenkraft nahezu in einer Ebene liegen (Scherkraft), werden alle Querschnittsteile etwa gleichmäßig beansprucht. Dieser Fall wurde bereits untersucht. Bleiben die in der Querschnittsebene wirksamen Schnittkräfte *V* nicht auf einen Querschnitt des Stabes beschränkt, so spricht man von Schubkräften. Wie die nachfolgenden Ableitungen zeigen, verteilen sich dann die inneren Kräfte nicht mehr gleichmäßig über den Querschnitt.

Bei einem Träger, der sich infolge einer Belastung krümmt (Bild 6.3), werden die unteren Fasern gezogen und die oberen gedrückt. Denkt man sich den Träger in mehrere Lamellen geteilt, so wird sich jede Trägerlamelle wie ein Träger allein durchbiegen. Dort, wo zwei Lamellen aneinanderstoßen, wird von den beiden aneinanderliegenden Fasern die obere gezogen und die untere gedrückt. Dieser Zustand führt zu einer Verschiebung beider Lamellen aufeinander.

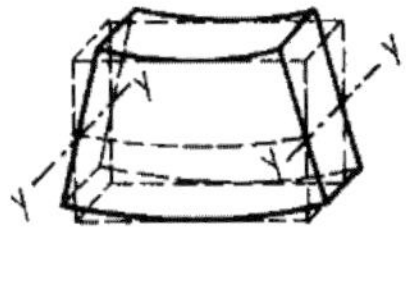

Bild 6.1

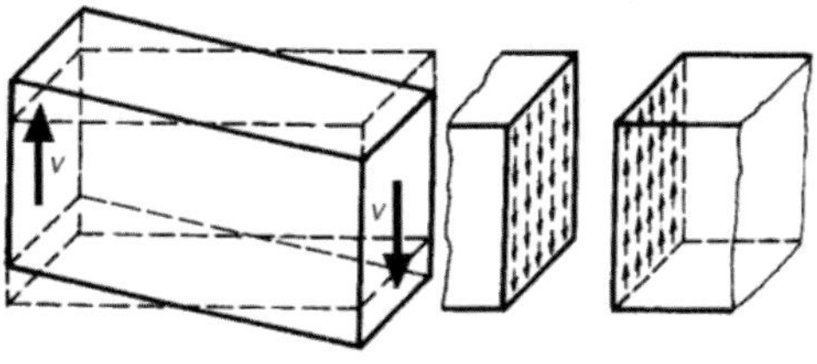

Bild 6.2

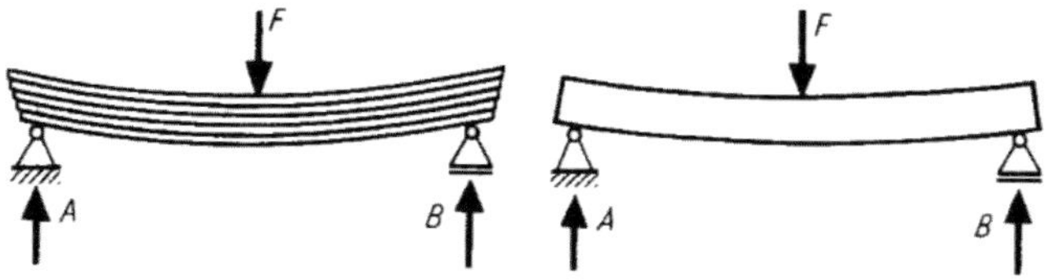

Bild 6.3

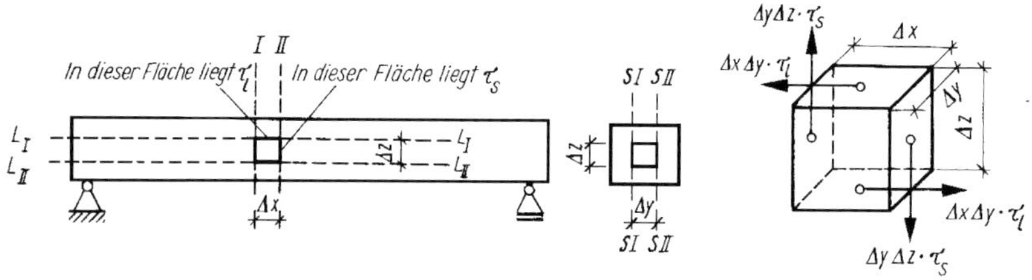

Bild 6.4

Bei einem ungeteilten Träger tritt eine solche Verschiebung nicht ein. Offensichtlich müssen gleichzeitig im horizontalen Längsschnitt wirkende Längsschubspannungen τ die Verschiebung verhindern.

Die folgende Betrachtung gibt Auskunft über Beziehungen zwischen Schubspannungen im Querschnitt und Längsschnitt.

In einem belasteten Träger (Bild 6.4) sind nebeneinander in der sehr kleinen Entfernung Δx zwei Schnitte I und II gelegt und ebenso in einem sehr kleinen Abstand Δz zwei Längsschnitte L_{I} und L_{II}. Legt man ferner noch zwei senkrechte Längsschnitte S_I und S_{II} im Abstand Δy, so erhält man aus dem Träger ein prismatisches Stück mit den Kantenlängen Δx, Δy und Δz. In den Stirnflächen der Schnitte I und II sind Schubkräfte vorhanden. Wenn die durch diese Kräfte verursachten Schubspannungen τ_S sind, dann ist die Größe der Schubkräfte in jeder Stirnfläche $\Delta y \cdot \Delta z \cdot \tau_S$; sie sind einander entgegengesetzt gerichtet. Diese beiden Schubkräfte bilden ein Kräftepaar im Abstand Δx und erzeugen daher ein Moment von der Größe $(\Delta y \cdot \Delta z \cdot \tau_S)\,\Delta x$. Diesem Moment muss aus Gleichgewichtsgründen ein gleich großes Moment entgegenwirken, das nur von den Schubkräften der waagerechten Flächen des prismatischen Trägerelementes bewirkt werden kann. Die Schubkräfte betragen dort, wenn die Längsschubspannung mit τ_l bezeichnet wird, in jeder Fläche $\Delta x \cdot \Delta y \cdot \tau_l$. Sie bilden ebenfalls ein Kräftepaar und erzeugen mit dem Hebelarm Δz ein Moment von der Größe $(\Delta x \cdot \Delta y \cdot \tau_l)\,\Delta z$. Dieses Moment ist gleich dem Moment aus den Vertikalschubkräften τ_S so dass $(\Delta y \cdot \Delta z \cdot \tau_S)\,\Delta x = (\Delta x \cdot \Delta y \cdot \tau_l)\,\Delta z$ gilt, woraus folgt

$$\tau_S = \tau_l \qquad (6.1)$$

Schubspannungen treten stets paarweise auf, und zwar gleichzeitig im Querschnitt und in der zu ihm und zur Richtung der Querschnittsschubspannung senkrecht stehenden Ebene des Längsschnittes. Beide Schubspannungen sind gleich groß.

6.2 Gleichung der Schubspannung

Nachdem festgestellt wurde, dass Schubspannungen stets paarweise im Querschnitt und im betreffenden Längsschnitt auftreten, soll ihre Größe bestimmt werden.

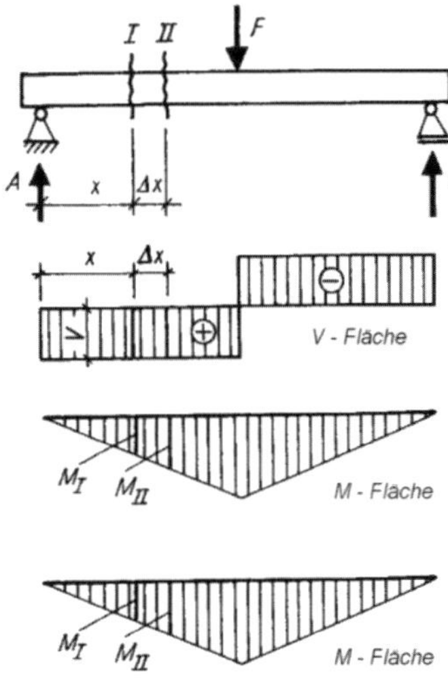

Bild 6.5

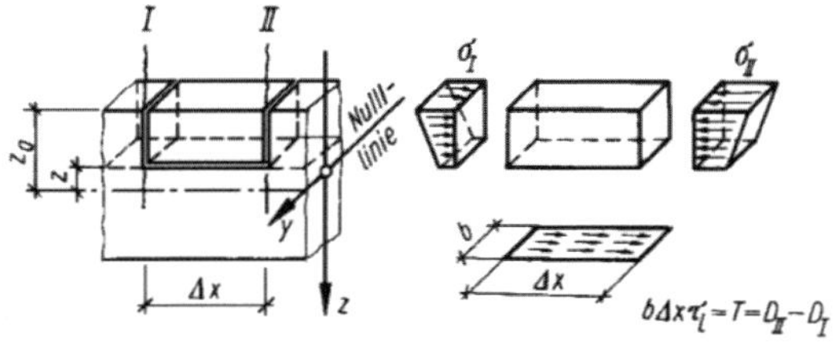

Bild 6.6

Zu diesem Zweck schneidet man ein Trägerstück der Länge Δx durch die Schnitte I und II und einen waagerechten Längsschnitt im Abstand *z* von der Hauptachse *y* heraus (Bild 6.5). Die Hauptachse *y* ist bei Biegung ohne Längskraft gleichzeitig Nulllinie. Im Schnitt I wirkt das Biegemoment M_{I}, dagegen im Schnitt II das gegenüber M_{I} größere M_{II}. Beide Momente haben Biegespannungen zur Folge, die in Bild 6.6 angegeben sind. Diese sind mit σ_{I} und σ_{II} bezeichnet, wobei $\sigma_{\mathrm{II}} > \sigma_{\mathrm{I}}$ ist, da $M_{\mathrm{II}} > M_{\mathrm{I}}$ sein soll. Die Druckspannungen in den beiden Schnitten lassen sich zu je einer Resultierenden D_{I} bzw. D_{II} zusammenfassen. Es ist offensichtlich, dass $D_{\mathrm{II}} > D_{\mathrm{I}}$ ist. Damit sich das Trägerelement im Gleichgewicht befindet, müssen in der Fläche $b\,\Delta x$ Längsschubspannungen wirken, deren resultierende Kraft $\tau_l\, b\, \Delta x$ dem Betrag nach gleich der Differenz $(D_{\mathrm{II}} - D_{\mathrm{I}})$ sein muss ($\sum H = 0$).

Wählt man Δx klein genug, dann wird die Differenz $D_{\mathrm{II}} - D_{\mathrm{I}}$, die als Längsschubkraft T bezeichnet wird, sich gleichmäßig auf die Länge Δx verteilen. Auch über die Trägerbreite wird gleichmäßige Verteilung der Schubspannungen vorausgesetzt. Der Längsschnitt soll parallel zur Nullschicht laufen und von dieser den Abstand z haben.

Die Druckkräfte D_{I} und D_{II} ergeben sich wie folgt

im Schnitt I

$$D_{\mathrm{I}} = \int_{z}^{z_0} \sigma_{\mathrm{I}}\, \mathrm{d}A\,; \qquad \sigma_{\mathrm{I}} = \frac{M_{\mathrm{I}}}{I_y} z\,; \qquad D_{\mathrm{I}} = \frac{M_{\mathrm{I}}}{I_y} \int_{z}^{z_0} z\, \mathrm{d}A$$

im Schnitt II

$$D_{\mathrm{II}} = \int_{z}^{z_0} \sigma_{\mathrm{II}}\, \mathrm{d}A\,; \qquad \sigma_{\mathrm{II}} = \frac{M_{\mathrm{II}}}{I_y} z\,; \qquad D_{\mathrm{II}} = \frac{M_{\mathrm{II}}}{I_y} \int_{z}^{z_0} z\, \mathrm{d}A$$

Die beiden Integrale stellen das Flächenmoment 1. Grades des Querschnittes oberhalb des Längsschnittes, bezogen auf die y-Achse, dar.

Damit wird

$$D_{\mathrm{II}} - D_{\mathrm{I}} = \frac{S}{I_y}(M_{\mathrm{II}} - M_{\mathrm{I}})$$

Die Bedingung $\sum H = 0$ liefert mit $D_{\mathrm{II}} - D_{\mathrm{I}} = \tau_l b\, \Delta x$

$$\tau_l\, b\, \Delta x = \frac{S}{I_y}(M_{\mathrm{II}} - M_{\mathrm{I}})\,; \qquad \tau_l = \frac{S}{I_y b}\, \frac{M_{\mathrm{II}} - M_{\mathrm{I}}}{\Delta x}$$

$M_{\mathrm{II}} - M_{\mathrm{I}} = \Delta M$ ist die Momentendifferenz zwischen den Schnitten I und II. Nach früherer Ableitung wird $\Delta M = V\, \Delta x$.

Damit lautet die Gleichung für die Schubspannung bei Biegung (da $\tau_S = \tau_l$ ist, erübrigt sich eine Unterscheidung der Längsschubspannung von der Vertikalschubspannung):

$$\tau = \frac{VS}{bI} \qquad (6.2)$$

τ Schubspannung in einer um z von der Nullschicht entfernten parallelen Faserschicht

V Querkraft im untersuchten Querschnitt

S Flächenmoment 1. Grades derjenigen Querschnittsfläche, die durch die auf Schubspannung untersuchte Faserschicht vom Querschnitt abgetrennt wird (das Flächenmoment 1. Grades ist auf die Nulllinie zu beziehen)

I Flächenmoment 2. Grades des Querschnittes, bezogen auf die Nulllinie

B Querschnittsbreite der untersuchten Faserschicht im Abstand *y* von der Nulllinie

Gl. (6.2) setzt voraus, dass

a) die Schubspannung τ in einem beliebigen Querschnittspunkt parallel zur Querkraft *V* läuft

b) die Schubspannungen sich gleichmäßig über die Querschnittsbreite *b* verteilen

c) die Querkraft *V* in Richtung einer Hauptachse wirkt.

Die Spannungsverteilung kann nicht für jeden beliebigen Querschnitt mit Gl. (6.2) ohne weiteres ermittelt werden. Lediglich bei offenen und bestimmten geschlossenen Querschnitten kommt man mit Gl. (6.2) zum Ziel. Bei unsymmetrischen geschlossenen Querschnitten wird die Schubspannungsermittlung komplizierter.

Eine nähere Betrachtung von Gl. (6.2) gibt zunächst allgemein Auskunft über die Schubspannungsverteilung im Querschnitt bzw. im Längsschnitt. Für einen Querschnitt eines Trägers ist der Quotient $V/I = k$ unveränderlich. Daher kann auch $\tau = kS/b$ geschrieben werden.

Die Schubspannung im Querschnitt hängt von S/b ab. Für einen Schnitt an der oberen und unteren Randfaser wird $S = 0$. Für die Punkte der *y*-Achse wird $S = \max S$, da dann das Flächenmoment 1. Grades des „halben“ Querschnittes, bezogen auf die Nulllinie, einzusetzen ist. Daraus lässt sich erkennen, dass die Schubspannung an den Stellen im Querschnitt am größten wird, wo die Nulllinie der Biegespannungen liegt. Zur Randfaser hin nimmt die Schubspannung ab und erreicht am Rand den Wert null, während die Biegespannung linear anwächst.

Weiterhin ist die Breite *b* von Einfluss auf die Größe der Schubspannung. Ein großer Wert für *b* führt zu kleinen Schubspannungen (Bild 6.7a). Bei schmalen Stegen dagegen (Bild 6.7b) wird *b* verhältnismäßig klein; daher ergibt sich eine wesentlich größere Kraft je Flächeneinheit. In der Formel drückt sich das darin aus, dass τ umgekehrt proportional *b* ist.

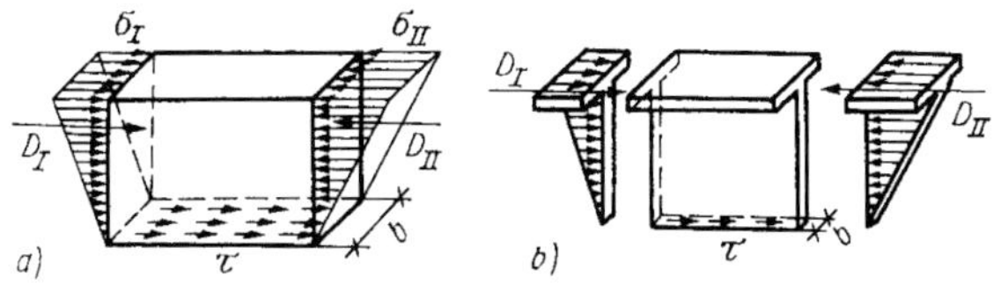

Bild 6.7

Betrachtet man den Träger über seine Länge und bleibt jeweils im gleichen Abstand z von der x,y-Ebene, z. B. in der Nullschicht, dann ist S/Ib konstant, wenn der Querschnitt gleich bleibt. Die Schubspannung ist proportional V, erreicht also an den Auflagern die größten Werte und wird im Bereich von max M zu null ($V = 0$).

Bei der Berechnung von Tragwerken auf Biegung besteht in den meisten Fällen ein Verhältnis zwischen Stützweite und Querschnittshöhe, bei dem die größten Normalspannungen aus Biegung die gleichzeitig auftretenden größten Schubspannungen um ein Vielfaches übersteigen. Allgemein wird daher der Querschnitt nach dem größten Biegemoment bemessen.

Ein Nachweis der Schubspannungen ist jedoch ebenfalls erforderlich. Er muss unbedingt durchgeführt werden, wenn bei kleiner Stützweite eine sehr große Belastung vorliegt, ferner bei durchlaufenden Trägern, wenn gleichzeitig große Biegemomente und Querkräfte auftreten. Bei genieteten und geschweißten Trägern ist die Stegdicke d im Verhältnis zur Höhe gegenüber der bei Walzprofilen erheblich geringer. Es müssen daher die Schubspannungen im Steg solcher zusammengesetzter Träger nachgeprüft werden.

Große Belastungen in der Nähe eines Auflagers erfordern stets eine Nachprüfung der Schubspannungen.

Die größten Schubspannungen bei den gewöhnlich verwendeten Querschnitten ergeben sich in Punkten der Nulllinie. Es müssen in Gl. (6.2) für *S das Flächenmoment 1. Grades der halben Querschnittsfläche* und für *b die Querschnittsbreite in der Nulllinie* eingesetzt werden. Kennzeichnet man diese Werte mit dem Index 0, so wird der Schubspannungsnachweis

$$\max \tau = \frac{\max V S_0}{I b_0} \leq \text{zul}\, \tau \tag{6.3}$$

Für den Wert I/S_0 kann man auch den Abstand von Zug- und Druckmittelpunkt einführen, denn nach Gl. (5.3) ist $s_y = I/S_0$. Die Schubspannung in der Nulllinie lässt sich damit auch errechnen zu

$$\max \tau = \frac{V}{b_0 s_z} \tag{6.4}$$

Zulässige Schubspannungen wurden bereits im Abschnitt 3.4 angeführt.

Im Stahlbau errechnen sich die Grenzschubspannungen direkt aus der Streckgrenze und sind abgesehen von weiteren Beiwerten um den Faktor $1/\sqrt{3}$ niedriger als die Grenznormalspannungen. Die Formeln sind ebenfalls im Abschnitt 3.4 zu finden.

Neben dem Schubspannungsnachweis für den Querschnitt wird für die Berechnung von Schweiß- oder Nietverbindungen bei Biegeträgern aus zusammengesetzten Stahlprofilen oder entsprechenden Verbindungsmitteln von Holzbalken die Längsschubkraft T gebraucht.

Auf die Länge 1 erhält man nach Bild 6.8 eine Schubkraft $T' = b\tau$ und in Verbindung mit Gl. (6.2)

$$T' = \frac{VS}{I} \tag{6.5}$$

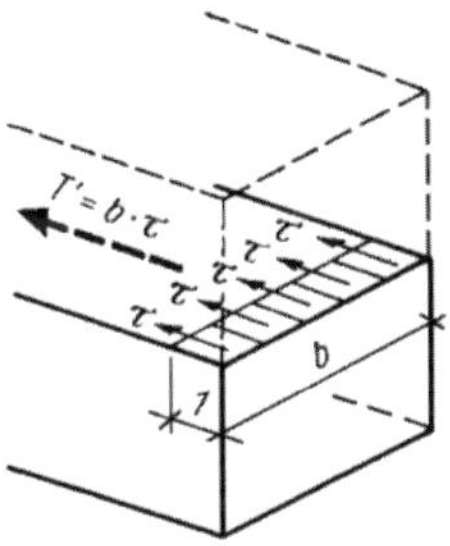

Bild 6.8

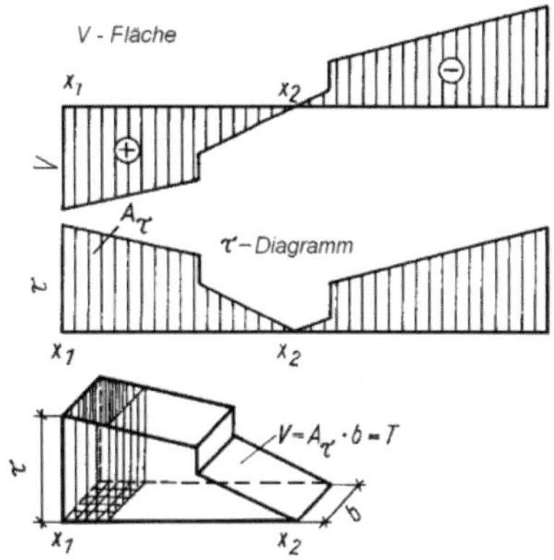

Bild 6.9

Soll die Längsschubkraft für ein kurzes Stück Träger der Länge Δx berechnet werden und ändert sich die Querkraft auf diese Länge wenig oder gar nicht, dann wird T angenähert ermittelt aus

$$T = T'\Delta x = \frac{VS}{I}\Delta x \tag{6.6}$$

Die Längsschubkraft für einen großen Bereich der Trägerlänge bestimmt man über das τ-Diagramm (Bild 6.9). Es wird zunächst für den untersuchten Längsschnitt nach Gl. (6.2) bestimmt. Falls es sich um die Nullschicht bei Biegung ohne Längskraft handelt, können auch die Gln. (6.3) oder (6.4) angewendet werden. Bei konstantem Querschnitt über die Trägerlänge ist es dem Querkraftdiagramm ähnlich. Die Summe sämtlicher Spannungen im betrachteten Trägerbereich ergibt die Längsschubkraft T. Sie lässt sich als Inhalt des dargestellten Körpers deuten und wird

$$T = A_\tau b \tag{6.7}$$

Für die Längsschubkraft in der Nullschicht bei gleichbleibender Querschnittsabmessung über die Stablänge und beliebigen Querkraftverlauf lässt sich Gl. (6.7) auch wie folgt darstellen:

$$T = \int_{x_1}^{x_2} \frac{V(x)}{b_0 \cdot s_z} b_0 \cdot \mathrm{d}x = \frac{1}{s_z}\int_{x_1}^{x_2} V(x)\,\mathrm{d}x\,; \qquad T = \frac{A_V}{s_z} \tag{6.8}$$

A_V Inhalt der Querkraftfläche auf die Länge $\Delta x = x_2 - x_1$

s_z Abstand von Zug- und Druckspannungsresultierenden (Hebelarm der inneren Kräfte, auch mit z bezeichnet)

Da die Querkraftfläche überwiegend geradlinig begrenzt ist, kann A_V für die meisten Fälle mit einfachen geometrischen Beziehungen berechnet werden.

6.3 Rechteckquerschnitt

Gl. (6.2) lässt sich für den Rechteckquerschnitt vereinfachen. Nach Bild 6.10 ist

$$I_y = \frac{bh^3}{12}; \qquad A_z = b\left(\frac{h}{2} - z\right)$$

$$a = z + \frac{1}{2}\left(\frac{h}{2} - z\right) = \frac{1}{2}\left(\frac{h}{2} + z\right)$$

Das Flächenmoment 1. Grades der Fläche A_z erhält man zu

$$S = A_z a = b\left(\frac{h}{2} - z\right)\frac{1}{2}\left(\frac{h}{2} + z\right) = \frac{b}{2}\left(\frac{h^2}{4} - z^2\right)$$

Die Werte für I_y, und S werden in Gl. (6.2) eingesetzt.

$$\tau = \frac{V\frac{b}{2}\left(\frac{h^2}{4} - z^2\right)}{b\frac{bh^3}{12}}; \qquad \tau = \frac{3}{2}\frac{V}{A}\left[1 - \left(\frac{2z}{h}\right)^2\right]$$

Für die äußersten Randfasern mit $z = \pm h/2$ wird $\tau = 0$. In der Nulllinie mit $z = 0$ erreicht z den größten Wert [der auch aus Gl. (6.4) mit $s_z = 2h/3$ folgt]

$$\max \tau = \frac{3}{2}\frac{V}{A} \tag{6.9}$$

Das Ergebnis zeigt, dass die maximale Schubspannung im Querschnitt um die Hälfte größer ist als die einfache Scherspannung. Die Verteilung der Schubspannung über die Querschnittshöhe wird durch eine Parabel beschrieben (Bild 6.10 rechts).

Gl. (6.9) ist nur gültig für Querschnitte mit $h > b$. Bei breiten, niedrigen Querschnitten erhält man einen höheren Wert für max τ, da dann keine gleichmäßige Verteilung der Spannungen über die Querschnittsbreite b vorhanden ist.

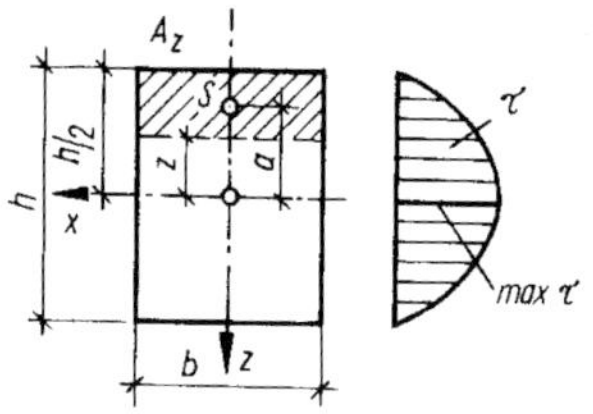

Bild 6.10

6.4 Querschnitte mit Steg und Flansch

Untersucht man I-, □- oder auch [-förmige Querschnitte, so ergeben sich bei Querkräften in Richtung des Steges Schubspannungsrichtungen nach Bild 6.11a. Da bei dünnwandigen Querschnitten die Schubspannungsrichtung parallel zu den Querschnittsrändern anzunehmen ist, verlaufen nur die Schubspannungen im Steg in Richtung der Querkraft. In den Flanschen verlaufen sie nach den dargestellten Pfeilrichtungen, wobei über die Flanschdicke gleichmäßige Verteilung angenommen werden kann.

Die Spannung τ im Übergangsbereich vom Steg zum Flansch ist nur wenig verschieden von max τ in der Nullinie, da der Einfluss des Steganteils auf das Flächenmoment 1. Grades gegenüber dem Flansch gering ist und sich S in Gl. (6.2) mit $z \leq (h/2 - t_{Fl})$ nur unbedeutend ändert. Die Diagramme in Bild 6.11a zeigen die Größe der vertikalen Schubspannungen und die der Schubspannungen parallel zum Flansch.

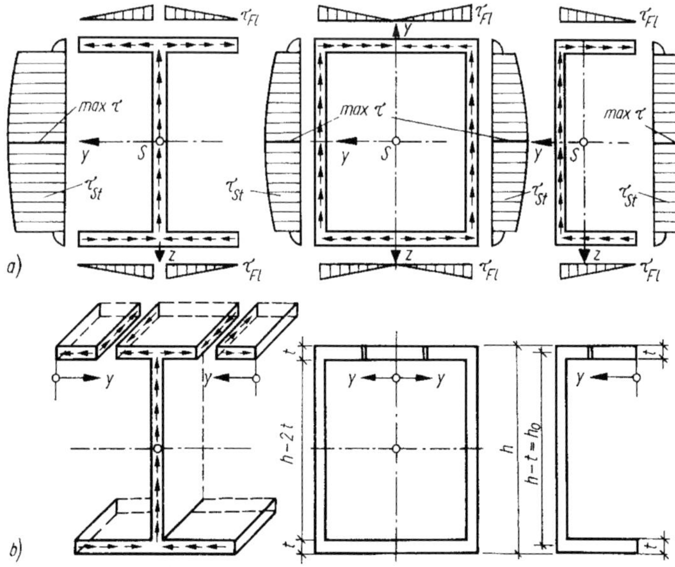

Bild 6.11

Der Steg übernimmt etwa 95 bis 97 % der gesamten Querkraft des Querschnittes. Daher bestimmt man die Schubspannung im Steg ausreichend genau, indem man die Querkraft durch die Fläche des Steges ($A_{St} = t_{St} \cdot h_{St}$) teilt

$$\tau_{St} = \frac{V}{A_{St}} \tag{6.10}$$

In den Flanschen sind die Schubspannungen am größten im Anschluss an den Steg, von da aus nehmen sie nach der Flanschaußenkante hin auf null ab (beim Hohlkasten nach der Flanschmitte). Die Schubspannung des Flansches im Abstand y nach Bild 6.11b kann man für die drei Querschnittsformen aus Gl. (6.2) ableiten, wobei die Flanschneigungen und Ausrundungen vernachlässigt werden. Für das **I**- und dargestellte Hohlkastenprofil wird die Schubspannung in symmetrisch liegenden Flanschpunkten gleich, so dass gilt

$$\tau = \frac{VS}{I_y b}$$

$$S = 2t_{FL} \cdot y\left(\frac{h}{2} - \frac{t_{Fl}}{2}\right) = t_{Fl}\ \ h - t_{Fl}\ \ y = t_{Fl} \cdot h_0 \cdot y\,; \qquad b = 2t_{Fl}$$

$$\tau_{Fl} = \frac{V \cdot t_{Fl} \cdot h_0 \cdot y}{I_y \cdot 2 \cdot t_{Fl}} = \frac{V \cdot h_0 \cdot y}{2I_y} \tag{6.11}$$

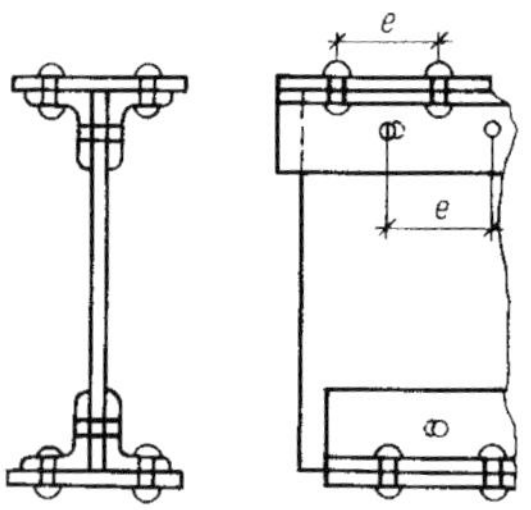

Bild 6.12

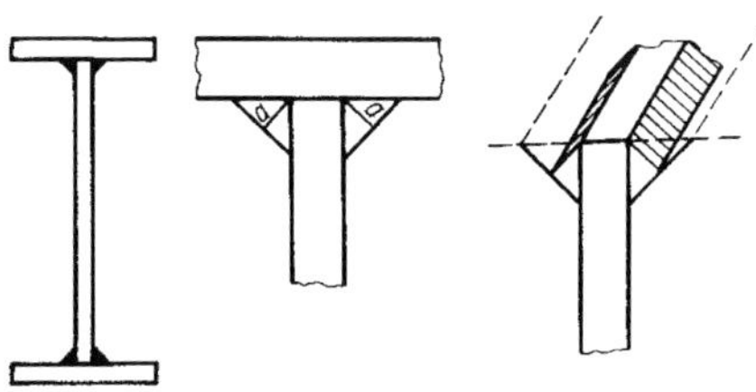

Bild 6.13

Die Gleichung gilt ebenso für das **[**-Profil, da sich die Ansätze für S und b nur um einen gleichen Faktor unterscheiden.

Das Ergebnis bestätigt, dass die Schubspannung τ_{Fl} im Flansch linear mit dem Abstand y anwächst, wobei y nach Bild 6.11b zu messen ist.

Bei genieteten oder geschweißten Trägern nach den Bildern 6.12 und 6.13 werden die Verbindungsmittel durch Längsschubkräfte beansprucht. Denkt man sich in Bild 6.12

die Halsniete entfernt, so kann der Steg in den Winkelschenkeln gleiten. Bei einer Belastung durch Biegemomente und Querkräfte würde sich die dargestellte Verschiebung der Teile gegeneinander ergeben. Es ist dieselbe Erscheinung wie bei einem Träger aus unverbundenen Lamellen.

Beim einteiligen Querschnitt verhindert die Schubfestigkeit des Materials das Gleiten. Beim genieteten Träger wird die Längsschubkraft vom Niet örtlich konzentriert aufgenommen. Die Niete, im Abstand e in Längsrichtung voneinander entfernt, haben dabei die Längsschubkraft der Länge e zu übernehmen. Bedeutet min F die kleinste Tragkraft eines Nietes und ist nur ein Niet vorhanden, so muss $T'e \leq \min F$ eingehalten werden. Daraus lässt sich die statisch erforderliche Nietteilung e errechnen. T' wird nach Gl. (6.5) bestimmt. Für min F wird der kleinere Wert nach Gl. (3.9) bzw. (3.10) maßgebend. Man erhält

$$e \leq \frac{\min F \cdot I_y}{V \cdot S} \tag{6.12}$$

S ist das Flächenmoment 1. Grades der durch das Verbindungsmittel angeschlossenen Querschnittsteile, bezogen auf die Nulllinie (Halsniete: S der Gurtplatten und Gurtwinkel; Kopfniete: S der Gurtplatten). V bedeutet die Querkraft im betreffenden Trägerbereich, I_y ist das Flächenmoment des vollen Querschnittes.

Die Wirkung der Hals- und Kopfniete übernehmen beim geschweißten Vollwandträger Kehlnähte zwischen Steg- und Gurtplatten (Bild 6.13). Bei durchgehenden Nähten steht je eine Fläche in jeder Schweißnaht für die Aufnahme der Längsschubkräfte zur Verfügung. Die kleinste Fläche ergibt sich dabei in Richtung der Linie a. Ihre Länge wird als Schweißnahtdicke a bezeichnet. Für den Anschluss der Gurtplatte an den Steg ist $b = 2a$, so dass sich die Schubspannung in der Schweißnaht nach Gl. (6.13) errechnet zu

$$\tau_W = \frac{V \cdot S}{I_y \, 2a} \tag{6.13}$$

Bei unterbrochenen Schweißnähten mit den Abschnittslängen l im Abstand e müssen diese die Längsschubkraft der Strecke e übernehmen. Man kann angenähert rechnen

$$\tau_W = \frac{T' \cdot e}{2 \cdot a \cdot l} = \frac{V \cdot S \cdot e}{I_y \cdot 2 \cdot a \cdot l} \tag{6.14}$$

e	Trägerlänge, deren Schubkraft die Schweißnähte zu übernehmen haben
l	Länge der Schweißnaht im Bereich e
a	Schweißnahtdicke
V, S, I_y	Bedeutung wie in Gl. (6.2)

6.5 Schubmittelpunkt

Bild 6.14 zeigt nochmals den Schubspannungsverlauf in einem [-Profil. Die Spannungen im Steg und in jedem Flansch können zu resultierenden Kräften zusammengefasst werden. Man erhält eine der Querkraft V entgegengerichtete Kraft im Steg und ein Kräftepaar in den Flanschen. Die Resultierende der Kraft- und Momentenwirkung ist die um c verschobene Kraft F_τ. Die aus den Stegschubspannungen herrührende Kraft T_{St} muss aus Gleichgewichtsgründen die Größe von V haben.

T_{Fl} ergibt sich als Summe der Schubkräfte $\tau_{Fl}\,dA$ im Flansch, wobei τ_{Fl} nach Gl. (6.11) zu bestimmen ist

$$T_{Fl} = \frac{1}{2}\max \tau_{Fl} A_{Fl} = \frac{1}{2}\frac{Vh_0 b_0}{2I_y} t_{Fl} b_0 = \frac{Vh_0 b_0^2 t_{Fl}}{4I_y}$$

Mit dem Moment des Kräftepaares aus T_{Fl} in beiden Flanschen von der Größe $M = T_{Fl} \cdot h_0$ und mit $T_{St} = V$ erhält man den Abstand c zu

$$c = \frac{M}{V} = \frac{t_{Fl} b_0^2 h_0^2}{4I_y} \qquad (6.15)$$

Wirken die äußeren Kräfte in Richtung der z-Achse (Kraft V'), so werden die Querschnitte des Stabes oder Trägers zusätzlich durch Torsionsmomente beansprucht. Diese Torsionsmomente sind nur dann gleich null, wenn V und F_τ die gleiche Wirkungslinie haben. Die Belastung eines einzelnen [-Profils durch senkrechte Lasten müsste im Abstand c vom Steg erfolgen, damit Torsionsmomentenfreiheit herrscht. Das ist praktisch nicht zu garantieren, so dass die Belastung meist in den Steg eingetragen wird. Bei der Verwendung von [-Profilen für Biegeträger ist daher der Einfluss der Torsionsbeanspruchung zu berücksichtigen. In Bild 6.15 sind horizontale Ausbiegungen einiger Profile angegeben, deren Belastung nicht in einer Symmetrieachse erfolgt, wobei für das L- und ˥-Profil der Fall der schiefen Biegung vorliegt. Die Lage von F_τ ist vollkommen unabhängig von der Größe der Querkraft. Würde man zusätzlich die Resultierende aller Schubspannungen infolge einer Querkraft in der y-Richtung bestimmen, dann würde diese mit der y-Achse zusammenfallen. Der Schnittpunkt der Wirkungslinien der Resultierenden der Schubspannungen infolge von Querkräften in den beiden Hauptachsenrichtungen ist der Schubmittelpunkt M. Seine Lage ist nicht von der Belastung abhängig, sondern nur von der Querschnittsform.

Soll ein Querschnitt torsionsfrei sein, muss die Lastebene durch den Schubmittelpunkt des Querschnittes verlaufen.

Die Lage des Schubmittelpunktes bei [-Profilen kann auch Profiltafeln entnommen werden. Dort ist der Abstand vom Schwerpunkt unter der Bezeichnung y_M angegeben.

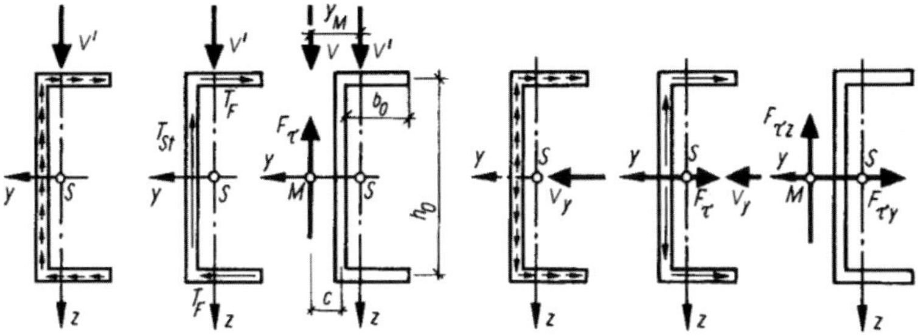

Bild 6.14

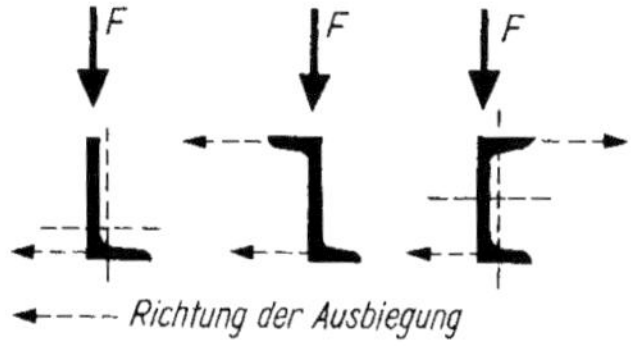

Bild 6.15

Mit den Tafelbezeichnungen b und t_{Fl} für den Flansch sowie h und t_{St} für den Steg und e für den Schwerpunktabstand vom Stegrücken folgt aus Gl. (6.15)

$$b_0 = b - t_{St}\,; \qquad h_0 = h - t_{Fl}\,; \qquad y_M = c - \frac{t_{St}}{2} + e_z$$

$$y_M = \frac{t_{Fl}\,(b - t_{St})^2\,(h - t_{Fl})^2}{4I_y} - \frac{t_{St}}{2} + e_z \tag{6.16}$$

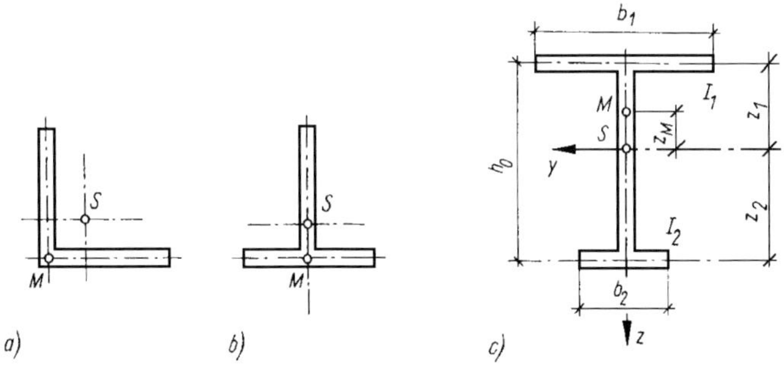

Bild 6.16

Bei Querschnitten mit einer Symmetrieachse liegt M auf dieser Symmetrieachse. Bei doppeltsymmetrischen und auch bei zentrisch-symmetrischen Querschnitten fällt M mit dem Schwerpunkt zusammen. Für L- und T-Profile liegt M ungefähr im Schnittpunkt der Mittellinien der beiden Teilrechtecke (Bilder 6.16a und b).

Bei einem einfachsymmetrischen I-Profil liegt M auf der Symmetrieachse, und ist näher an dem Flansch mit dem größeren der beiden Flächenmomente 2. Grades I_1 und I_2 (Bild 6.16c). Die Lage des Schubmittelpunktes lässt sich nach folgender einfacher Formel berechnen, wenn wir annehmen, dass die rechtwinklig zur Symmetrieachse wirkende Querkraft V nur von den Flanschen aufgenommen wird und sich auf diese entsprechend den Einzelflächenmomenten der Flansche verteilt:

$$z_M = \frac{1}{I_z}(z_1 I_1 - z_2 I_2)$$

z_M	Abstand des Schubmittelpunktes m vom Schwerpunkt S	
z_1, z_2	die Abstände der Flanschmitten vom Schwerpunkt	
I_1, I_2	die Flächenmomente 2. Grades der Flansche	bezogen auf die Symmetrieachse z
I_z	das Flächenmoment 2. Grades des Gesamtquerschnittes	bezogen auf die Symmetrieachse z

6.6 Beispiele

Beispiel 6.1

Für einen Träger wurden M_G = 24,0 kNm, M_Q = 21,0 kNm und V_G = 22,8 kN, V_Q = 20,0 kN errechnet. Der Träger ist zu bemessen.

Der Tragsicherheitsnachweis nach Grenzzuständen und dem Verfahren Elastisch-Plastisch für S 235 JR und IPE 240 lautet:

Beanspruchungen:

$$\max V_{z,d} = \psi \cdot \gamma_{F,G} \cdot V_G + \psi \cdot \gamma_{F,Q} \cdot V_Q$$

$$\max V_{z,d} = 1{,}0 \cdot 1{,}35 \cdot 22{,}8 + 1{,}0 \cdot 1{,}5 \cdot 20{,}0 = 30{,}8 + 30{,}0 = 60{,}8 \text{ kN}$$

$$\max M_{y,d} = \psi \cdot \gamma_{F,G} \cdot M_G + \psi \cdot \gamma_{F,Q} \cdot M_Q$$

$$\max M_{y,d} = 1{,}0 \cdot 1{,}35 \cdot 24 + 1{,}0 \cdot 1{,}5 \cdot 21 = 32{,}4 + 31{,}5 = 63{,}9 \text{ kNm}$$

Querschnittswerte und Beanspruchbarkeiten:

$$f_{y,d} = f_{y,k} / \gamma_M = 23{,}5/1{,}0 = 23{,}5 \text{ kN/cm}^2$$

$$\tau_{R,d} = f_{y,k} / \sqrt{3} \cdot \gamma_M = 23{,}5/\sqrt{3} \cdot 1{,}0 = 13{,}6 \text{ kN/cm}^2$$

$$W_{pl,y} = 2 \cdot S_y = 2 \cdot 183 = 366 \text{ cm}^3$$

$$A_{St} = h_{St} \cdot t_{St} = 23 \cdot 0{,}62 = 14{,}3 \text{ cm}$$

$$M_{pl,y,d} = f_{y,d} \cdot W_{pl,y} = 23{,}5 \cdot 366 = 8601 \text{ kNcm} = 86{,}0 \text{ kNm}$$

$$V_{pl,z,d} = \tau_{R,d} \cdot A_{St} = 13{,}6 \cdot 14{,}3 = 194 \text{ kN}$$

Tragsicherheitsnachweis:

$$\max M_{y,d}/M_{pl,y,d} = 63{,}9/86 = 0{,}74 < 1$$

$$\max V_{z,d}/V_{pl,z,d} = 60{,}8/180 = 0{,}34 < 1$$

Das Ergebnis bestätigt, dass bei gewalzten I-Profilen meistens der Biegespannungsnachweis und nicht der Schubspannungsnachweis maßgebend wird.

Beispiel 6.2

Ein Holzbalken erhält nachfolgende Belastung. Er soll für die Holzgüte NH C24 bemessen werden. Die Spannungen sind nachzuweisen.

max M_d = 6,1 kNm; $f_{m,d}$ = 14,8 N/mm²

max V_d = 16,1 kN; $f_{v,d}$ = 1,54 N/mm²

$$\text{erf } W_y = \frac{610}{1{,}48} = 412 \text{ cm}^3;$$ → Balken 10/16 mit W_y = 427 cm³

$$\sigma_{m,d} = \frac{6{,}1 \cdot 10^6}{427 \cdot 10^3} = 14{,}3 \text{ N/mm}^2$$

bzw.

$$\frac{M_d/W}{f_{m,d}} = \frac{6{,}1 \cdot 10^3/427}{14{,}8} = 0{,}97 < 1{,}00$$

Nun wird die maximale Schubspannung mit Gl. (6.9) nachgeprüft:

$$\tau_{v,d} = 1{,}5 \frac{V_d}{b \cdot h} = 1{,}5 \frac{16400}{100 \cdot 160} = 1{,}54 \text{ N/mm}^2$$

$$\tau_{v,d} / f_{m,d} = 1{,}54/1{,}54 = 1{,}00$$

Der Balken reicht gerade aus. Wegen der geringen Schubfestigkeit des Holzes kann bei solchen Balken auch die Querkraft für die Bemessung maßgebend werden.

Beispiel 6.3

Für den in Bild 6.17 dargestellten geschweißten Vollwandträger sollen errechnet werden:

a) I_y, W_y, s_z (Hebelarm der inneren Kräfte)

b) zulässiges Biegemoment und Querkraft im plastischen Zustand

c) Schubspannung in der Nulllinie infolge von max V_d = 615 kN näherungsweise und exakt

d) Schubspannung in der Schweißnaht für a = 6 mm bei durchgehenden Schweißnähten.

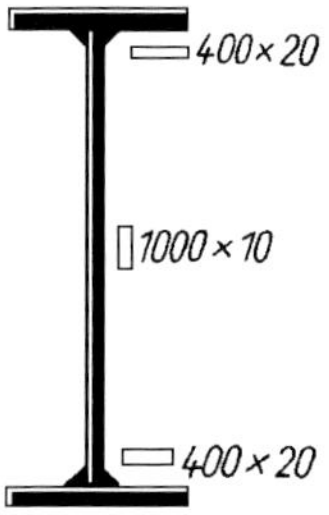

Bild 6.17

Zu a) $$I_y = \frac{1{,}0 \cdot 100^3}{12} + 2\left(\frac{40 \cdot 2^3}{12} + 40 \cdot 2 \cdot 51^2\right) = 499550 \text{ cm}^4$$

$$W_y = \frac{I_y}{\max z} = \frac{499550}{52{,}0} = 9607 \text{ cm}^3$$

$$S_{y0} = 80 \cdot 51 + 50 \cdot 25 = 4080 + 1250 = 5330 \text{ cm}^3$$

$$s_z = \frac{I_y}{S_{y0}} = \frac{499550}{5330} = 93{,}7 \text{ cm}$$

Zu b) $f_{y,d} = 23{,}5 \text{ kN/cm}^2$; $\tau_{R,d} = 13{,}6 \text{ kN/cm}^2$ (s. Bsp. 6.1)

$$W_{pl,y} = 2 \cdot S_y = 2 \cdot 5330 = 10660 \text{ cm}^3$$

$$M_{pl,y,d} = f_{y,d} \cdot W_{pl,y} = 23{,}5 \cdot 10660 = 250510 \text{ kNcm} = 2505 \text{ kNm}$$

$$V_{pl,z,d} = \tau_{R,d} \cdot A_{St} = 13{,}6 \cdot 100 \cdot 1 = 1360 \text{ kN}$$

Zu c) $\max \tau_d = \dfrac{V_d}{A_{St}} = \dfrac{615}{100} = 6{,}2\ \text{kN/cm}^2$

$$\max \tau_d = \frac{V_d \cdot S_{y0}}{I_y \cdot b} = \frac{615 \cdot 5330}{499550 \cdot 1{,}0} = 6{,}56\ \text{kN/cm}^2$$

Zu d) $S_{yG} = 40 \cdot 2 \cdot 51 = 4080\ \text{cm}^3$

$$\tau_{||} = \frac{Q_d \cdot S_{yG}}{I_y \cdot 2 \cdot a} = \frac{615 \cdot 4080}{499550 \cdot 2 \cdot 0{,}6} = 4{,}19\ \text{kN/cm}^2$$

Beispiel 6.4

Ein genieteter stählerner Vollwandträger ist nach Bild 6.18 ausgebildet.

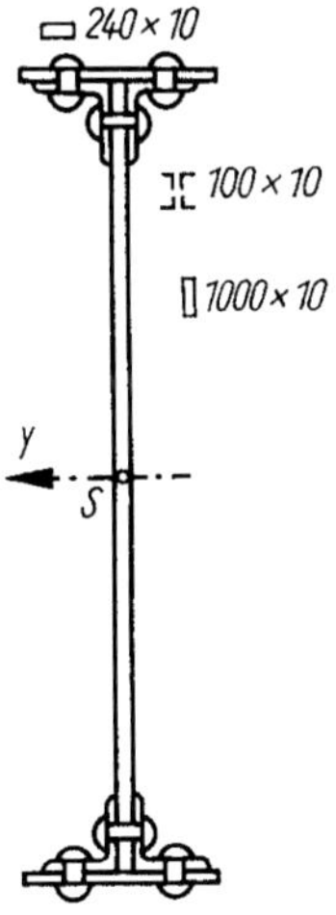

Bild 6.18

Folgende Werte sollen berechnet werden:

a) Flächenmoment 2. Grades I_y des ungeschwächten Querschnittes
b) Nettoflächenmoment 2. Grades I_{ynt} bei Abzug der Nietlöcher in einem Gurt (Zuggurt)
c) Widerstandsmoment W_{ynt}
d) Schubspannung in der Nulllinie, bei max V_d = 710 kN
e) Beanspruchung der Halsniete bei max V_d = 710 kN und Nietabstand e = 10,0 cm.

Zu a) Berechnung von I_y

Stegblech	$\dfrac{1{,}0 \cdot 100^3}{12}$	=	83 300 cm⁴
4 Gurtwinkel	$4(179 + 19{,}2 \cdot 47{,}18^2)$	=	171 700 cm⁴
2 Gurtplatten	$2 \cdot 24 \cdot 1{,}0 \cdot 50{,}5^2$	=	122 400 cm⁴
	I_y	=	377 400 cm⁴

Zu b) Berechnung von I_{ynt}

		=	377 400 cm⁴
abzüglich 2 Kopfniete	$2 \cdot 2{,}1 \cdot 2 \cdot 50^2$	=	– 21 000 cm⁴
	I_{ynt}	=	356 400 cm⁴

Zu c) Berechnung von W_{ynt}

$$W_{ynt} = \frac{356400}{51{,}0} = 6990 \text{ cm}^3$$

Zu d) Schubspannung in der Nulllinie

Die Flächenmomente werden für den ungeschwächten Querschnitt bestimmt.

$$S_{y0} = 50 \cdot 1{,}0 \cdot 25{,}0 + 2 \cdot 19{,}2\ \ 50 - 2{,}82\ \ + 24 \cdot 1{,}0 \cdot 50{,}5$$

$$S_{y0} = 1250 + 1812 + 1212 = 4271 \text{ cm}^3$$

$$\tau_{S,d} = \frac{V_d \cdot S_{y0}}{I_y \cdot b} = \frac{710 \cdot 3024}{377400 \cdot 1{,}0} = 8{,}04 \text{ kN/cm}^2$$

Zu e) Nietbelastung bei e = 10,0 cm (Halsniete)

$$S_y = 1812 + 1212 = 3024 \text{ cm}^3$$

$$T' = \frac{V_d \cdot S_y}{I_y} = \frac{710 \cdot 3024}{377400} = 5{,}69 \text{ kN/cm}$$

$$T = T' \cdot e = 5{,}69 \cdot 10{,}0 = 56{,}9 \text{ kN}$$

$$\tau_{a,d} = \frac{56{,}9}{2\dfrac{3{,}14 \cdot 2{,}1^2}{4}} = 8{,}21 \text{ kN/cm}^2 \qquad \text{(Abscheren)}$$

$$\sigma_{l,d} = \frac{56{,}9}{2{,}1 \cdot 1{,}0} = 27{,}1 \text{ kN/cm}^2 \qquad \text{(Lochleibung)}$$

7 Hauptspannungen

7.1 Richtung und Größe

Bisher wurden jeweils Spannungen infolge von Normalkräften, Biegemomenten oder Querkräften ermittelt, die im Querschnitt eines Stabes oder Trägers entstehen. Bei Schubbeanspruchung (Querkraftbiegung) sind den Schubspannungen im Querschnitt gleich große Spannungen im Längsschnitt zugeordnet.

An einem würfelförmigen Volumenelement der Kantenlänge 1, das durch zwei Querschnitte und vier Längsschnitte aus einem Biegeträger herausgetrennt wird, wirken somit die Spannungen σ und τ_s nach Bild 7.1. Alle diese Spannungskomponenten liegen in einer Ebene. Die allgemeine Form des ebenen Spannungszustandes ist in Bild 7.2 dargestellt. Gegenüber Bild 7.1 treten noch zusätzlich in den horizontalen Schnittflächen Normalspannungen σ_z auf. Solche Erscheinungen können in Lasteinleitungsstellen entstehen, so dass neben Biegemoment und Querkraft noch örtliche Druck- oder Zugspannungen wirken. Die Normalspannungen werden dann durch Indizes gekennzeichnet, die den Achsenrichtungen ihrer Wirkungslinien entsprechen (σ_x, σ_y und σ_z). Die Richtungen der Schubspannungen werden (falls erforderlich) durch zwei Indizes gekennzeichnet, wobei der erste die Richtung der Flächennormalen und der zweite die der Schubspannung selbst angibt. In Bild 7.3 ist der lineare oder einachsige Spannungszustand abgebildet, der bei Beanspruchung durch Normalkraft oder reine Biegung vorkommt.

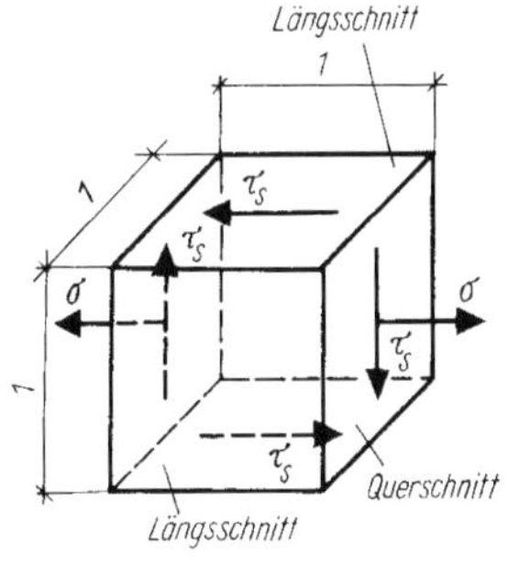

Bild 7.1

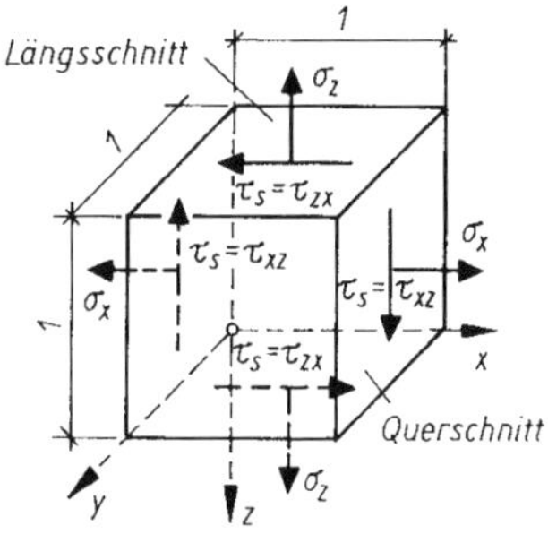

Bild 7.2

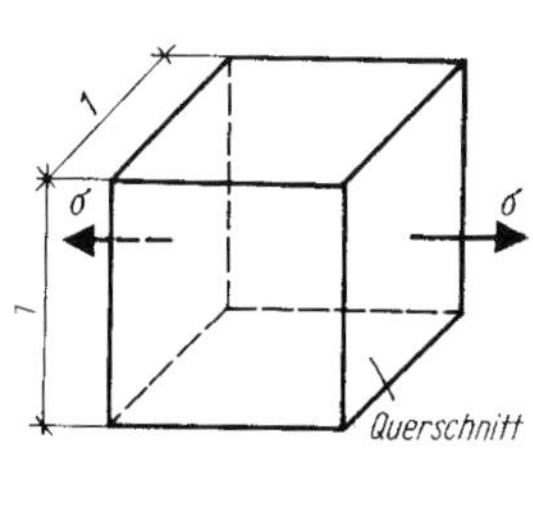

Bild 7.3

Die Spannungen sind bisher für Schnitte berechnet worden, die senkrecht oder parallel zur Stabachse liegen. Es entsteht die Frage, welche Spannungen in schräg liegenden Schnitten wirken und für welche Schnitte Extremwerte auftreten.

Zur Ermittlung gehen wir vom ebenen Spannungszustand mit den bekannten Komponenten σ_x, σ_z und τ_s nach Bild 7.2 aus, wobei die angegebenen Richtungen mit positiven Vorzeichen eingeführt werden.

Gesucht sind die Spannungen σ und τ für eine Fläche mit der Neigung φ gegen den horizontalen Längsschnitt. Man legt den Betrachtungen ein dreiseitiges Prisma zugrunde, dessen Kantenlänge senkrecht zur Zeichenfläche sowie die Seitenlänge $\overline{EC}$ des Schrägschnittes gleich 1 gewählt werden (Bilder 7.4 und 7.5). Die Länge der beiden Katheten wird dann

$$\overline{EB} = 1 \cdot \cos\varphi \; ; \qquad \overline{BC} = 1 \cdot \sin\varphi$$

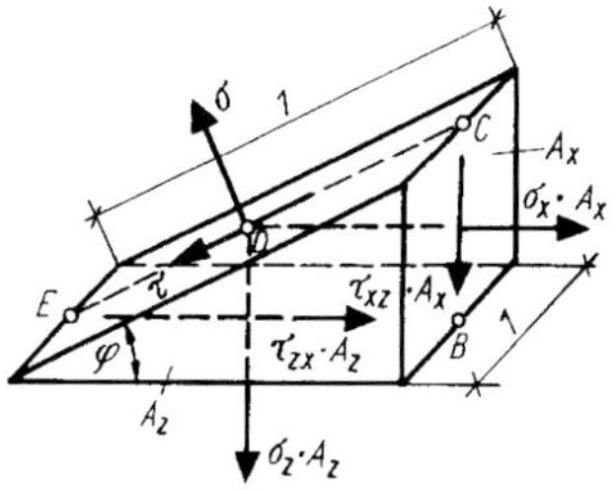

Bild 7.4

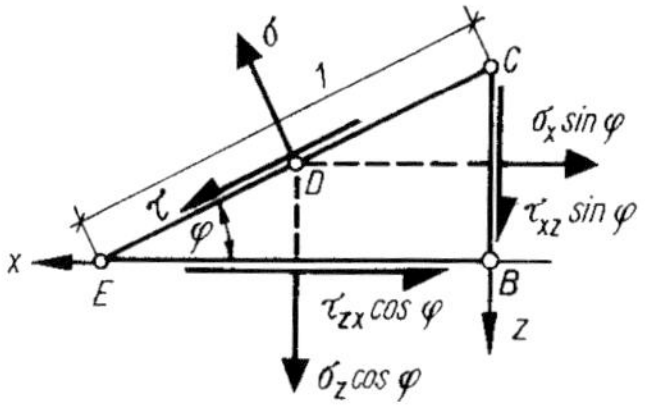

Bild 7.5

Für die Flächen A_z und A_x nach Bild 7.4 lassen sich folgende, aus den Spannungen resultierende Kräfte angeben:

$$\sigma_x \cdot A_x = \sigma_x \cdot 1 \cdot 1 \cdot \sin\varphi = \sigma_x \cdot \sin\varphi$$

$$\sigma_z \cdot A_z = \sigma_z \cdot 1 \cdot 1 \cdot \cos\varphi = \sigma_z \cdot \cos\varphi$$

$$\tau_s \cdot A_z = \tau_{zx} \cdot 1 \cdot 1 \cdot \cos\varphi = \tau_{zx} \cdot \cos\varphi$$

$$\tau_s \cdot A_x = \tau_{xz} \cdot 1 \cdot 1 \cdot \sin\varphi = \tau_{xz} \cdot \sin\varphi$$

Zur Berechnung von σ und τ ziehen wir die drei Gleichgewichtsbedingungen für ebene Kraftsysteme heran.

$$\sum X = 0: \qquad \sigma_x \sin\varphi + \tau_{zx} \cos\varphi - \sigma \sin\varphi - \tau \cos\varphi = 0$$

$$\sum Z = 0: \qquad -\sigma_z \cos\varphi - \tau_{xz} \sin\varphi + \sigma \cos\varphi - \tau \sin\varphi = 0$$

$$\sum M_D = 0: \qquad -\tau_{zx} \cos\varphi \frac{\sin\varphi}{2} + \tau_{xz} \sin\varphi \frac{\cos\varphi}{2} = 0$$

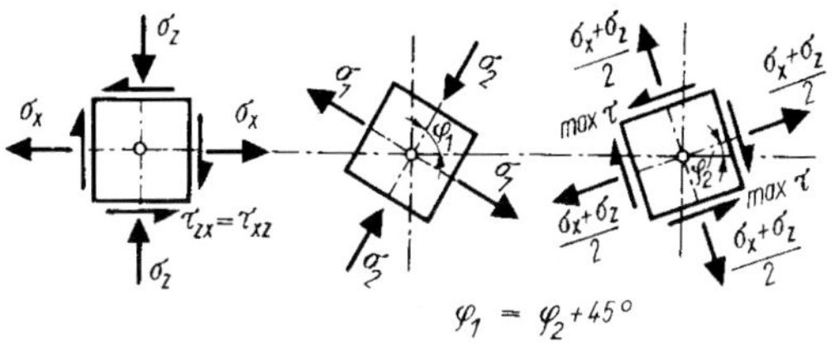

Bild 7.6

Die dritte Gleichung ergibt die bereits früher abgeleitete paarweise Zuordnung der Schubspannungen im Quer- und Längsschnitt

$$\tau_{xz} = \tau_{zx}$$

Die Auflösung der vorstehenden Gleichungen nach σ und τ liefert

$$\sigma = \sigma_x \cdot \sin^2 \varphi + \sigma_z \cdot \cos^2 \varphi + \tau_{xz} \sin 2\varphi \tag{7.1}$$

$$\tau = \frac{\sigma_x - \sigma_z}{2} \sin 2\varphi + \tau_{zx} \cos 2\varphi \tag{7.2}$$

Die Spannungen σ und τ im Schrägschnitt sind somit bei bekannten Spannungen σ_x, σ_z und τ_{xz} für beliebige Winkel als Funktion $\sigma = f_1 \ \varphi$ bzw. $\tau = f_2 \ \varphi$ zu bestimmen.

Wir fragen nun nach den Schnittrichtungen mit Extremwerten der Spannungen, die man als Hauptspannungen bezeichnet. Dazu bilden wir die erste Ableitung der jeweiligen Funktion, deren Nullstellen die Schnittrichtungen φ_1 bzw. φ_2 mit den Extremwerten liefern. Die Schnittrichtungen mit den Hauptnormalspannungen sollen zuerst bestimmt werden:

$$\sigma' = \frac{d\sigma}{d\varphi} = 2\sigma_x \sin \varphi \cos \varphi - 2\sigma_z \cos \varphi \sin \varphi + 2\tau_{xz} \cos 2\varphi$$

$$0 = (\sigma_x - \sigma_z) \sin 2\varphi_1 + 2\tau_{xz} \cos 2\varphi_1$$

$$\tan 2\varphi_1 = \frac{-2\tau_{xz}}{\sigma_x - \sigma_z} \tag{7.3}$$

Gl. (7.3) ergibt zwei Schnittrichtungen, die um 90° verschieden sind (Bild 7.6). Die zugehörigen Hauptnormalspannungen σ_1 und σ_2 findet man mit $\varphi = \varphi_1$ nach Gl. (7.1). Eine zweckmäßigere Gleichung für die Hauptnormalspannungen ergibt sich, wenn man die Winkelfunktionen eliminiert. Das Ergebnis lautet:

$$\sigma_1 = \frac{\sigma_x + \sigma_z}{2} + \frac{1}{2}\sqrt{(\sigma_x - \sigma_z)^2 + 4\tau_{xz}^2} \tag{7.4}$$

$$\sigma_2 = \frac{\sigma_x + \sigma_z}{2} - \frac{1}{2}\sqrt{(\sigma_x - \sigma_z)^2 + 4\tau_{xz}^2} \tag{7.5}$$

Setzt man in Gl. (7.2) $\varphi = \varphi_1$ nach Gl. (7.3) ein, dann wird $\tau = 0$. Daraus folgt:

> Für die Schnitte mit den Hauptnormalspannungen verschwinden die Schubspannungen (Bild 7.6).

Die Hauptschubspannungen ergeben sich als Extremwerte der Funktion $\tau = f_2\ \varphi$ Man findet den zugehörigen Winkel φ_2 für die Schnittrichtung aus

$$\tau' = \frac{d\tau}{d\varphi} = (\sigma_x - \sigma_z)\cos 2\varphi_2 - 2\tau_{zx}\sin 2\varphi_2 = 0$$

$$\tan 2\varphi_2 = \frac{\sigma_x - \sigma_z}{2\tau_{zx}} = \frac{-1}{\tan 2\varphi_1} \qquad (7.6)$$

Gl. (7.6) sagt aus, dass sich die Winkel $2\varphi_1$ und $2\varphi_2$ um 90° unterscheiden. Damit schließen φ_1 und φ_2 einen Winkel von 45° ein (Bild 7.6).

> Die Schnittrichtungen für die größten Schubspannungen halbieren die von den Hauptnormalspannungsrichtungen gebildeten Winkel.
>
> Die Gleichung für die Hauptschubspannungen lautet

$$\max\tau = -\frac{1}{2}(\sigma_1 - \sigma_2) = -\frac{1}{2}\sqrt{(\sigma_x - \sigma_z)^2 + 4\tau_{zx}^2} \qquad (7.7)$$

Die Normalspannungen in den Schnitten der größten Schubspannungen werden keinesfalls null, wie man vielleicht auf Grund der Ergebnisse bei den Hauptnormalspannungen vermuten könnte. Ihre Größe ist nach (Bild 7.6):

$$\sigma = \frac{1}{2}(\sigma_1 + \sigma_2) = \frac{1}{2}(\sigma_x - \sigma_z)$$

Betrachtet man die Gleichungen für die Richtung und Größe der Hauptspannungen, so fällt ihre formale Übereinstimmung mit den Gleichungen für die Hauptachsen und Hauptflächenmomente von Querschnitten auf. Daher besteht auch mit dem *Mohr*schen Spannungskreis ein zeichnerisches Verfahren, das dem im Trägheitskreis angewendeten Verfahren ähnlich ist.

Für den häufig vorkommenden Fall $\sigma_z = 0$ (vgl. Bild 7.1) erhält man die Richtung und Größe der Hauptspannungen nach den Gleichungen

$$\tan 2\varphi_1 = -\frac{2\tau_s}{\sigma} \qquad (7.8)$$

$$\tan 2\varphi_2 = \frac{\sigma}{2\tau_s} \qquad (7.9)$$

$$\sigma_{1,2} = \frac{1}{2}\left(\sigma \pm \sqrt{\sigma^2 + 4\tau_s^2}\right) \tag{7.10}$$

$$\max \tau = -\frac{1}{2}\sqrt{\sigma^2 + 4\tau_s^2} \tag{7.11}$$

Beim einachsigen Spannungszustand mit $\sigma_z = 0$ und $\tau_s = 0$ nach Bild 7.3 wird tan $2\varphi_1 = 0$ und $\varphi_1 = 90°$. Die Hauptnormalspannung max $\sigma = \sigma$ tritt im Querschnitt auf, während im Längsschnitt keine Spannung vorhanden ist. Die ermittelte Normalspannung σ stellt in diesem Fall bereits eine Hauptspannung dar. Die größte Tangentialspannung erhält man dagegen in einem Schrägschnitt unter 45° zur Stabachse mit max $\tau = 1/2\sigma$. Bei manchen Baustoffen ist die Schubfestigkeit wesentlich kleiner als die Zug- oder Druckfestigkeit. Versuche zeigen, dass die Zerstörung durch Schubbruch unter einem Winkel von 45° zur Stabachse erfolgt.

7.2 Spannungstrajektorien

In Bild 7.7a sind für einige Punkte eines Trägers auf zwei Stützen, der durch Querkraftbiegung belastet ist, die Hauptnormalspannungsrichtungen angegeben. Sie ordnen sich in eine Schar von Kurven ein, nach deren Verlauf die wesentliche Übertragung der inneren Zug- und Druckkräfte innerhalb des Trägers erfolgt. Diese Kurvenschar nennt man Spannungstrajektorien (Bild 7.7b). Die ausgezogenen Linien stellen dabei die Druckspannungstrajektorien dar, während die gestrichelten Linien die Zugspannungstrajektorien angeben.

Die Hauptspannungstrajektorien schneiden sich rechtwinklig. In der Ebene der Nulllinie verlaufen sie unter 45° ($\sigma = 0$), am oberen und unteren Rand setzen sie rechtwinklig an ($\tau = 0$), wie sich anhand von Gl. (7.8) nachprüfen lässt. Die Schubspannungstrajektorien (Bild 7.7c) lassen sich zeichnen, wenn man beachtet, dass ihre Richtungen unter 45° zu den Hauptnormalspannungsrichtungen verlaufen.

Die Kenntnis der Hauptspannungen und Hauptrichtungen gestattet einen besseren Einblick in die Weiterleitung der inneren Kräfte. Aus Bild 7.7 lässt sich infolgedessen sofort erkennen, dass z. B. im Stahlbetonbau die Anpassung der Bewehrung an die Zugspannungstrajektorien statisch am günstigsten wäre. Da diese Ausführung aber technologisch aufwendig würde, wählt man geradlinige Bewehrungsformen, die sich der Idealform annähern. Dagegen wird im Spannbetonbau eine teilweise Anpassung der Spanngliedführung an die Spannungstrajektorien häufig vorgenommen. Infolge der gerissenen Betonzugzone ergibt sich bei Stahlbeton noch ein etwas anderer Verlauf der Spannungstrajektorien. In Auflagernähe können Schrägrisse als Folge von schiefen Hauptzugspannungen entstehen.

In den Bildern 7.7a, b und c sind die Wirkungen einer vertikalen Normalspannung aus der Lasteintragung nicht berücksichtigt. Im Bereich der Auflager und Lasteintragungspunkte würde sich eine Störung des Trajektorienverlaufs ergeben. Diese betrifft meist nur einen sehr kleinen begrenzten Bereich des Trägers, so dass man diesen Einfluss in vielen Fällen vernachlässigen kann.

Zur Bemessung und zum Spannungsnachweis ist es selten erforderlich, die Trajektorien oder Hauptspannungen zu bestimmen. Die größten Biegespannungen σ treten in den Randfasern auf. Dort ist aber $\tau = 0$ und daher die Normalspannung σ im Querschnitt bereits eine Hauptspannung. Die größten vertikalen Schubspannungen τ sind in der Nullschicht vorhanden. Dort wird $\sigma = 0$, und die Hauptschubspannung ist gleich τ.

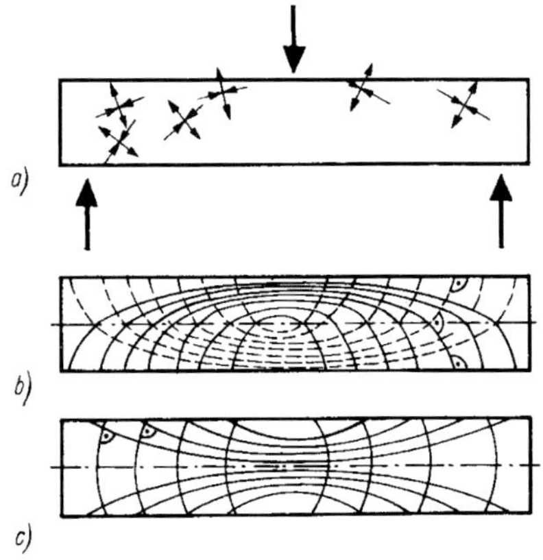

Bild 7.7

7.3 Beispiele

Beispiel 7.1

Für eine Stelle im Stegblech eines Vollwandträgers wurden Spannungen errechnet:

$\sigma_x = 10{,}0$ kN/cm²; $\sigma_z = -3{,}0$ kN/cm²; $\tau_{xz} = 5{,}0$ kN/cm²

Die Hauptspannungsrichtungen und Hauptspannungen sind zu bestimmen.

a) Richtungen

$$\tan 2\varphi_1 = \frac{-2\tau_{xz}}{\sigma_x - \sigma_z} = \frac{-2 \cdot 5{,}0}{10{,}0-(-3{,}0)} = -0{,}769$$

$2\varphi_1 = 180° - 37{,}57° = 142{,}43°$; $\varphi_1 = 71{,}21°$; $\varphi_1 + 90° = 161{,}21°$

$\varphi_2 = \varphi_1 + 45° = 71{,}21° + 45° = 116{,}21°$

b) Spannungen

$$\sigma_1 = \frac{10{,}0-3{,}0}{2} + \frac{1}{2}\sqrt{(10{,}0+3{,}0)^2 + 4\cdot 5{,}0^2}$$

$\sigma_1 = 3{,}5 + 8{,}2 = 11{,}7\ \text{kN/cm}^2$ (für Schnitt mit $\varphi_1 = 71{,}21°$)

$\sigma_2 = 3{,}5 - 8{,}2 = -4{,}7\ \text{kN/cm}^2$

$\max\tau = \frac{1}{2}(11{,}7+4{,}7) = 8{,}2\ \text{kN/cm}^2$ (für Schnitt mit $\varphi_2 = 116{,}21°$)

Beispiel 7.2

Für den in Bild 7.8 dargestellten Träger wurden für einen Schnitt $M = 937$ kNm und $Q = 250$ kN ermittelt. Zu bestimmen sind die Hauptspannungsrichtungen und die Hauptspannungen in den Punkten *a, b* und *c.* Das Flächenmoment 2. Grades wurde bereits früher zu $I_y = 499500\ \text{cm}^4$ errechnet.

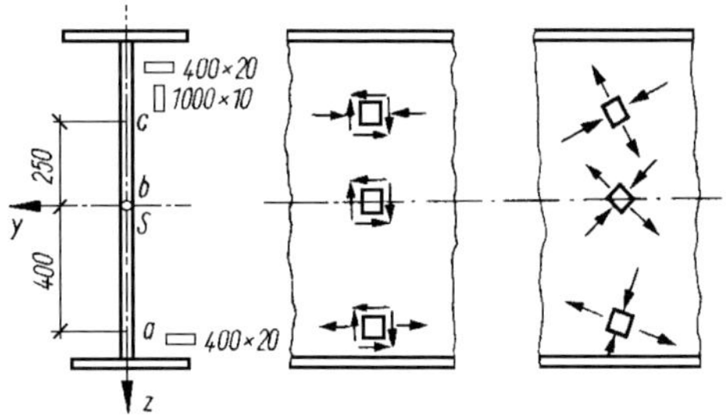

Bild 7.8

a) Flächenmomente

$I_y = 499500\ \text{cm}^4$

$S_{ya} = 80 \cdot 51 + 10 \cdot 45 \quad = 4080 + \quad 450 = 4530\ \text{cm}^3$

$S_{yb} = 80 \cdot 51 + 50 \cdot 25 \quad = 4080 + 1250 = 5330\ \text{cm}^3$

$S_{yc} = 80 \cdot 51 + 25 \cdot 37{,}5 = 4080 + \quad 937 = 5017\ \text{cm}^3$

b) Spannungen

$$\sigma_a = \frac{93700}{499500} \cdot 40{,}0 = 7{,}5 \text{ kN/cm}^2 ; \qquad \tau_a = \frac{250 \cdot 4530}{499500 \cdot 1{,}0} = 2{,}27 \text{ kN/cm}^2$$

$$\sigma_b = \frac{93700}{499500} \cdot 0 = 0 ; \qquad \tau_b = \frac{250 \cdot 5330}{499500 \cdot 1{,}0} = 2{,}66 \text{ kN/cm}^2$$

$$\sigma_c = -\frac{93700}{499500} \cdot 25{,}0 = -4{,}68 \text{ kN/cm}^2 ; \qquad \tau_c = \frac{250 \cdot 5017}{499500 \cdot 1{,}0} = 2{,}51 \text{ kN/cm}^2$$

c) Hauptspannungen bei *a* (Zugzone)

$$\tan 2\varphi_1 = -\frac{2 \cdot 2{,}27}{7{,}5} = -0{,}605$$

$2\varphi_1 = 180° - 31{,}18° = 148{,}81°$; $\quad \varphi_1 = 74{,}41°$

$$\sigma_1 = \frac{7{,}5}{2} + \frac{1}{2}\sqrt{7{,}5^2 + 4 \cdot 2{,}27^2} = 3{,}75 + 4{,}38 = 8{,}13 \text{ kN/cm}^2$$

$\sigma_2 = 3{,}75 - 4{,}38 = -0{,}63 \text{ kN/cm}^2$

$\max \tau = 4{,}38 \text{ kN/cm}^2$

d) Hauptspannungen bei *b* (Nulllinie)

$\tan 2\varphi_1 = -\infty$ für $\sigma = 0$; $\quad 2\varphi_1 = 90°$; $\quad \varphi_1 = 45°$

$\sigma_1 = 2{,}66 \text{ kN/cm}^2$; $\quad \sigma_2 = -2{,}66 \text{ kN/cm}^2$

$\max \tau = 2{,}66 \text{ kN/cm}^2$

e) Hauptspannungen bei *c* (Druckzone)

$$\tan 2\varphi_1 = -\frac{2 \cdot 2{,}51}{-4{,}68} = 1{,}07 ; \qquad 2\varphi_1 = 46{,}94° ; \qquad \varphi_1 = 23{,}47°$$

$$\sigma_1 = \frac{-4{,}68}{2} + \frac{1}{2}\sqrt{4{,}68^2 + 4 \cdot 2{,}51^2} = -2{,}34 + 3{,}43 = 1{,}09 \text{ kN/cm}^2$$

$\sigma_2 = -2{,}34 - 3{,}43 = -5{,}77 \text{ kN/cm}^2$

$\max \tau = 3{,}43 \text{ kN/cm}^2$

8 Biegelinie

8.1 Grundlagen

Die Kurve der Stabachse eines belasteten, ursprünglich geraden Trägers bezeichnet man als elastische Linie. Die Ursache für elastische Durchbiegungen können Biegemomente, Querkräfte und Temperaturdifferenzen über die Trägerhöhe sowie äußere Verformungseinflüsse (z. B. Sützensenkung) sein. Der Anteil der Querkräfte an den Verformungen ist in den meisten Fällen vernachlässigbar klein. Man ermittelt daher die Verformung aus den Biegemomenten und bezeichnet die verformte Stabachse als Biegelinie. Verformungen infolge von Temperaturdifferenzen müssen gelegentlich als besonderer Lastfall untersucht werden. Weiterhin können Verformungen durch Kriechen (Holzbau) entstehen.

Man benötigt die Biegelinie bzw. vorwiegend ihre Ordinatenwerte oder Neigungswinkel an bestimmten Punkten eines Trägers zum Vergleich mit zulässigen Formänderungen und zur Berechnung der Stütz- und Schnittgrößen statisch unbestimmter Systeme.

Für den Fall der geraden Biegung unter den Voraussetzungen nach Abschnitt 5.1. erfolgen die Ausbiegungen der Stabachse in Richtung der Lastebene. Die Biegelinie ist daher eine ebene Kurve. Ihre Funktion $w = w(x)$ (Bild 8.1) ist ein Ziel der folgenden Untersuchungen. Daneben können noch die Neigungswinkel φ der Stabachse von Bedeutung sein, so dass auch die Funktion $\varphi = \varphi(x)$ ermittelt werden muss.

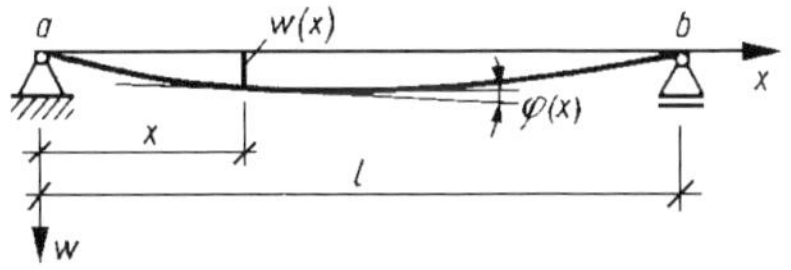

Bild 8.1

Ausgangspunkt der Betrachtungen bildet die Krümmung der Biegelinie. Man kann erwarten, dass diese von der Belastung (Biegemoment M) und von Kenngrößen des Querschnittes (Flächenmoment I) und des Materials (Elastizitätsmodul E) abhängig ist.

In Bild 8.2 ist ein durch zwei ebene Querschnitte begrenztes Trägerteil der Länge dx dargestellt. Die beiden ursprünglich parallelen Schnittflächen drehen sich infolge der Wirkung der Biegemomente um ihre Nulllinie und schließen den Winkel dφ miteinander ein. Die gekrümmte Stabachse auf der Länge dx kann durch einen Kreisbogen mit dem Radius ρ ersetzt werden. ρ ist der Krümmungsradius der Biegelinie an der betrachteten Trägerstelle. Sein Kehrwert $1/\rho$ wird als Krümmung bezeichnet. Zwischen Krümmungsradius, Krümmung und Winkeländerung bestehen die Beziehungen (Bild 8.2):

$$\mathrm{d}x = \rho\,\mathrm{d}\varphi\,; \qquad \frac{1}{\rho} = \frac{\mathrm{d}\varphi}{\mathrm{d}x} \tag{8.1}$$

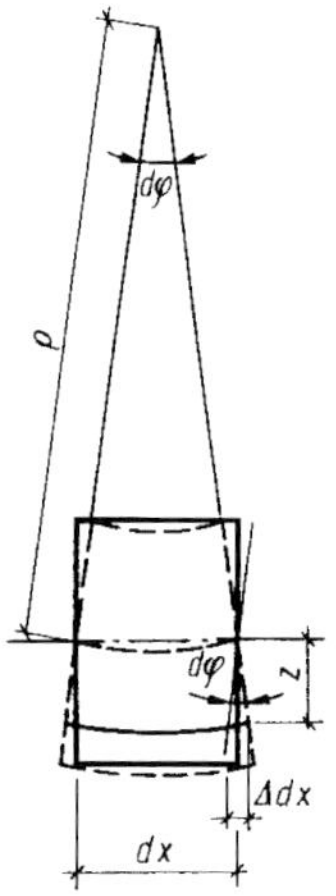

Bild 8.2

Eine Faser im Abstand z von der Nulllinie erfährt die Längenänderung Δdx. Aus der Ähnlichkeit der Figur mit dem Radius ρ und der Biegelinie im Bereich dx sowie dem Radius z und dem Kreisbogen Δdx folgt

$$\frac{\Delta dx}{dx} = \frac{z}{\rho}\,; \qquad \frac{\Delta dx}{dx} = \varepsilon = \frac{\sigma}{E}\,; \qquad \sigma = \frac{M}{I} z\,; \qquad \frac{z}{\rho} = \frac{Mz}{EI}$$

$$k = \frac{1}{\rho} = \frac{M}{EI} \tag{8.2}$$

Die Krümmung k an beliebiger Stelle eines durch äußere Belastung verformten Trägers ist proportional dem dort auftretenden Biegemoment und umgekehrt proportional dem Produkt EI. Der Wert EI wird Biegesteifigkeit genannt. Temperaturdifferenzen zwischen Trägerober- und Trägerunterseite erzeugen ebenfalls Krümmungen der Stabachse. Nimmt man eine lineare Temperaturänderung ΔT über die Trägerhöhe an (vgl. Bild 2.7), so ergeben sich Längenänderungen nach einer linearen Verteilung, so dass gilt (vgl. Abschn. 2.3)

$$k = \frac{1}{\rho} = \frac{\alpha_T\,\Delta T}{h}$$

Die Krümmung der Stabachse ist direkt proportional der Temperaturdifferenz über die Trägerhöhe und der Wärmedehnzahl α_T und umgekehrt proportional der Trägerhöhe h.

8.2 Gleichung der Biegelinie

Zwischen der Krümmung einer Kurve und der Funktion $w = w(x)$ dieser Kurve besteht der Zusammenhang

$$k = \frac{1}{\rho} = \frac{w''}{\pm\left(1 + w'^2\right)^{3/2}} \tag{8.3}$$

Die Beziehung gilt auch für Krümmung und Funktion der Biegelinie $w = w(x)$. Da die Biegelinie sehr schwach gekrümmt ist, wird der Winkel zwischen der Tangente an die Biegelinie und der x-Achse nahezu gleich null. Der Tangens dieses Winkels entspricht der ersten Ableitung w' der Funktion der Biegelinie. Somit kann w'^2 gegenüber 1 bei schwach gekrümmten Zuständen, wie sie im Bauwesen vorrangig auftreten, vernachlässigt werden.

$$k = \frac{1}{\rho} = \pm w''\,; \qquad \frac{1}{\rho} = \frac{M}{EI}\,; \qquad w'' = -\frac{M}{EI} \tag{8.4}$$

Überlegungen, auf die hier nicht eingegangen wird, führen dazu, dass richtigerweise das negative Vorzeichen zu verwenden ist.

Man bezeichnet das Ergebnis nach Gl. (8.4) als Differentialgleichung der Biegelinie. Mit ihr steht zwar noch nicht die Funktion der Biegelinie selbst zur Verfügung, wohl aber die zweite Ableitung derselben. Durch zweimalige Integration der Gl. (8.4) kann man die Funktion $w = w(x)$ finden.

Geht man von der Funktion der Biegelinie $w = w(x)$ aus, dann bedeutet deren 1. Ableitung die Funktion der Neigung der Stabachse, also $w' = w'(x) \approx \varphi(x)$. Die EI-fache negative 2. Ableitung ergibt die Funktion der Momentenlinie $EIw'' = -M$. Weiterhin wurden bereits in Band 1 abgeleitet

$$\frac{\mathrm{d}M}{\mathrm{d}x} = V \quad \text{und} \quad \frac{\mathrm{d}V}{\mathrm{d}x} = -g \quad \text{bzw.} \quad M' = V \text{ und } M'' = -g$$

Diese Gleichungen drücken den differentialen Zusammenhang zwischen Belastung, Querkraft und Biegemoment aus. Ein gleicher differentialer Zusammenhang besteht auch zwischen EI-fachem Biegemoment, Neigung und Ordinate der Biegelinie.

Über die erläuterten differentialen Zusammenhänge gelangt man zu einer Verknüpfung zwischen der Funktion der Biegelinie und der Belastungsfunktion, die sich als vierte Ableitung der EI-fachen Gleichung der Biegelinie ergibt:

$$EIw^{(4)} = g(x)$$

Fasst man alle Beziehungen zusammen, dann ergeben sich folgende Gleichungen:

$w = w(x)$	Gleichung der Biegelinie
$w' = \varphi(x)$	Gleichung der Neigung der Stabachse
$EIw'' = -M(x)$	Gleichung der Momentenlinie
$EIw''' = -V(x)$	Gleichung der Querkraftlinie
$EIw^{(4)} = g(x)$	Gleichung der Belastungsfunktion

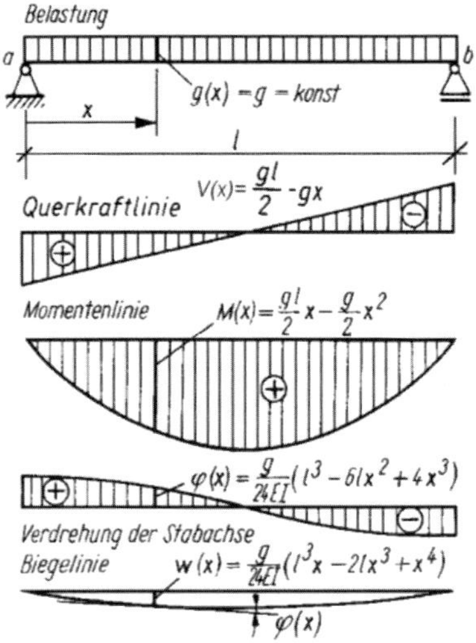

Bild 8.3

Umgekehrt lässt sich durch viermalige Integration der Belastungsfunktion die Gleichung der Biegelinie finden. Voraussetzung dafür ist, dass $g(x)$ eine integrierbare stetige Funktion ist und dass das Flächenmoment I konstant bleibt bzw. sich stetig über die Stablänge verändert. Wenn das über die gesamte Trägerlänge nicht gegeben ist, ist eine Aufteilung in Integrationsbereiche vorzunehmen, in denen die Belastungsfunktion stetig bleibt. Die Möglichkeit, durch Integration der Belastungsfunktion die Gleichung der Biegelinie zu errechnen, besteht sowohl für statisch bestimmte als auch für statisch unbestimmte Systeme (vgl. Abschnitt 8.6.). Die Integrationskonstanten werden durch die geometrischen oder statischen Randbedingungen bestimmt. Das beschriebene Verfahren wird, ausgehend von Gl. (8.5), für einen Träger auf zwei Stützen mit gleichmäßig verteilter Belastung und konstanter Biegesteifigkeit EI gezeigt (Bild 8.3). Die bereits aus früheren Ermittlungen bekannten Funktionen für die Querkraft- und Momentenlinie einschließlich spezieller Werte können mit diesem Verfahren gleichzeitig neben der Funktion der Biegelinie gewonnen werden. Die Belastungsfunktion bei gleichmäßig verteilter Belastung ist besonders einfach. Sie lautet

$$EIw^{(4)} = g = \text{const.}$$

Nun erfolgt die viermalige Integration dieser Differentialgleichung:

$$EIw''' = gx + C_1$$

$$EIw'' = \frac{gx^2}{2} + C_1 x + C_2$$

$$EIw' = \frac{gx^3}{6} + C_1 \frac{x^2}{2} + C_2 x + C_3$$

$$EIw = \frac{gx^4}{24} + C_1 \frac{x^3}{6} + C_2 \frac{x^2}{2} + C_3 x + C_4$$

Die Konstanten erhält man aus Randbedingungen. Für $x = 0$ und $x = l$ müssen sowohl $w = 0$ als auch $M = 0$ sein, da am Auflager keine Durchbiegung möglich ist und bei gelenkiger Lagerung das Biegemoment gleich null wird.

$$x = 0\,; \qquad w = 0\,; \qquad 0 = C_4$$

$$x = 0\,; \qquad -EIw'' = 0\,; \qquad 0 = -C_2$$

$$x = l\,; \qquad w = 0\,; \qquad 0 = \frac{gl^4}{24} + C_1\frac{l^3}{6} + C_3 l$$

$$x = l\,; \qquad -EIw'' = 0\,; \qquad 0 = -\frac{gl^2}{2} - C_1 l$$

$$C_1 = -\frac{gl}{2}\,; \qquad C_2 = 0\,; \qquad C_3 = \frac{gl^3}{24}\,; \qquad C_4 = 0$$

Mit den Konstanten C_1 und C_2 erhält man die Gleichungen der Querkraft- und Momentenlinie

$$-EIw''' = V(x) = \frac{gl}{2} - gx$$

$$-EIw'' = M(x) = \frac{gl}{2}x - \frac{g}{2}x^2$$

Die Gleichung der Biegelinie lautet nach Einsetzen der Integrationskonstanten

$$w(x) = \frac{g}{24EI}\left(x^4 - 2lx^3 + l^3 x\right) \tag{8.6}$$

Für die Neigung der Tangente an die Stabachse findet man

$$w' \approx \varphi(x) = \frac{g}{24EI}\left(4x^3 - 6lx^2 + l^3\right) \tag{8.7}$$

Die maximale Durchbiegung tritt in der Trägermitte bei $x = l/2$ auf.

$$\max w = f = \frac{5gl^4}{384EI} = \frac{5 \cdot \max M \cdot l^2}{48EI} \tag{8.8}$$

Die Neigung der Trägerachse in den Auflagern a ($x = 0$) bzw. b ($x = l$) hat die Größe

$$\varphi_a = \frac{gl^3}{24EI}\,; \qquad \varphi_b = -\frac{gl^3}{24EI} \qquad (8.9);\ (8.10)$$

In Tabellenwerken sind die Ergebnisse für alle häufig vorkommenden Lastfälle enthalten. Komplizierte Belastungen werden zweckmäßig in einfache Lastfälle aufgespalten und die Ergebnisse überlagert.

8.3 Ermittlung nach *Mohr*

Vergleicht man den differentialen Zusammenhang zwischen Biegemoment, Querkraft und Belastung sowie zwischen Biegelinie, Neigung der Stabachse und Biegemoment, so erkennt man einen formal übereinstimmenden Aufbau der Differentialgleichungen.

$$w'' = -\frac{1}{EI} M(x) \tag{8.11}$$

$$M'' = -g(x) \tag{8.12}$$

Es ist daher möglich, Verfahren zur Lösung einer der beiden Differentialgleichungen auf die Lösung der anderen anzuwenden.

Aus der Statik sind bereits Verfahren zur Bestimmung der Querkraft- und Momentenlinie aus der Belastung bekannt. Dieselben Verfahren führen auch zur Ermittlung der Biegelinie. Der Belastung $g(x)$ in Gl. (8.12) entspricht jetzt lediglich in Gl. (8.11) die Momentenfläche $M(x)$, wobei der Faktor $1/EI$ zu beachten ist. Man nimmt daher die Momentenfläche der wirklichen Belastung als neue Belastung an und bestimmt dafür die Auflagerkräfte, Querkräfte und Biegemomente, wobei es gleichgültig ist, ob man analytische oder zeichnerische Verfahren verwendet. Man bezeichnet die mit der Momentenbelastung ermittelten Auflagerkräfte, Querkräfte und Biegemomente mit den ähnlichen Symbolen, hier $\tilde{A}$, $\tilde{B}$, $\tilde{V}$, $\tilde{M}$. Als Ergebnis kann festgehalten werden:

> Man erhält die EI-fache Durchbiegung eines Trägers an der Stelle x, indem man den Träger mit der Biegemomentenfläche belastet und das aus dieser gedachten Belastung entstehende Biegemoment für die Stelle x bestimmt. Der EI-fache Neigungswinkel φ der Biegelinie in einem beliebigen Punkt des Trägers ist gleich der an dieser Stelle infolge der Momentenbelastung auftretenden Querkraft $\tilde{V}$.

$$EIw(x) = \tilde{M}(x) \tag{8.13}$$

$$EI\varphi(x) = \tilde{V}(x) \tag{8.14}$$

Der Winkel φ ist im Bogenmaß gemessen. In den beiden Auflagerpunkten ist die Querkraft $\tilde{V}$ gleich der Stützkraft $\tilde{A}$ bzw. $-\tilde{B}$. Damit werden die Neigungswinkel der Tangenten in a und b

$$\varphi_a = \frac{\tilde{A}}{EI}; \qquad \varphi_b = -\frac{\tilde{B}}{EI} \qquad (8.15); (8.16)$$

Die hier nur sinngemäß zitierten Sätze sind von *Mohr* aufgestellt worden. Da sie auf der Analogie der Gln. (8.11) und (8.12) beruhen, werden sie als Analogiesätze von *Mohr* bezeichnet.

Zu beachten ist dabei, dass zwar gleiche Verfahren zur Lösung der beiden Differentialgleichungen verwendbar sind, aber unterschiedliche Randbedingungen bestehen. Das erfordert die Verwendung eines Ersatzträgers für die Ermittlung von $\tilde{V}(x)$ und $\tilde{M}(x)$.

Das beschriebene Verfahren ist daher ohne Einschränkung nur für Träger auf zwei Stützen anwendbar. Bei allen anderen statischen Systemen muss die Momentenbelastung auf einen Ersatzträger aufgebracht werden. Dieser Ersatzträger ist in seinen Stützungen so zu verändern, dass die errechneten Durchbiegungen in Form von $\tilde{M}$ x den vorgegebenen *Randbedingungen* entsprechen. Dabei gilt:

1. Für eine in Durchbiegungsrichtung unverschiebliche Stützung (w = 0) ist im Ersatzträger ein Gelenk ($\tilde{M} = 0$) anzuordnen.
2. Für eine Einspannung am Trägerende (w = 0; φ = 0) muss im Ersatzträger ein freies Trägerende ($\tilde{V} = 0$, $\tilde{M} = 0$) angeordnet werden.
3. Einem Gelenk im Träger (Knickpunkt der Biegelinie) ist im Ersatzträger eine in Durchbiegungsrichtung unverschiebliche Stützung zuzuordnen [Unstetigkeitsstelle für $\tilde{M}(x)$].
4. Für ein freies Trägerende ($w \neq 0$; $\varphi \neq 0$) ist im Ersatzträger eine Einspannung ($\tilde{V} \neq 0$, $\tilde{M} \neq 0$) vorzusehen.

In Bild 8.4 sind einige Beispiele dargestellt. Für statisch unbestimmte Träger ergeben sich dabei bewegliche Ersatzträger, wobei für die Berechnung keine Schwierigkeiten entstehen. Die Momentenbelastungen und die Stützung des Ersatzträgers erfüllen die Gleichgewichtsbedingungen. Verschiedene Vorzeichen der Momentenflächen ergeben dabei unterschiedliche Wirkungsrichtungen der Momentenbelastung. Die Darstellung in Bild 8.4 enthält Momentenflächen für eine gleichmäßig verteilte Streckenlast und die Belastung des Ersatzträgers.

Da der Verlauf der Momentenbelastung, von Ausnahmen abgesehen, kompliziert ist, wird die Ermittlung der Biegemomente $\tilde{M}(x)$ selten einfach. Es ist daher zweckmäßiger, die Momentenbelastungen in Streifen zu zerlegen und den Flächeninhalt eines Streifens als Einzellast anzusetzen (als elastische Gewichte W bezeichnet, vgl. Band 3). Für einen solchen Träger mit Einzellasten lassen sich die Querkräfte $\tilde{V}(x)$ und die Biegemomente $\tilde{M}(x)$ sowohl rechnerisch als auch zeichnerisch einfach ermitteln (vgl. Band 1, Abschn. 5.4).

Die Anwendung der *Mohr*schen Sätze bei abgestuftem Flächenmoment 2. Grades wird in Bild 8.5 angegeben. Man wählt ein Vergleichsflächenmoment I_c und reduziert die Momentenflächenordinaten jedes Bereiches i mit dem Faktor I_c/I_i. Man erhält dann eine abgestufte Momentenfläche. Diese dient, wie zuvor beschrieben, als Belastung zur Ermittlung der Querkraft $\tilde{V} = EI_c\varphi$ und des Biegemomentes $\tilde{M} = EI_c w$.

Bild 8.6 zeigt die Ermittlung der Biegelinie für einen Träger auf zwei Stützen mit einer Einzellast in beliebiger Stellung bei konstantem Trägheitsmoment über die Stützweite. Zur Bestimmung der Formänderungsgrößen wird die Momentenfläche als Belastung aufgebracht, die von einem Dreieck mit der größten Ordinate Fab/l begrenzt ist. Die Schwerpunktabstände der Teilmomentenflächen links und rechts von F enthält eben-

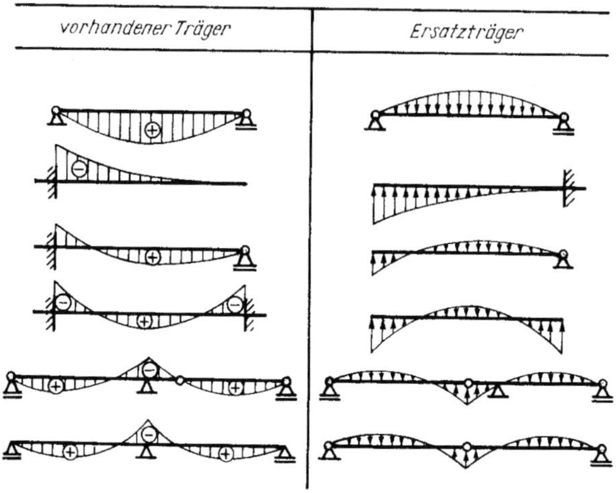

Bild 8.4

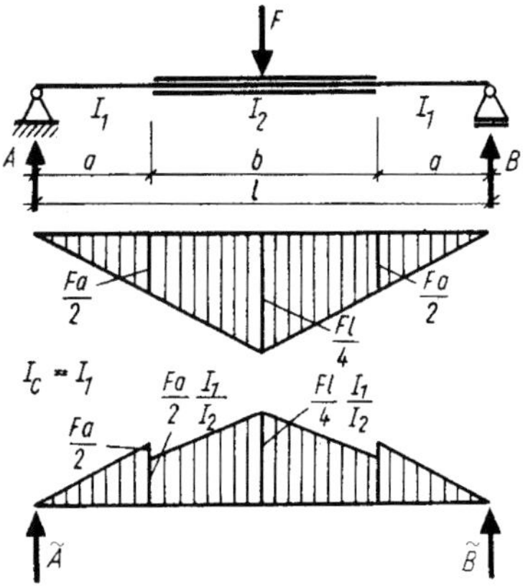

Bild 8.5

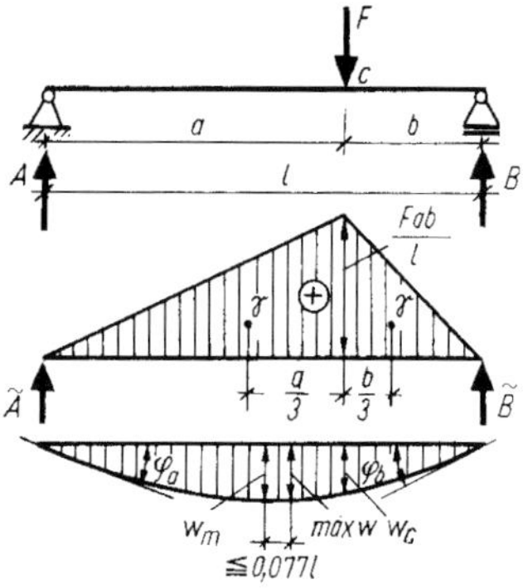

Bild 8.6

falls Bild 8.6. Die zweiten Stützkräfte bzw. φ_a und φ_b ergeben sich zu

$$\varphi_a = \frac{Fab}{6EIl}(l+b)$$

$$\varphi_b = -\frac{Fab}{6EIl}(l+a)$$

Die Durchbiegung unter der Einzellast erhält man aus dem Biegemoment infolge der Momentenbelastung (der Angriffspunkt der Last F ist mit c bezeichnet).

$$w_c = \frac{F \cdot a^2 \cdot b^2}{3 \cdot E \cdot I \cdot l}$$

Die unter der Last F ermittelte Durchbiegung w_c, ist nicht die im Träger auftretende maximale Durchbiegung. Diese ist immer von der Lastangriffsstelle weg nach der Trägermitte hin zu suchen. Zur Bestimmung der Stelle der maximalen Durchbiegung ist die Kenntnis der Funktion der Biegelinie zweckmäßig.

Als Ergebnis der Ermittlung erhält man

$$\max w = \frac{F \cdot b}{27 \cdot E \cdot I \cdot l} \sqrt{3\left(l^2 - b^2\right)}\left(l^2 - b^2\right) \qquad (8.17)$$

Die Stelle der maximalen Durchbiegung liegt

$$x = \sqrt{\frac{1}{3}\left(l^2 - b^2\right)} \qquad (8.18)$$

Beide Gleichungen (8.17 und 8.18) gelten für den Fall $a > b$. Ist $b > a$, dann ist jeweils b durch a zu ersetzen.

Lässt man die Einzellast immer näher an das Auflager heranrücken, dann folgt als Grenzwert $x = 0{,}577l$, wenn b gegen null geht. Die Stelle der maximalen Durchbie-

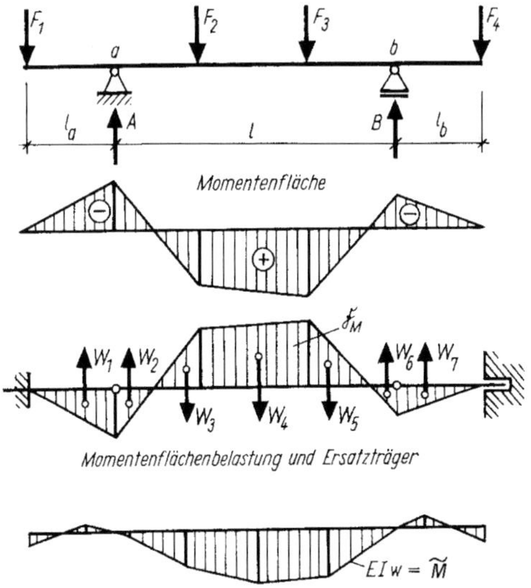

Bild 8.7

gung weicht höchstens um den Wert $0{,}077l$ von der Trägermitte ab. Es ist deshalb oft genau genug, bei der Ermittlung der größten Durchbiegung den Wert von $l/2$ zu verwenden. Wir erhalten als Durchbiegung dann

$$w_m = \frac{Fb}{48EI}\left(3l^2 - 4b^2\right); \qquad (a > b)$$

$$w_m = \frac{Fa}{48EI}\left(3l^2 - 4a^2\right); \qquad (a < b) \qquad (8.19)$$

Diese Ergebnisse für eine Einzellast in beliebiger Stellung zeigen in knapper Form die Handhabung des *Mohr*schen Verfahrens. Im Allgemeinen stehen für einfache Fälle Formeln zur Verfügung.

Der Ersatz der Momentenflächen durch Einzellasten gestattet die Ermittlung von Biegelinienordinaten auf einfache Weise (Bild 8.7). Bei zeichnerischer Lösung (Seileckverfahren) ist es sogar möglich, die Biegelinienordinaten in wahrer Größe zu erhalten, wenn man für die elastischen Gewichte und die Polweite H einen bestimmten Maßstab verwendet.

8.4 Durchbiegungen in der Mitte des Trägers auf zwei Stützen

Die Formeln für Durchbiegungen bei symmetrischer Lastanordnung zeigen alle einen einfachen Aufbau und sind leicht zu handhaben. Die maximale Durchbiegung tritt in der Symmetrieachse (Trägermitte) auf. Bei unsymmetrischer Lastanordnung erhält man kompliziertere Formeln für die maximale Durchbiegung. Diese tritt stets in geringer Entfernung von der Trägermitte auf, so dass man für max $w \approx w_m$ für überschlägliche Berechnungen verwenden kann.

Vorteilhaft erweist sich bei unsymmetrischer Belastung die Ausnutzung der Eigenschaften der Symmetrie und Antimetrie (Bild 8.8). Für eine antimetrische Belastung wird die Durchbiegung in der Symmetrieachse gleich null. Die Durchbiegung in Trägermitte infolge des symmetrischen Lastfalles liefert daher unmittelbar den gesuchten Wert w_m.

Komplizierte Belastungen eines Trägers zerlegt man in mehrere einfache Belastungsfälle, für die die Biegelinien bzw. Durchbiegungen in Trägermitte bekannt sind. Die einzelnen Biegelinien können dann überlagert werden, indem man die Ordinaten algebraisch addiert. Dabei genügt auch hier die Überlagerung der Biegeordinaten w_m der einzelnen Lastfälle.

Eine wesentliche Vereinfachung erzielt man mit der näherungsweisen Bestimmung der Durchbiegung in Trägermitte nach der Formel für gleichmäßig verteilte Belastung, sofern die beliebige Belastung zu einer Momentenfläche führt, die einer Parabelform nahe kommt. Da die Momentenfläche die Durchbiegung bestimmt, legt man zur Verein-

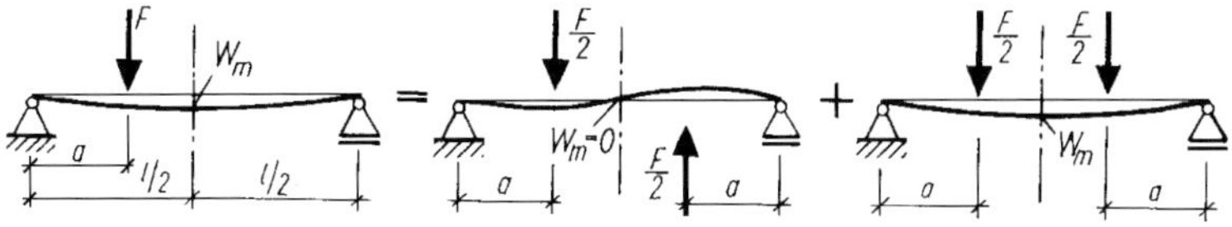

Bild 8.8

fachung diejenige der gleichmäßig verteilten Belastung mit einem gleich großen max M zugrunde. Man rechnet daher nach Gl. (8.8) in der folgenden Form:

$$w_m = \frac{5 \cdot \max M \cdot l^2}{48 \cdot EI} \quad \text{bzw.} \quad w_m = \frac{5{,}5 \cdot \max M \cdot l^2}{48 \cdot EI}$$

Die zweite Formel gilt für Träger mit abgestuftem Querschnitt. In dieser Gleichung ist max M das größte Biegemoment aus der für die Durchbiegung maßgebenden Belastung und I das Flächenmoment 2. Grades in Trägermitte ohne Lochabzug.

Für doppeltsymmetrische Stahlprofile mit der Trägerhöhe h und E = 21000 kN/cm^2 wird außerdem

$$w_m = \frac{5 \cdot \max M \cdot l^2}{48 \cdot EI} = \frac{5 \cdot l^2}{48E}\frac{2}{h}\frac{\max M}{I}\frac{h}{2} = \frac{5 \cdot 2 \cdot l^2 \cdot \max\sigma}{48 \cdot 2{,}1 \cdot 10^4 \cdot h} \approx \frac{\max\sigma \cdot l^2}{h \cdot 10^5}$$

Das Ergebnis wird noch vereinfacht, wenn mit σ in kN/cm^2, l in m, h in mm und w_m in cm gerechnet wird

$$w_m \approx \frac{\max\sigma \cdot l^2}{h}$$

Diese Näherungsformel ist leicht handhabbar und liefert in den meisten Fällen ausreichende Ergebnisse. Bei Holz mit E = 1100 kN/cm^2 und den genannten Dimensionen wird

$$w_m \approx \frac{19 \cdot \max\sigma \cdot l^2}{h}$$

8.5 Ermittlung von Verformungsgrößen mit der Arbeitsgleichung

Die Arbeitsgleichung lässt sich verhältnismäßig einfach handhaben, während die theoretische Begründung und Ableitung den in diesem Buch vorgesehenen Rahmen übersteigen. Daher können nur die unbedingt notwendigen Zusammenhänge dargelegt werden.

Die Arbeitsgleichung folgt aus einem erstmalig von *Lagrange* formulierten Prinzip der Mechanik. Danach wird die Summe aller Formänderungsarbeiten aus den Kräften eines gegebenen Zustandes und den Formänderungen eines überlagerten angenommenen (virtuellen) Zustandes (Prinzip der virtuellen Verrückungen) oder den Formänderungen eines gegebenen und den Kräften eines überlagerten virtuellen Zustandes (Prinzip der virtuellen Kräfte) gleich null.

$$\sum F\bar{\sigma} + \sum M\bar{\varphi} = 0 \tag{8.20}$$

$$\sum \bar{F}\sigma + \sum \bar{M}\varphi = 0 \tag{8.21}$$

Die virtuellen Formänderungen ($\bar{\sigma}$, $\bar{\varphi}$) oder Kräfte ($\bar{F}$, $\bar{M}$) sowie die gegebenen Formänderungen (σ, φ) und Kräfte (F, M) müssen mit den Bedingungen des Systems (Tragwerkes) verträglich sein und die Gleichgewichtsbedingungen erfüllen.

Die Formänderungsarbeit setzt sich beim verformbaren Körper (Tragwerk) aus Arbeit der äußeren und Arbeit der inneren Kräfte zusammen, so dass gilt

$$A_a - A_i = 0\,; \qquad A_a = A_i \tag{8.22}$$

Zur Berechnung der Verschiebung δ oder Richtungsänderung φ einer bestimmten Stelle der Stabachse bringt man an dieser Stelle eine äußere Kraft oder ein Moment in Richtung der vermuteten Verformung an. Diese Kraft wird zweckmäßig von der Größe = 1 kN, das Moment = 1 kNm gewählt. Nach Gl. (8.21) erzeugt diese virtuelle (angenommene) Belastung mit den wirklichen Verformungsgrößen die virtuelle äußere Arbeit δ bzw. φ.

Nach Gl. (8.22) muss die virtuelle äußere Arbeit gleich der virtuellen inneren Arbeit sein. Da lediglich eine virtuelle äußere Kraft der Größe $\bar{1}$ vorhanden ist, wird die gesamte virtuelle äußere Arbeit

$$\bar{A}_a = \bar{1}\cdot\delta \quad \text{bzw.} \quad \bar{A}_a = \bar{1}\cdot\varphi \tag{8.23}$$

Zur virtuellen inneren Arbeit liefern die Biegemomente den wesentlichsten Anteil, so dass in den meisten Fällen alle übrigen Anteile vernachlässigt werden können. Die Arbeit aus dem virtuellen Biegemoment und der wirklichen Verdrehung φ der Stabachse infolge der gegebenen Belastung wird nach Gl. (8.1) bzw. (8.2), wenn als Längenelement ds eingeführt wird,

$$\frac{\mathrm{d}\varphi}{\mathrm{d}s} = \frac{M}{EI}\,; \qquad \mathrm{d}\varphi = \frac{M}{EI}\mathrm{d}s\,; \qquad \varphi = \int \frac{M}{EI}\mathrm{d}s$$

$$A_{iM} = \bar{M}\varphi = \int \frac{M\bar{M}}{EI}\mathrm{d}s \tag{8.24}$$

Damit lautet die Arbeitsgleichung zur Berechnung von Verschiebungen δ oder Verdrehungen φ für einen bestimmten Punkt des Tragsystems bei Vernachlässigung der

Wirkung der Quer- und Normalkräfte

$$\bar{1} \cdot \delta = \int \frac{M\bar{M}}{EI} \mathrm{d}s \tag{8.25}$$

$$\bar{1} \cdot \varphi = \int \frac{M\bar{M}}{EI} \mathrm{d}s \tag{8.26}$$

Da das Flächenmoment 2. Grades I über die Stablänge unterschiedliche Größen aufweisen kann, wird Gl. (8.25) bzw. (8.26) mit einem Vergleichsflächenmoment I_c multipliziert

$$\bar{1} \cdot EI_c \cdot \delta = \int M\bar{M} \frac{I_c}{I} \mathrm{d}s \tag{8.27}$$

Das bei der Auswertung entstehende Produkt $\frac{I_c}{I} s = s'$ bezeichnet man als reduzierte Stablänge. Die jeweiligen Stablängen sind lediglich mit dem Faktor I_c/I in Gl. (8.27) einzuführen.

Die Integration hat über das gesamte Tragwerk zu erfolgen. Dazu sind die Momentenlinien infolge der wirklichen Belastung M und infolge der virtuellen äußeren Last $\bar{F}$ = 1,0 kN oder $\bar{M}$ = 1,0 kNm zu ermitteln. Zur Auswertung der Gl. (8.25) bzw. (8.26) müssen die Funktionen $M = M(s)$ und $= \bar{M}(s)$ über die gesamte Stabachse ermittelt werden. Die Auswertung wird durch Integraltafeln mit den Werten $\int M\bar{M}$ ds erleichtert. Solche Tafeln enthalten allgemeine Formeln für alle häufig vorkommenden Formen von Momentenflächen in der Schreibweise

$$\int M\bar{M} \, \mathrm{d}s' = kM_i M_n s' \tag{8.28}$$

Darin ist k ein Faktor, s die Stablänge und M_i bzw. M_n sind die Werte ausgezeichneter Ordinaten der jeweiligen Momentenfläche.

Die Anwendung von Gl. (8.25) bzw. (8.26) und die Handhabung der Integraltafel sollen für ein Rahmentragwerk gezeigt werden (Bild 8.9).

Beispiel

Gegeben ist ein statisch bestimmter zweistieliger Rechteckrahmen mit einer gleichmäßig verteilten horizontalen Last auf dem rechten Stiel. Dazu sind E = 21000 kN/cm^2, I_S = 100000 cm^4 und I_R = 150000 cm^4 bekannt. Gesucht sind die horizontale Verschiebung δ_b und die Richtungsänderung φ_b des Rahmens im Punkt b nach Bild 8.9a.

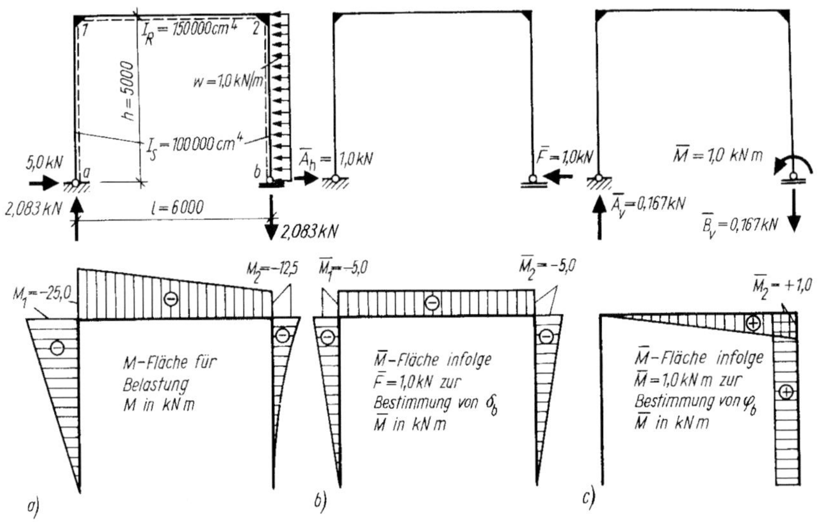

Bild 8.9

Lösung:

An der Stelle und in Richtung der gesuchten Verschiebung wird die virtuelle Kraft $\bar{F}$ = 1,0 kN angebracht (Bild 8.9b). Die Momentenflächen für die wirkliche Belastung und für die virtuelle Belastung sind in Bild 8.9 mit angegeben. Dazu sind nicht alle Ordinaten notwendig, sondern es kommt auf die Form, auf die Lage und die charakteristischen Ordinaten der Momentenflächen in jedem Rahmenbereich (linker Stiel – Riegel – rechter Stiel) an. Für die Lage der Momentenfläche muss die bekannte Regel konsequent eingehalten werden, die Momentenfläche stets an der gezogenen Seite des Tragwerkes anzutragen. Die Auswertung erfolgt nach der Gleichung

$$\overline{1{,}0}\, EI_c \cdot \delta_b = \int M\bar{M}\, ds'$$

Der Faktor 1,0 mit der Maßeinheit kN auf der linken Seite kann entfallen. Damit entfällt aber nicht die Maßeinheit kN.

Man beginnt mit der Auswertung der Arbeitsgleichung am linken Stiel. Dort ist über das Produkt von linearer (Dreieck-)Momentenfunktion M und linearer (Dreieck-) Momentenfunktion $\bar{M}$ zu integrieren, wobei beide Funktionen das gleiche Vorzeichen des Anstiegs haben. Im Riegel ist Trapez mit Rechteck und im rechten Stiel Parabel mit Dreieck bei gleichliegender Größtordinate zu überlagern. In den Tabellen findet man dafür

$$I_c = I_s = 100000 \text{ cm}^4 ; \qquad h' = h$$

$$l' = \frac{I_c}{I_R} l = \frac{100000}{150000} \cdot 6{,}0 = 4{,}0 \text{ m}$$

$$EI_c \cdot \delta_b = \frac{1}{3} M_1 \bar{M}_1 h_l + \frac{1}{2} \; M_1 + M_2 \; \bar{M}_1 l' + \frac{1}{4} M_2 \bar{M}_2 h_r$$

$$EI_c \cdot \delta_b = \frac{1}{3} 25 \cdot 5 \cdot 5 + \frac{1}{2} \; 25 + 12{,}5 \; 5 \cdot 4 + \frac{1}{4} 12{,}5 \cdot 5 \cdot 5$$

$$EI_c \cdot \delta_b = 208{,}3 + 375 + 78{,}2 = 661{,}5 \text{ kNm}^3$$

$$E = 2{,}1 \cdot 10^8 \text{ kN/m}^2; \qquad I_c = 100000 \text{ cm}^4 = 10^{-3} \text{ m}^4$$

$$\delta_b = \frac{661{,}5}{2{,}1 \cdot 10^8 \cdot 10^{-3}} = 0{,}00315 \text{ m} = 3{,}15 \text{ mm}$$

Für die Vorzeichen der Werte $\int M\bar{M} \, ds'$ gilt folgende Regel: Liegen die beiden Momentenflächen M und $\bar{M}$ auf einer Seite der Stabachse, dann sind die Arbeitsbeträge positiv. Liegen die Momentenflächen auf verschiedenen Seiten, wird die Formänderungsarbeit negativ. Bei negativem Ergebnis für δ oder auch φ erfolgt die Verschiebung oder Richtungsänderung entgegen der angesetzten Richtung der virtuellen Größe (Kraft oder Moment).

Zur Ermittlung von φ_b wird ein virtuelles Moment $\bar{M}$ = 1,0 kNm (Bild 8.9c) angesetzt und dafür die Momentenfläche bestimmt. Jetzt sind die Momentenflächen nach den Bildern 8.9a und 8.9c zu verwenden. In der Reihenfolge linker Stiel – Riegel – rechter Stiel erhält man

$$EI_c \cdot \varphi_b = 0 - \frac{1}{6}(M_1 + 2M_2)\bar{M}_2 l' - \frac{1}{3} M_2 \bar{M}_2 h_r$$

$$EI_c \cdot \varphi_b = 0 - \frac{1}{6}(25 + 2 \cdot 12{,}5) 1 \cdot 4 - \frac{1}{3} 12{,}5 \cdot 1 \cdot 5 = -54{,}1 \text{ kNm}^2$$

$$\varphi_b = \frac{-54{,}1}{2{,}1 \cdot 10^8 \cdot 10^{-3}} = -0{,}000257 \qquad \varphi \approx -0{,}015°$$

Die Verdrehung erfolgt entgegen der angesetzten Richtung von $\bar{M}$ = 1,0 kNm. Im linken Stiel ist infolge $\bar{M}$ kein Biegemoment vorhanden. Fehlt in einem Bereich die Momentenfläche M oder $\bar{M}$, so wird für diesen Bereich $\int M\bar{M} \, ds' = 0$.

Das Beispiel zeigt, dass sich bei Verwendung einer Integraltafel die Arbeitsgleichung vorteilhaft für die Berechnung von Formänderungen anwenden lässt. Die Integration erfolgt jeweils über Teilbereiche mit einfachen Formen von Momentenflächen, so dass man die Gesamtarbeit infolge der Biegemomente als Summe der Arbeiten einzelner Teilbereiche erhält. Bei komplizierten Momentenflächen in einzelnen Bereichen kann die Integration mit mehreren darin enthaltenen einfachen Momentenflächen erfolgen. Zum Beispiel lässt sich für die Verschiebung δ_b der Arbeitsbeitrag der Biegemomente aus dem Riegel (Trapez mit Rechteck) auch als Summe aus Dreieck (25,0 kNm bei Punkt 1) mit Rechteck sowie Dreieck (12,5 kNm bei Punkt 2) mit Rechteck ermitteln.

$$EI_c \cdot \Delta\delta_{bR} = \frac{1}{2} M_1 \bar{M}_1 l' + \frac{1}{2} M_2 \bar{M}_1 l' = \frac{1}{2} 25 \cdot 4 \cdot 4 + \frac{1}{2} 12{,}5 \cdot 5 \cdot 4 = 375 \text{ kNm}^3$$

Diese Möglichkeiten zeigen, dass bereits Integraltafeln mit den wesentlichen Grundformen von Momentenflächen für fast alle vorkommenden Fälle genügen.

8.6 Anwendung auf statisch unbestimmte Systeme

Formänderungsbedingungen bilden die Grundlage zur Berechnung der statisch Überzähligen bei statisch unbestimmten Systemen. Die erforderlichen Formänderungen werden bei rahmenartigen Tragwerken vorwiegend mit der Arbeitsgleichung bestimmt.

Bei statisch bestimmten Systemen mit gerader Stabachse (Träger), konstantem Flächenmoment 2. Grades über die Stablänge und bei statisch unbestimmten Systemen mit ausgezeichneten Lastfällen kommt man mit der Differentialgleichung der Biegelinie ebenfalls schnell zum Ziel, da stets eine genügende Anzahl statischer bzw. geometrischer Randbedingungen zur Verfügung steht, um mit ihrer Hilfe die Integrationskonstanten berechnen zu können.

Die Ermittlung der Biegelinie durch Integration liefert daher beim ein- oder zweiseitig eingespannten Träger gleichzeitig alle Kraft- und Verformungsgrößen. Der Rechengang erfolgt genauso wie in Abschnitt 8.2 (vgl. Bild 8.3); lediglich dienen jetzt vier geometrische Randbedingungen zur Bestimmung der Konstanten. Am Beispiel einer Belastung nach Bild 8.10 wird die Ermittlung gezeigt:

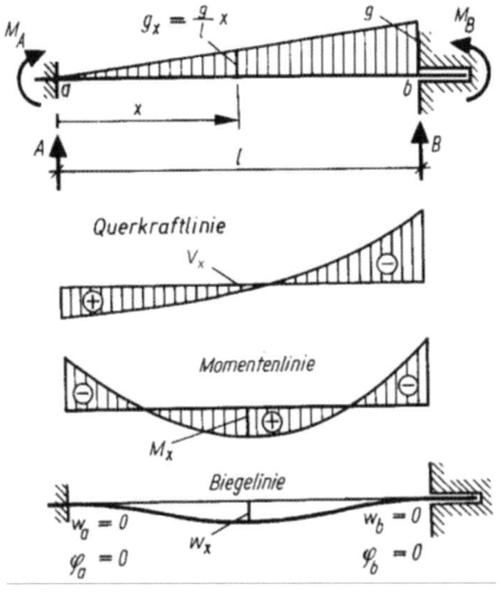

Bild 8.10

$$EIw^{(4)} = g(x) = \frac{gx}{l}$$

$$EIw''' = -V(x) = \frac{gx^2}{2l} + C_1$$

$$EIw'' = -M(x) = \frac{gx^3}{6l} + C_1 x + C_2$$

$$EIw' = \varphi(x) = \frac{gx^4}{24l} + C_1 \frac{x^2}{2} + C_2 x + C_3$$

$$EIw = \frac{gx^5}{120l} + C_1 \frac{x^3}{6} + C_2 \frac{x^2}{2} + C_3 x + C_4$$

An Randbedingungen stehen zur Verfügung:

$x = 0$; $\varphi_a = 0$; $0 = C_3$

$x = 0$; $w_a = 0$; $0 = C_4$

$x = l$; $\varphi_b = 0$; $0 = -\frac{gl^3}{24} + C_1 \frac{l^2}{2} + C_2 l$

$x = l$; $w_b = 0$; $0 = \frac{gl^4}{120} + C_1 \frac{l^3}{6} + C_2 \frac{l^2}{2}$

Damit erhält man die Konstanten:

$$C_1 = -\frac{3gl}{20}; \qquad C_2 = \frac{gl^2}{30} \qquad C_3 = 0; \qquad C_4 = 0$$

$$V\ x = -\frac{gx^2}{2l} + \frac{3gl}{20} = \frac{gl}{20}\left[-10\left(\frac{x}{l}\right)^2 + 3\right]$$

$$M\ x = -\frac{gx^3}{6l} + \frac{3glx}{20} - \frac{gl^2}{30} = \frac{gl^2}{60}\left[-10\left(\frac{x}{l}\right)^3 + 9\frac{x}{l} - 2\right]$$

$$\varphi\ x = \frac{1}{EI}\left(\frac{gx^4}{24l} - \frac{3glx^2}{40} + \frac{gl^2 x}{30}\right) = \frac{gl^3}{120EI}\left[5\left(\frac{x}{l}\right)^4 - 9\left(\frac{x}{l}\right)^2 + 4\frac{x}{l}\right]$$

$$w\ x = \frac{1}{EI}\left(\frac{gx^5}{120l} - \frac{3glx^3}{120} + \frac{gl^2 x^2}{60}\right) = \frac{gl^4}{120EI}\left[\left(\frac{x}{l}\right)^5 - 3\left(\frac{x}{l}\right)^3 + 2\left(\frac{x}{l}\right)^2\right]$$

In diesem Beispiel konnten alle gesuchten Größen des statisch unbestimmten Trägers aus der Differentialgleichung der Biegelinie abgeleitet werden. Bei statisch unbestimmten Systemen mit komplizierteren Formen, Abmessungen und Belastungen reichen wegen der Vielzahl der Integrationskonstanten die Randbedingungen allein nicht aus.

Zusätzlich müssen Übergangsbedingungen ausgewertet werden. In diesen Fällen wird die Aufstellung von Elastizitätsgleichungen übersichtlicher und die Auflösung des

Gleichungssystems vorteilhafter. Im Folgenden wird vorwiegend die Ermittlung der Formänderungen dargestellt, die für die Anwendung des Kraftgrößenverfahrens erforderlich sind. Auf Berechnungsverfahren für statisch unbestimmte Systeme wird an dieser Stelle nicht eingegangen (s. Band 3).

Die erforderlichen elastischen Formänderungen werden an einem statisch bestimmten Grundsystem mit der Arbeitsgleichung ermittelt. Man benötigt Formänderungen infolge der gegebenen äußeren Lasten (δ_{i0}) und infolge der Einheitslasten am Angriffspunkt und in Richtung der statisch Überzähligen X_k(δ_{ik}). Nach Vereinbarung sollen hierfür alle Formänderungen mit δ bezeichnet werden, also auch Winkeländerungen. Der erste Index der Werte δ_{ik} kennzeichnet den Ort und der zweite die Ursache der Verformung.

Danach bedeuten bei einem zweifach statisch unbestimmten System (Bild 8.11)

δ_{11} Formänderung am Angriffspunkt und in Richtung von X_1 infolge $X_1 = 1{,}0$

δ_{12} Formänderung am Angriffspunkt und in Richtung von X_1 infolge $X_2 = 1{,}0$

δ_{21} Formänderung am Angriffspunkt und in Richtung von X_2 infolge $X_1 = 1{,}0$

δ_{22} Formänderung am Angriffspunkt und in Richtung von X_2 infolge $X_2 = 1{,}0$

δ_{10} Formänderung am Angriffspunkt und in Richtung von X_1 infolge der Lasten

δ_{20} Formänderung am Angriffspunkt und in Richtung von X_2 infolge der Lasten

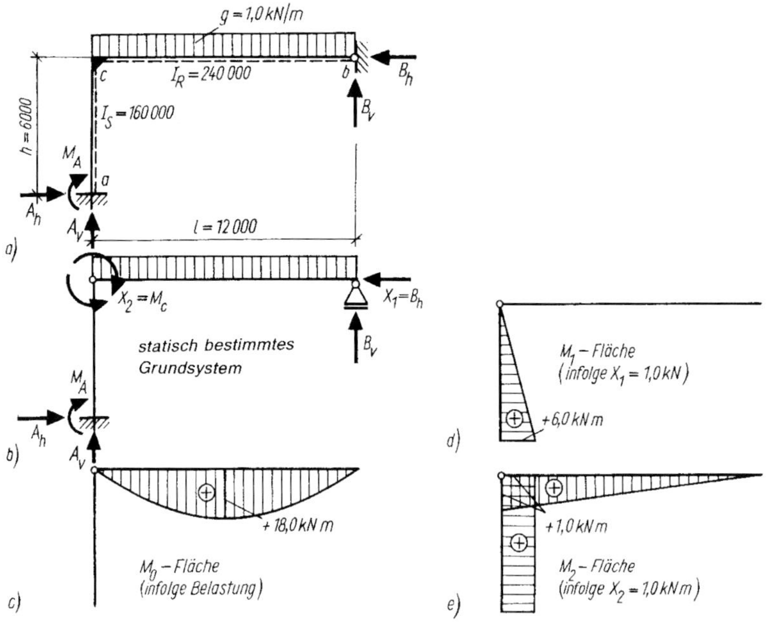

Bild 8.11

Durch Einführung der statischen Überzähligen X_1 und X_2 erhält man aus Bild 8.11a in Bild 8.11b ein statisch bestimmtes System. Die Streckenlast g verursacht am statisch bestimmten System die Momentenfläche M_0 gemäß Bild 8.11c. Die Momentenflächen infolge X_1 = 1 kN und X_2 = 1 kNm sind in den Bildern 8.11d und e dargestellt.

Um die 6 erforderlichen elastischen Formänderungen δ_{ik} zu bestimmen, sind virtuelle Größen ($\bar{F}$ = 1,0 kN bzw. $\bar{M}$ = 1,0 kNm) notwendig, die identisch den Überzähligen gewählt werden. Man gewinnt daher die Werte δ_{ik} aus der Integration der Momentenflächen i und k, wobei man sie zweckmäßig EI_c-fach bestimmt. Zum Beispiel wird

$$\bar{1}EI_c \cdot \delta_{12} = \int M_1 M_2 \mathrm{d}s' ; \qquad \bar{1}EI_c \cdot \delta_{11} = \int M_1 M_1 \mathrm{d}s'$$

$$\bar{1}EI_c \cdot \delta_{10} = \int M_1 M_0 \mathrm{d}s' \quad \text{usw.}$$

wobei stets $\delta_{ik} = \delta_{ki}$ ist.

Wenn im Weiteren wieder auf $\bar{1}$ in den Formeln verzichtet wird, ist auf die korrekte Maßeinheit zu achten.

Aus Formänderungsbedingungen am statisch unbestimmten System folgen Elastizitätsgleichungen

$$\delta_{11}X_1 + \delta_{12}X_2 + \delta_{10} = 0$$

$$\delta_{12}X_1 + \delta_{22}X_2 + \delta_{20} = 0$$

zur Bestimmung der statisch Überzähligen X_1 und X_2 bzw. ... X_n bei n Unbekannten.

Die Anwendung wird an dem zweifach statisch unbestimmten einhüftigen Rahmen nach Bild 8.11a gezeigt. Als statisch Überzählige (Bild 8.11b) wurden die horizontale Auflagerkraft in b ($X_1 = B_h$) und das Biegemoment in der Rahmenecke ($X_2 = M_c$) gewählt. Mit den Momentenflächen nach den Bildern 8.11c bis e folgt:

$$I_c = I_s = 1{,}6 \cdot 10^{-3}\ \text{m}^4 ; \qquad h = h' ; \qquad l' = \frac{1{,}6}{2{,}4} 12{,}0 = 8{,}0\,\text{m}$$

$$EI_c \cdot \delta_{10} = \int M_0 M_1 \mathrm{d}s' = 0 \quad \text{(Längen in m, Kräfte in kN)}$$

$$EI_c \cdot \delta_{20} = \int M_0 M_2 \mathrm{d}s' = \frac{1}{3} \cdot 18 \cdot 1 \cdot 8 = 48{,}0$$

$$EI_c \cdot \delta_{11} = \int M_1 M_1 \mathrm{d}s' = \frac{1}{3} \cdot 6 \cdot 6 \cdot 6 = 72{,}0$$

$$EI_c \cdot \delta_{22} = \int M_2 M_2 \mathrm{d}s' = 1 \cdot 1 \cdot 6 + \frac{1}{3} \cdot 1 \cdot 1 \cdot 8 = 8{,}67$$

$$EI_c \cdot \delta_{12} = \int M_1 M_2 \mathrm{d}s' = \frac{1}{2} \cdot 6 \cdot 1 \cdot 6 = 18{,}0$$

Mit diesen Werten $EI_c\delta$ wird das Gleichungssystem für die statisch Überzähligen X_1 und X_2 aufgestellt, wobei man auch hier alle Werte δ zweckmäßig EI_c-fach einsetzt.

$$72{,}0X_1 + 18{,}0X_2 + 0 = 0$$

$$18{,}0X_1 + 8{,}67X_2 + 48{,}0 = 0$$

Die δ-Werte sind darin Formänderungen am statisch bestimmten Grundsystem nach der anfänglichen Definition. Bei äußeren Kräften oder Momenten X_k bedeuten sie Verschiebungen oder Verdrehungen, bei Biegemomenten X_k relative Verdrehungen der Stabachsen im eingeschalteten Gelenk.

8.7 Beispiele

Beispiel 8.1

Welche maximale Durchbiegung erfährt ein Träger auf zwei Stützen mit gleichmäßig verteilter Belastung?

a) Stahlprofil IPE 240: $l = 5{,}00$ m; max $M = 50{,}0$ kNm

$I_y = 3890$ cm^4 max $\sigma = 15{,}4$ kN/cm^2; $E = 21000$ kN/cm^2

b) Holzbalken 160/240: $l = 4{,}00$ m; max $M = 14{,}5$ kNm

$I_y = 18432$ cm^4 max $\sigma = 0{,}944$ kN/cm^2; $E = 1100$ kN/cm^2

zu a) Für die Nachweise der Gebrauchstauglichkeit wird ohne Teilsicherheitsbeiwerte gerechnet.

$$f = \frac{5 \cdot \max M \cdot l^2}{48 \cdot EI} = \frac{5 \cdot 5000 \cdot 500^2}{48 \cdot 21000 \cdot 3890} = 1{,}59\,\text{cm}$$

$$f \approx \frac{\max\sigma \cdot l^2}{h} = \frac{15{,}4 \cdot 5^2}{240} = 1{,}60\ \text{cm} \quad \text{(nach Näherungsformel)}$$

zu b) $f = \dfrac{5 \cdot 1450 \cdot 400^2}{48 \cdot 1100 \cdot 18432} = 1{,}19\,\text{cm}$

$$f \approx \frac{19 \cdot 0{,}944 \cdot 4^2}{240} = 1{,}20 \text{ cm} \quad \text{(nach Näherungsformel)}$$

Beispiel 8.2

Ein stählerner Deckenzug IPE 500 ist in den Viertelpunkten und in der Mitte der Stützweite l durch Nebenträger belastet. Zu berechnen ist die maximale Durchbiegung in Feldmitte (Bild 8.12).

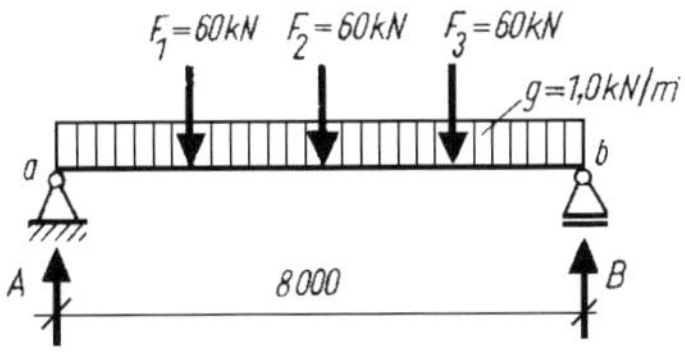

Bild 8.12

Mit E = 21000 kN/cm² und I_y = 48200 cm⁴ wird

$$f = \frac{5gl^4}{384EI} + \frac{19Fl^3}{384EI} = \frac{5 \cdot 0{,}01 \cdot 800^4}{384 \cdot 21000 \cdot 48200} + \frac{19 \cdot 60 \cdot 800^3}{384 \cdot 21000 \cdot 48200}$$

$$f = 0{,}05 + 1{,}50 = 1{,}55 \text{ cm}$$

Beispiel 8.3

Welche Verschiebung erfährt der Punkt 3 des Tragwerkes in Bild 8.13 infolge der angegebenen Belastung?

$I_S = I_R$ = 400000 cm⁴ $\quad$ E = 21000 kN/cm²

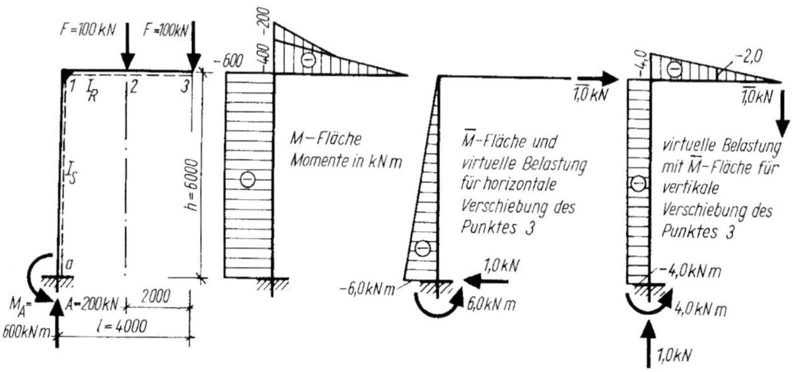

Bild 8.13

Man bestimmt die Komponenten δ_{3h} und δ_{3v} der Verschiebung im Punkt 3 mit Hilfe der Arbeitsgleichung. Die Momentenflächen infolge der gegebenen und der virtuellen Kräfte zeigt Bild 8.13.

$$EI \cdot \delta_{3h} = \frac{1}{2} \cdot 600 \cdot 6 \cdot 6 = 10800 \text{ kNm}^3 \qquad \delta_{3h} = \frac{10800}{2{,}1 \cdot 10^8 \cdot 4 \cdot 10^{-3}} = 0{,}0129 \text{ m}$$

Man erkennt, dass waagerechte Verschiebungen nur aus den Krümmungen des Stieles herrühren.

$$EI \cdot \delta_{3v} = 600 \cdot 4 \cdot 6 + \frac{1}{3} \cdot 400 \cdot 4 \cdot 4 + \frac{1}{6}(2 \cdot 4 + 2)200 \cdot 2 = 17200 \text{ kNm}^3$$

$$\delta_{3v} = \frac{17200}{2{,}1 \cdot 10^8 \cdot 4 \cdot 10^{-3}} = 0{,}0205 \text{ m} = 2{,}05 \text{ cm}$$

Damit sind die Größe und Richtung der Verschiebung bekannt.

9 Biegung mit Längskraft

9.1 Grundlagen

Bisher wurde jede Beanspruchungsart allein betrachtet und Beziehungen zwischen der jeweiligen Schnittgröße, den Querschnittskennwerten und den Spannungen abgeleitet. Die gewonnenen Gleichungen genügen für die Fälle, wo im Bauteil nur eine Beanspruchungsart auftritt bzw. in den am stärksten beanspruchten Querschnitten nur jeweils eine Schnittgröße wirkt. Im überwiegenden Maße treffen diese Voraussetzungen nur für Fachwerkstäbe und horizontale Träger auf zwei Stützen mit lotrechten äußeren Kräften zu. Bei bestimmten Belastungen und Tragwerksformen sind in ausgezeichneten Querschnitten mehrere Schnittgrößen gleichzeitig vorhanden.

Im allgemeinen Fall können 6 **Schnittgrößen** auftreten. In der Tabelle 9.1 sind diese mit den Beanspruchungen und Spannungen zusammengestellt, wobei die Richtungen dem Achsenkreuz nach Bild 9.1 entsprechen. Bei der Torsionsfestigkeit, die erst im Abschnitt 11 behandelt wird, wurde die Richtung der Spannungen im Querschnitt und im Längsschnitt nur allgemein gekennzeichnet, da eine Zuordnung nach *y* bzw. *z* nicht eindeutig erfolgen kann.

Tabelle 9.1

Schnittgröße	**Festigkeitsart (Beanspruchungsart) Spannungsart**	**Spannungsrichtungen**
Normalkraft N_x	Zug σ_z, Druck σ_d	σ_x
Biegemoment M_y Biegemoment M_z	Biegung σ_b Biegung σ_b	σ_x σ_x
Querkraft V_z	Schub τ_s (Biegeschub) Schub τ_s (Biegeschub)	τ_{xz} (im Querschnitt) τ_{zx} (im Längsschnitt) τ_{xy} (im Querschnitt) τ_{yx} (im Längsschnitt)
	Scheren τ_a (als Sonderfall einer Querkraft)	$\left.\begin{matrix}\tau_{xy}\\ \tau_{xz}\end{matrix}\right\}$ im Querschnitt
Torsionsmoment M_T	Torsion τ_T (Torsionsschub)	τ_{xT} (im Querschnitt) τ_{Tx} (im Längsschnitt)

Aus der Zusammenstellung ist zu ersehen, dass zwischen zwei grundsätzlich verschiedenen Spannungen im Querschnitt zu unterscheiden ist:

Normalspannungen σ

Tangentialspannungen τ.

Nach dem Auftreten der Spannungen sind folgende Kombinationen zu unterscheiden:

a) Im Querschnitt treten nur Normalspannungen auf (Längskraft, Biegung, Biegung mit Längskraft).

b) Im Querschnitt treten nur Tangentialspannungen auf (Schub bzw. Scheren, Torsion).

c) Im Querschnitt treten beide Spannungen zugleich auf (Biegung mit Querkraft, Biegung mit Querkraft und Längskraft, Biegung mit Querkraft sowie Längskraft und Torsion).

Normalspannungen σ weisen immer eine gemeinsame Wirkungslinie senkrecht zur Querschnittsfläche auf. Die Gesamtspannung σ_N (aus Normalkraft) mit σ_b (aus Biegemoment) erhält man als algebraische Summe der Einzelspannungen σ nach Bild 9.1.

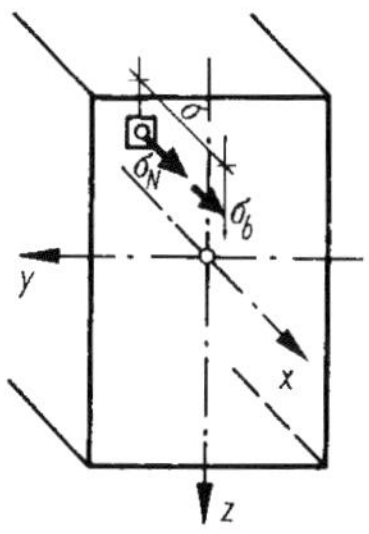

Bild 9.1

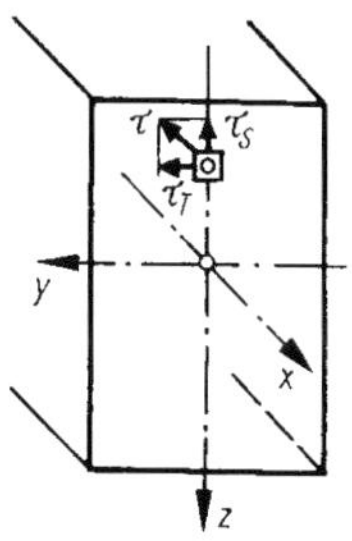

Bild 9.2

Im zweiten Fall wirken alle Einzelspannungen in der Ebene des Querschnitts, aber möglicherweise in verschiedenen Richtungen. Die Gesamtspannung τ für einen beliebigen Querschnittspunkt wird gleich der geometrischen Summe der Einzelspannungen (Bild 9.2).

Der dritte Fall wird zunächst auf eine Normalspannung σ und eine Tangentialspannung τ nach den genannten Methoden reduziert. Aus beiden wird eine ideelle Spannung oder Vergleichsspannung gebildet, die als Kriterium für die Werkstoffanstrengung dient. Für die Ermittlung der Vergleichsspannung gibt es verschiedene Hypothesen, die in Abschnitt 12 näher erläutert werden.

Im Bauwesen kommt dem Fall Biegung mit Längskraft besondere Bedeutung zu. Bei allen rahmenartigen Tragwerken treten solche Beanspruchungen (vorwiegend in den Rahmenstielen) auf.

Bei Biegung mit Längskraft wirken Schnittgrößen nach Bild 9.3a. Die Zusammenfassung der Wirkung von Moment und Längskraft gibt eine parallel verschobene Längskraft (Bild 9.3b). Die Verschiebung erfolgt auf der Spur der Lastebene im Querschnitt um die Strecke $e = M/N$. Die Richtung der Verschiebung wird durch den Drehsinn von M bestimmt. Der Belastungsfall nach Bild 9.3b stellt eine außermittige Längskraft dar. Umgekehrt kann dieser Lastfall auf Biegung mit mittiger Längskraft zurückgeführt werden (Bild 9.3a oder 9.3c). Die beiden Belastungsfälle außermittige Längskraft und Biegung mit Längskraft sind somit gleichwertig. Die Spannungsermittlung erfolgt nach einem Verfahren.

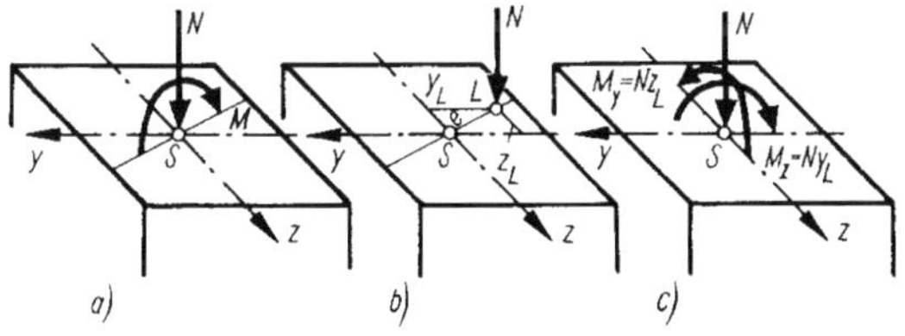

Bild 9.3

Bei der Anwendung müssen die Baustoffeigenschaften beachtet werden. Baustoffe mit gleichem Vermögen Zug- und Druckspannungen aufzunehmen, unterliegen keinen einschränkenden Bedingungen (Abschnitte 9.2 und 9.3). Ist jedoch nur eine geringe Zugfestigkeit vorhanden (Mauerwerk, Beton) oder die Übertragung von Zugkräften gänzlich ausgeschlossen (z. B. Fundamentsohlfugen), so gelten besondere Bedingungen für die Spannungsermittlung, auf die in Abschnitt 9.5 näher eingegangen wird.

9.2 Einachsige Außermitte der Normalkraft

Dieser Lastfall liegt vor, wenn der Lastangriffspunkt L der Längskraft auf einer Hauptachse liegt bzw. die Momentenebene bei Biegung mit Längskraft den Querschnitt in einer Hauptachse schneidet (Bild 9.4).

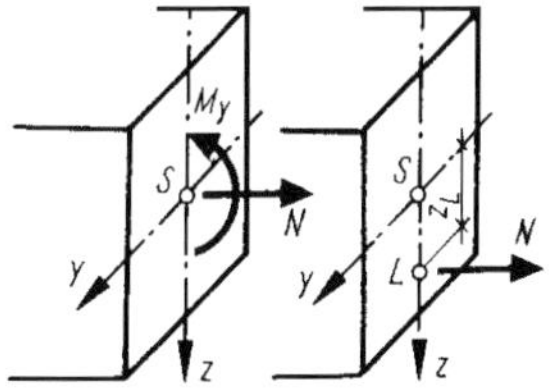

Bild 9.4

Man überlagert die Spannungen aus jeder Beanspruchung

$$\sigma_N = \frac{N}{A} \quad \text{und} \quad \sigma_B = \frac{M_y}{I_y} z \quad \text{bzw.} \quad \underset{\min}{\max} \sigma_b = \pm \frac{M_y}{W_y}$$

algebraisch zur Gesamtspannung

$$\sigma = \frac{N}{A} + \frac{M_y}{I_y} z \tag{9.1}$$

$$\begin{matrix}\max \\ \min\end{matrix} \sigma = \frac{N}{A} \pm \frac{M_y}{W_y} \tag{9.2}$$

Die Spannungsverteilung ist übersehbar, daher können auf ihrer Grundlage die Vorzeichen festgelegt werden (Zugzone +, Druckzone –). Die Belastung durch eine außermittige Längskraft kann ebenfalls als Biegung mit Längskraft betrachtet werden. Mit $M_y = N \cdot z_L$ kann Gl. (9.1) bzw. (9.2) verwendet werden, oder man rechnet

$$\sigma = \frac{N}{A} + \frac{N \cdot z_L}{I_y} z \tag{9.3}$$

Die Spannungsüberlagerung und -verteilung ist aus den Bildern 9.5 (Biegung mit Zug), 9.6 (Biegung mit kleiner Druckkraft) und 9.7 (Biegung mit großer Druckkraft) für einige Fälle ersichtlich.

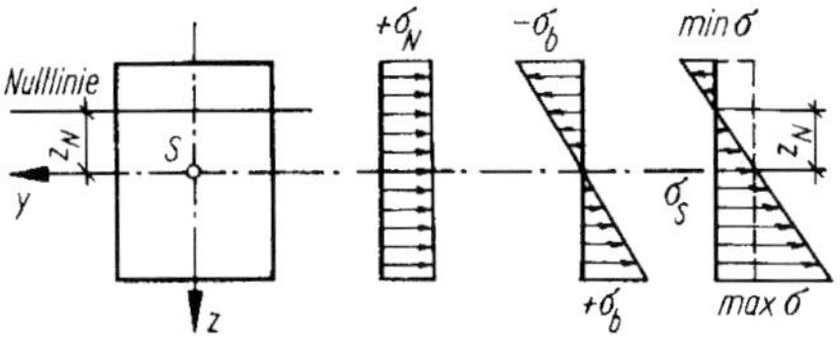

Bild 9.5

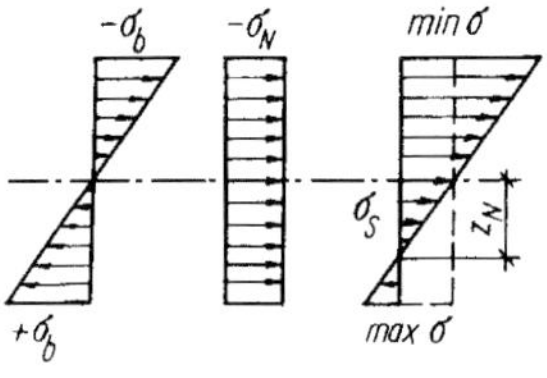

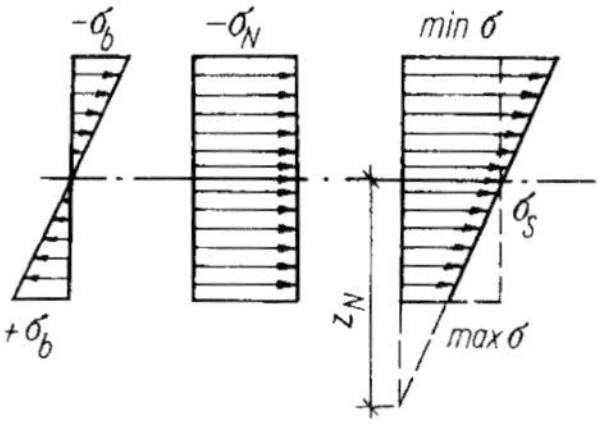

Bild 9.6

Bild 9.7

Bei Biegung ohne Längskraft verläuft die Nulllinie durch den Schwerpunkt. Bei alleiniger Normalkraftwirkung existiert keine Nulllinie, man kann ihre Lage in unendlicher Entfernung annehmen. Kommt zur Normalkraft Biegung hinzu, dann rückt die Nulllinie aus dem Unendlichen in eine endliche Entfernung vom Schwerpunkt. Umgekehrt ergibt sich eine Parallelverschiebung der Nulllinie um z_N, wenn neben dem Biegemoment M_y noch eine Längskraft N hinzukommt. Zeichnerisch lässt sich durch maßstäbliche Darstellung der einzelnen Spannungsdiagramme und Überlagerung derselben z_N ermitteln (Bilder 9.5, 9.6, 9.7). Rechnerisch ergibt sich z_N aus der Bedingung

$$\sigma = 0 = \frac{N}{A} + \frac{M_y}{I_y} z_N = \frac{N}{A} + \frac{N \cdot z_L}{I_y} z_N$$

$$z_N = \frac{-N I_y}{M_y A} = -\frac{N}{M_y} i_y^2; \qquad z_N = -\frac{i_y^2}{z_L} \tag{9.4}$$

Der Trägheitshalbmesser i_y ist ein Querschnittswert. Die Verschiebung der Nulllinie hängt vom Verhältnis der beiden Schnittkräfte N und M bzw. von der Exzentrizität z_L ab (z_L und z_N haben stets verschiedene Vorzeichen). Die Überlagerung von Biegung und Zugkraft führt zu einer Vergrößerung der Zugzone. Bei Biegung und Druckkraft tritt eine Vergrößerung der Druckzone ein.

Im Schwerpunkt und auf der gesamten Schwerachse parallel zur Nulllinie wirkt stets die Spannung $\sigma_S = N/A$, da dieser Punkt des Querschnittes einschließlich der genannten Schwerachse aus dem Momenteneinfluss spannungslos bleibt. Häufig werden Biegeträger mit Rechteckquerschnitt eingesetzt. Gl. (9.2) lässt sich in diesen Fällen noch weiter vereinfachen (Bild 9.8). Mit $W_y = bh^2/6 = Ah/6$ erhält man

$$\begin{matrix}\max\\\min\end{matrix}\sigma = \frac{N}{A}\left(1 \pm \frac{6 z_L}{h}\right) \tag{9.5}$$

Zur Bemessung eines Bauteils bei Biegung mit Längskraft lässt sich keine eindeutige Formel angeben, da zwei unbekannte Querschnittsgrößen in allen Gleichungen enthalten sind. Man gewinnt Anhaltspunkte aus erf W und erf A für jede Einzelbelastung und wählt den Querschnitt so, dass die Summe der beiden Einzelspannungen zul σ nicht überschreitet. Häufig ist die Beanspruchung aus dem Biegemoment überwiegend.

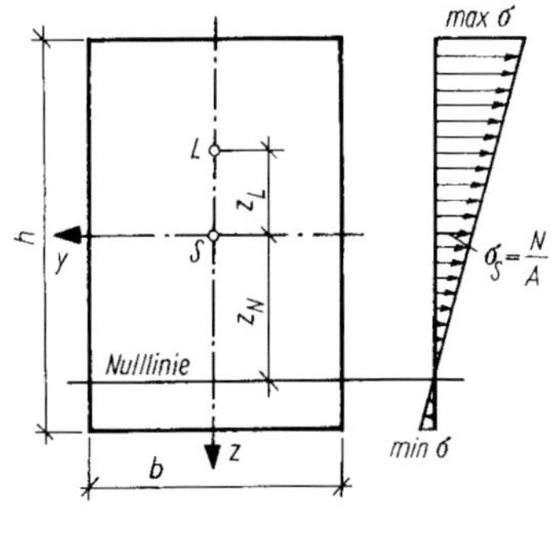

Bild 9.8

Bei Holz ist zu beachten, dass die zulässigen Spannungen für Druck bzw. Zug und Biegung verschieden sind. Die folgende Nachweisform des Holzbaues für Längskraft mit Biegung lässt erkennen, dass die beiden Spannungsanteile auf unterschiedliche zulässige Spannungen bezogen werden.

$$\frac{N_d / A_N}{f_{t,0,d}} + \frac{M_d / W_N}{k_m \cdot f_{m,d}} \leq 1 \qquad \text{(für Zugkräfte)}$$

$$\frac{N_d / A_N}{k_c \cdot f_{c,0,d}} + \frac{M_d / W_N}{k_m \cdot f_{m,d}} \leq 1 \qquad \text{(für Druckkräfte)}$$

Bei Druck ist eine zusätzliche Knickuntersuchung (Beiwert k_c) zu führen und bei Biegung das Kippen des Trägers (Beiwert k_m) zu beachten. Die entsprechenden Beziehungen werden in Abschnitt 10 näher behandelt.

9.3 Zweiachsige Außermitte der Normalkraft

Der Lastangriffspunkt L liegt jetzt auf keiner Hauptachse des Querschnittes (Bild 9.9). Nach zwei Parallelverschiebungen wirkt N im Schwerpunkt, und außerdem sind die beiden Biegemomente $M_y = N \cdot z_L$ und $M_z = N \cdot y_L$ vorhanden. Damit wird die außermittige Längskraft auf mittige Längskraft und Doppelbiegung zurückgeführt. Umgekehrt lässt sich jede Doppelbiegung (ihr entspricht auch schiefe Biegung) mit Normalkraft als außermittiger Lastangriff einer Normalkraft darstellen.

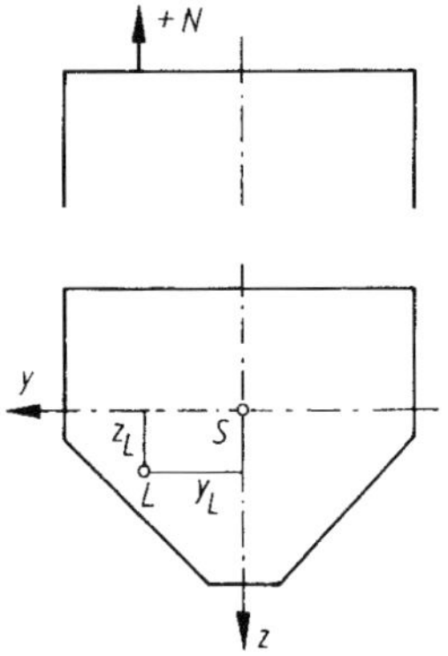

Bild 9.9

Die Außermitte ist

$$z_L = \frac{M_y}{N}; \qquad -y_L = \frac{M_z}{N} \qquad (9.6); (9.7)$$

In der Literatur findet man für z_L und y_L auch die Bezeichnungen e_y und e_z oder r_y bzw. r_z. Bei einachsiger Außermitte wird oft e ohne Index verwendet. Die Richtung der Außermitte ist leicht zu erkennen, daher wird auf das Vorzeichen verzichtet.

Die Spannung σ einer beliebigen Stelle im Querschnitt mit den Koordinaten y und z ergibt sich aus drei Anteilen:

$$\sigma = \frac{N}{A} + \frac{M_y}{I_y} z - \frac{M_z}{I_z} y \tag{9.8}$$

Auch hier sind im Allgemeinen nur die Extremwerte zu ermitteln:

$$\begin{matrix}\max\\ \min\end{matrix} \sigma = \frac{N}{A} \pm \frac{M_y}{W_y} \pm \frac{M_z}{W_z} \tag{9.9}$$

wobei die Vorzeichen der einzelnen Summanden überlegungsmäßig bestimmt werden. Bei außermittiger Längskraft kann sofort mit N, y_L und z_L gerechnet werden.

$$\sigma = \frac{N}{A} + \frac{N \cdot z_L}{I_y} z + \frac{N \cdot y_L}{I_z} y = \frac{N}{A}\left(1 + \frac{z_L \cdot z}{i_y^2} + \frac{y_L \cdot y}{i_z^2}\right) \tag{9.10}$$

Die Vorzeichen von y_L, z_L, y und z sind durch die Lage im Koordinatensystem bestimmt. N ist mit Vorzeichen einzuführen (Druck: –, Zug: +). Unter Beachtung dieser Hinweise ergibt sich die Spannung in Gl. (9.10) mit Vorzeichen.

Für den Rechteckquerschnitt lässt sich Gl. (9.10) vereinfachen. Die Ableitung kann aus Gl. (9.5) übernommen werden. Mit den Bezeichnungen nach Bild 9.10 wird

$$\begin{matrix}\max\\ \min\end{matrix} \sigma = \frac{N}{A}\left(1 \pm \frac{6 z_L}{h} \pm \frac{6 y_L}{b}\right) \tag{9.11}$$

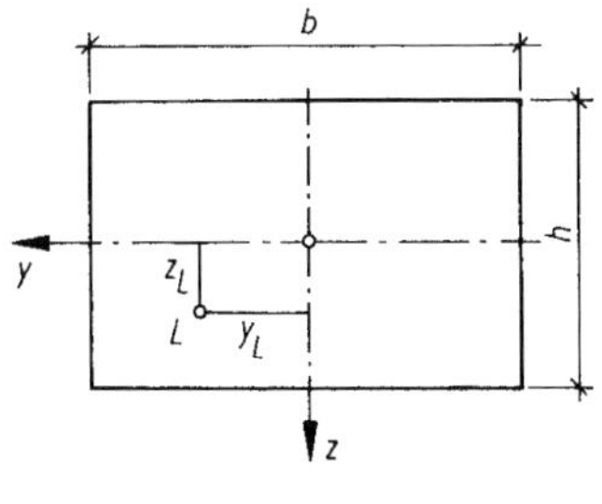

Bild 9.10

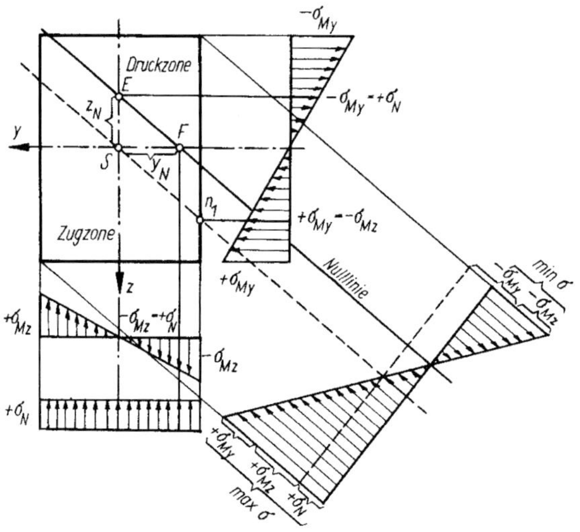

Bild 9.11

Alle abgeleiteten Gleichungen für die Spannungsermittlung gelten nur, wenn als Bezugsachsen Hauptachsen verwendet werden. Für Querschnitte ohne jede Symmetrieachse müssen vorher die Hauptachsen und Hauptflächenmomente bestimmt werden.

Die Spannungsverteilung sowie die Lage der Nulllinie lässt Bild 9.11 erkennen. Aus den Diagrammen der Einzelspannungen infolge $N(\sigma_N)$, $M_y(\sigma_{My})$ und $M_z(\sigma_{Mz})$ kann man zunächst σ_{My} und σ_{Mz} zu einem Diagramm zusammenfassen (vgl. Abschnitt 5.3, zweiachsige Biegung).

Diesem Diagramm wird die Spannung aus der Normalkraft überlagert. Man erhält so zuerst die Richtung und anschließend die Parallelverschiebung der Nulllinie. Es lassen sich auch die Schnittpunkte der Nulllinie mit den Hauptachsen bestimmen.

Entlang der z-Achse ist infolge M_z die Spannung $\sigma_{Mz} = 0$. Wo einer Spannung σ_N eine gleich große σ_{My}, mit umgekehrtem Vorzeichen gegenübersteht, ist die Gesamtspannung $\sigma = 0$ (Punkt E, Bild 9.11). Durch E muss somit die Nulllinie verlaufen. Nach der gleichen Überlegung findet man einen weiteren Punkt F auf der y-Achse. Rechnerisch bestimmt man die Achsenabschnitte der Spannungsnulllinie wie folgt:

$$z_N = -\frac{N}{M_y} i_y^2 = -\frac{i_y^2}{z_L} \tag{9.12}$$

$$y_N = -\frac{N}{M_z} i_z^2 = -\frac{i_z^2}{y_L} \tag{9.13}$$

Im Schwerpunkt des Querschnittes wirkt auch bei Doppelbiegung mit Längskraft die Spannung $\sigma_S = N/A$.

9.4 Kern des Querschnittes

Die Gln. (9.12) und (9.13) lassen erkennen, dass im Querschnitt jeder Außermitte y_L, z_L (Lastangriffspunkt L einer Normalkraft) eine feste Lage der Nulllinie zugeordnet ist (Achsenabschnitte y_N, z_N). Die Größe der Normalkraft bleibt darauf ohne Einfluss. Bei abnehmender Außermitte des Lastangriffs rückt die Nulllinie vom Schwerpunkt weg. Nimmt die Außermitte zu, dann bewegt sich die Nulllinie zum Schwerpunkt hin.

Solange die Nulllinie außerhalb des Querschnittes liegt, treten in diesem nur Spannungen eines Vorzeichens auf, die von der Normalkraft bestimmt werden. Berührt die Nulllinie gerade den Querschnitt, so bildet der zugehörige Lastangriffspunkt die Grenze der Außermitte, wenn nur Spannungen von der Art der Normalkraft auftreten sollen. Sucht man für jede mögliche tangierende Lage der Nulllinie einen solchen Punkt, schließen diese Punkte eine Fläche ein, die Kern des Querschnitts genannt wird (Bild 9.12). Die betreffenden Punkte heißen Kernpunkte K. Miteinander verbunden, ergeben sie den Kernrand.

Liegt der Lastangriffspunkt L innerhalb der Kernfläche einschließlich des Kernrandes, dann sind Normalspannungen σ eines Vorzeichens gemäß der Normalkraft (Zug oder Druck) im Querschnitt vorhanden. Besondere Bedeutung hat der Kern des Querschnitts bei Baustoffen (Mauerwerk) und Fugen von Bauteilen (Gewölbe, Fundamente), die nur Druckspannungen übertragen können.

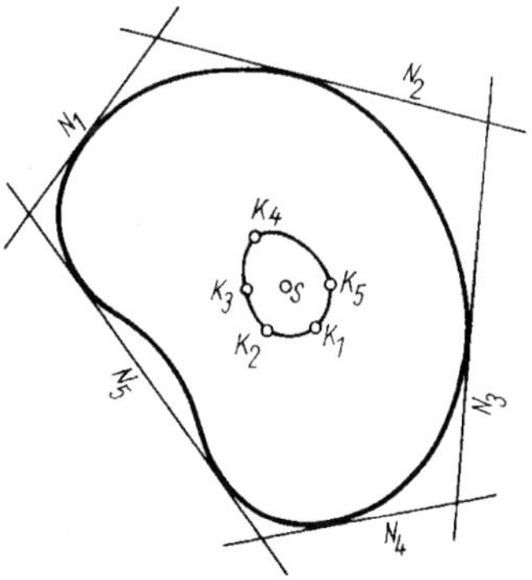

Bild 9.12

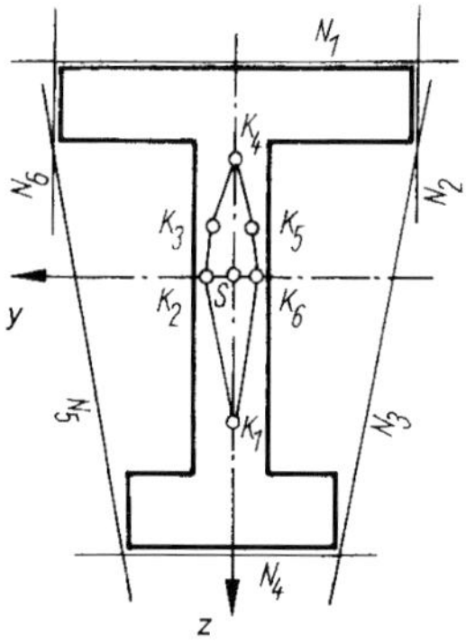

Bild 9.13

Kernpunkte lassen sich in Umkehrung der Gln. (9.12) und (9.13) bestimmen.

$$z_K = -\frac{i_y^2}{z_N} \tag{9.14}$$

$$y_K = -\frac{i_z^2}{y_N} \tag{9.15}$$

Man legt dazu an den gegebenen Querschnitt berührende Nulllinien (z. B. sind für den Querschnitt in Bild 9.13 6 Nulllinien erforderlich) und errechnet für jede Lage aus den zugehörigen Achsenabschnitten y_N und z_N die Koordinaten des betreffenden Kernpunktes nach Gln. (9.14) und (9.15). Auf diese Weise findet man die Ecken der Kernfigur.

Die Entfernung des Kernrandes vom Schwerpunkt wird als Kernweite bezeichnet. Besonders einfach lassen sich die Kernweiten auf den Hauptachsen berechnen. Für einen doppeltsymmetrischen Querschnitt nach Bild 9.14 erhält man sie zu

$$k_z = z_k = \frac{-i_y^2}{z_N} = -\frac{I_y}{A \cdot z_N}; \qquad k_z = \frac{W_y}{A} \tag{9.16}$$

$$k_y = y_k = \frac{-i_z^2}{y_N} = -\frac{I_z}{A \cdot y_N}; \qquad k_y = \frac{W_z}{A} \tag{9.17}$$

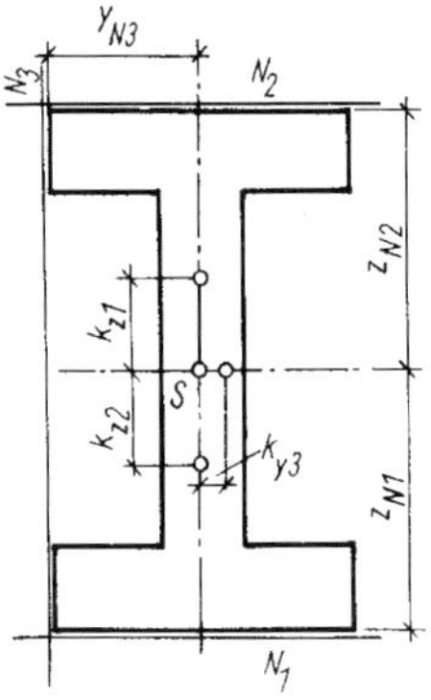

Bild 9.14

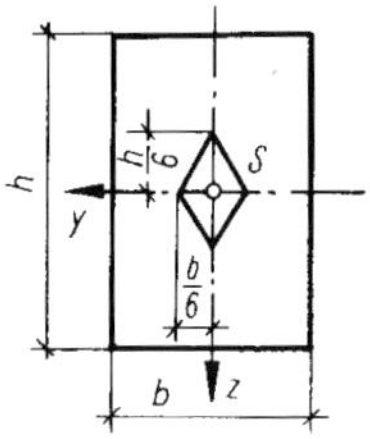

Bild 9.15

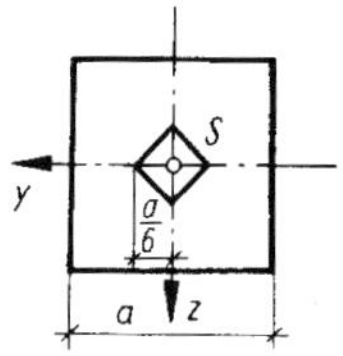

Bild 9.16

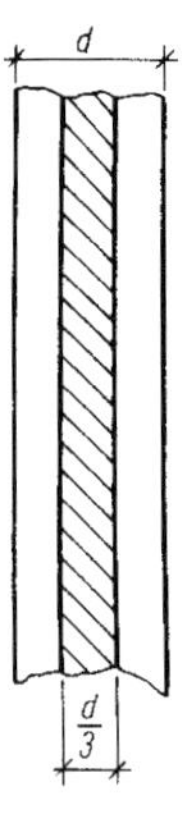

Bild 9.17

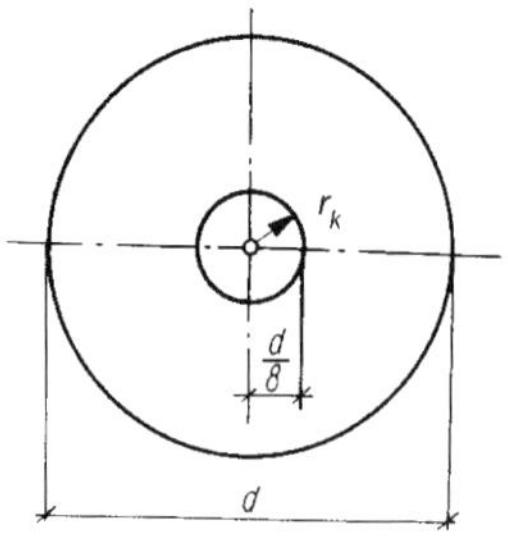

Bild 9.18

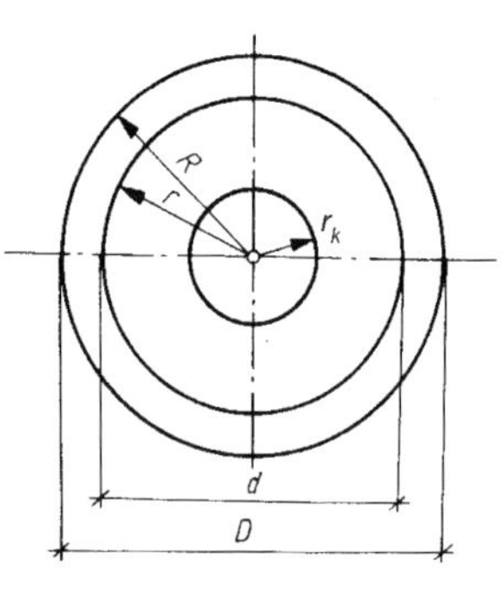

Bild 9.19

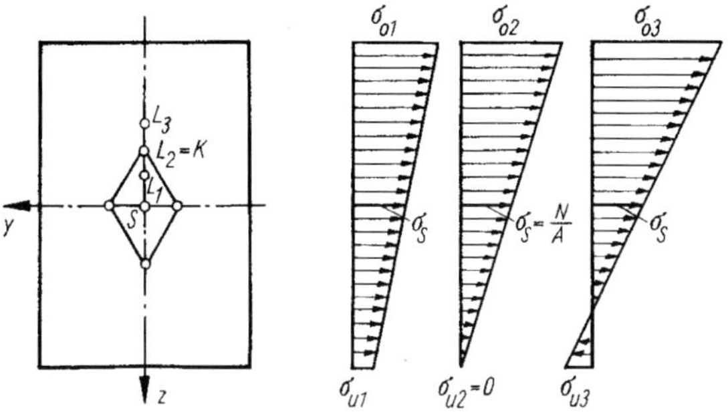

Bild 9.20

Da die Kernweite eine Strecke darstellt, entfällt das Vorzeichen. Die Nulllinie und der für die Bestimmung des Widerstandsmomentes maßgebende Querschnittsrand liegen stets auf verschiedenen Seiten des Schwerpunktes.

Die Kernflächen einiger Querschnittsformen zeigen die Bilder 9.15 bis 9.19.

Beim Rechteck ist der Kern ein Rhombus. Seine Diagonalen erstrecken sich über ein Drittel der jeweiligen Querschnittsausdehnung.

$$k_z = \frac{W_y}{A} = \frac{bh^2}{6bh} = \frac{h}{6}; \qquad k_y = \frac{b}{6}$$

Für das Quadrat wird $k_y = k_z = a/6$. Der Kern ist ein Quadrat, das um 45° verdreht liegt. Einen Parallelstreifen (Streifenfundament) fasst man als Rechteck mit unendlicher Ausdehnung b auf. Der Kern ist ein Streifen von der Breite $d/3$.

Der Kern eines Kreises ist wieder ein Kreis mit dem Radius $r_k = d/8$.

Für den Kreisring erhält man einen Kreis als Kernfigur mit dem Radius

$$r_k = \frac{D}{8}\left[1+\left(\frac{d}{D}\right)^2\right]$$

Kennt man die Kernfläche eines Querschnittes, so kann man aus der Lage des Lastangriffspunktes bereits die Spannungsverteilung sehen (Bild 9.20). Zu den drei verschiedenen Lastangriffspunkten L_1, L_2 und L_3 gehören die entsprechend bezeichneten Normalspannungsdiagramme.

9.5 Versagende Zugzone

Bei Mauerwerk, bei unbewehrtem Beton sowie zwischen Fundament und Baugrund ist eine Übertragung von Zugkräften weitestgehend ausgeschlossen. Man muss damit rechnen, dass sich unter der Wirkung von Zugkräften die Fuge öffnet. Dies ist unter bestimmten Voraussetzungen (nicht nur ständige Lasten) bis zur Querschnittsmitte unter Beachtung der jeweiligen Vorschriften statthaft. Es ist also nachzuprüfen, ob und bei welchen Voraussetzungen trotzdem noch eine Gleichgewichtslage möglich ist.

Greift eine Druckkraft im Kern an, treten überhaupt nur Druckspannungen im Querschnitt auf. Sobald der Lastangriffspunkt *L* außerhalb des Kerns liegt, ist mit versagender Zugzone zu rechnen. Die Untersuchung hat zuerst zu klären, ob der Angriffspunkt der Druckkraft im Kern oder außerhalb des Kerns liegt. Im ersten Fall lassen sich alle bisher abgeleiteten Gleichungen verwenden. Für den zweiten Fall gelten die nachstehenden Ableitungen.

Eine Druckkraft *N* greift außerhalb des Kerns auf einer Symmetrieachse des Querschnitts an (Bild 9.21). Im Querschnitt wird ein gedrückter und damit wirksamer Teil vorhanden sein. Er ist von dem vollständig unwirksamen Teil durch eine Gerade, die Nulllinie, getrennt. Außerdem ist nach der Hypothese von *Bernoulli/Navier* und dem *Hooke*schen Gesetz, die Größe der Druckspannungen im wirksamen Querschnitt proportional ihrem Abstand von der Nulllinie. Gleichgewicht zwischen den Druckspannungen $-\sigma$ und der Druckkraft *N* besteht unter folgenden Bedingungen:

> Der Spannungskörper bildet einen Keil, dessen Kante N_0 die Nulllinie und dessen Höhe die größte Randspannung min σ ist. N_0 und min σ sind so zu bestimmen, dass der Inhalt des Spannungskeiles gleich der Kraft *N* wird und dass sein Schwerpunkt auf der Wirkungslinie von *N* liegt.

Diese Bedingungen stellen die Erfüllung $\sum V = 0$ und $\sum H = 0$ dar.

Für eine Druckkraft, die auf dem Rand oder außerhalb des Querschnittes angreift, kann es keine Gleichgewichtslage geben. Greift die Druckkraft nur wenig vom Querschnittsrand entfernt an, so ist theoretisch noch eine Gleichgewichtslage möglich, praktisch aber nicht, weil die Kantenspannungen min σ sehr groß werden.

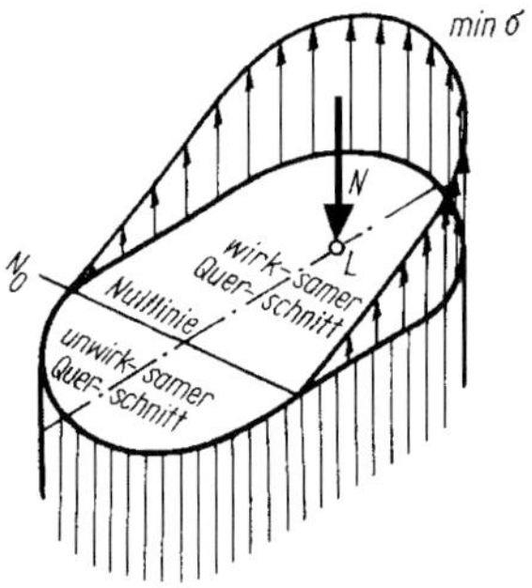

Bild 9.21

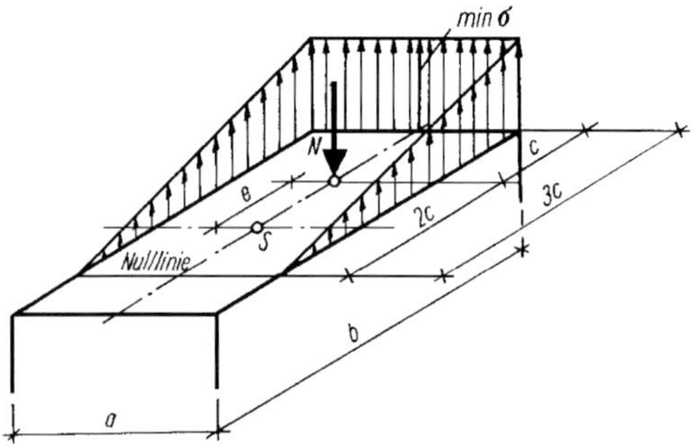

Bild 9.22

Die Bestimmung der Nulllinie und der Kantenspannung min σ ist exakt nur für mindestens einfachsymmetrische Querschnitte möglich. Einfach wird die Lösung bei dem Rechteckquerschnitt, wenn der Lastangriffspunkt auf einer Hauptachse liegt. Der Spannungskörper bildet einen Keil, wie ihn Bild 9.22 zeigt. N greift im Abstand c vom gedrückten Rand und im Abstand e vom Schwerpunkt an. Da die Kernweite auf der Hauptachse $b/6$ ist, muss $e > b/6$ sein, sonst liegt L im Kern. Der Schwerpunkt des Spannungskeiles fällt in die Wirkungslinie von N, wenn seine Länge gleich $3c$ wird. Damit sind Nulllinie und wirksamer Querschnitt bestimmt. Die Randspannung min σ folgt aus der Bedingung $\sum V = 0$ (Inhalt des Spannungskeiles muss gleich N sein).

$$\frac{\min\sigma \cdot 3ac}{2} = N\,; \qquad \min\sigma = \frac{2N}{3ac} \tag{9.18}$$

Der Wert $3ac$ stellt die wirksame Fläche A_w dar. Die größte Kantenspannung ist doppelt so groß wie der Quotient N/A_w. Zu diesem Ergebnis führt auch eine andere Überlegung.

Greift die Druckkraft mit der Außermittigkeit $e = b/6$ an, fällt L gerade mit dem Kernpunkt auf der Hauptachse zusammen (vgl. Bild 9.20). Die Randspannungen haben dann die Größen max $\sigma = 0$, min $\sigma = 2\sigma_S$, wobei $\sigma = N/A$ die Spannung im Schwerpunkt ist. Fasst man L als Punkt des Kernrandes des wirksamen Querschnitts auf, muss dieser die Länge $3c$ haben. Für die größte Kantenspannung erhält man damit das Ergebnis nach Gl. (9.18).

Bei rechteckigen Fundamenten muss bei außermittiger Belastung der Grundkörper die Resultierende innerhalb der Sohlfläche mindestens um 1/6 der Grundkörperabmessung in Richtung der Außermittigkeit von der gedrückten Kante entfernt bleiben. Nach dieser Bedingung darf c nicht kleiner als $b/6$ werden, woraus folgt, dass mindestens die Hälfte des Querschnitts wirksam bleibt.

Es sollen noch die Spannungen für einfachsymmetrische Querschnitte mit dem Lastangriffspunkt auf der Symmetrieachse ermittelt werden (Bild 9.23). Man nimmt dazu die z-Achse in der noch zu bestimmenden Nulllinie an. Der Abstand der Druckkraft von

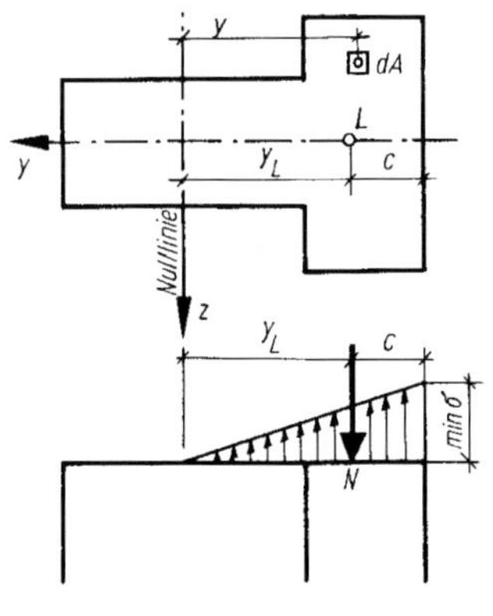

Bild 9.23

$$\sum V = 0: \qquad N - \int \sigma \, dA = 0\,; \qquad \sigma = \frac{\min \sigma}{y_L + c}\, y\,; \qquad N = \frac{\min \sigma}{y_L + c} \int y \, dA$$

$$\sum M_N = 0: \qquad N \cdot y_L - \int \sigma \cdot y \, dA = 0\,; \qquad M_N = \frac{\min \sigma}{y_L + c} \int y^2 \, dA$$

Die beiden Integrale bedeuten das Flächenmoment 1. Grades S_N sowie 2. Grades I_N des wirksamen gedrückten Querschnittteils, bezogen auf die Nulllinie. Daraus folgt

$$N = \frac{\min \sigma}{y_L + c} S_N\,; \qquad N y_L = M_N = \frac{\min \sigma}{y_L + c} I_N$$

$$\min \sigma = \frac{N(y_L + c)}{S_N} \tag{9.19}$$

$$\frac{\min \sigma}{y_L + c} = \frac{N}{S_N}$$

$$N \cdot y_L = \frac{N}{S_N} I_N\,; \qquad I_N - S_N y_L = 0 \tag{9.20}$$

Gl. (9.20) kann zur Bestimmung des Abstandes y_L der Nulllinie vom Angriffspunkt der Druckkraft dienen. Da y_L sowohl in I_N als auch in S_N enthalten ist, erhält man nach Einsetzen der entsprechenden Ausdrücke für I_N und S_N eine Gleichung dritten Grades. Man kommt am einfachsten zum Ziel, indem man y_L schätzt und durch Überprüfen mit Gl. (9.20) so lange verbessert, bis dieselbe erfüllt ist. Nachdem y_L ermittelt wurde, kann min σ nach Gl. (9.19) bestimmt werden.

9.6 Beispiele

Beispiel 9.1

Für einen Träger wurden die Schnittgrößen max M = 19,2 kNm und N = +147 kN ermittelt. Es soll ein IPE-Profil (S 235) verwendet werden. Der Verkehrslastanteil beträgt 50 %. Man berücksichtigt bei der Bemessung nur das Biegemoment, um einen Anhaltspunkt für den erforderlichen Querschnitt zu bekommen.

Beim **Nachweis nach Grenzzuständen elastisch-plastisch** erhält man:

$$\psi = 1{,}0$$

$$N_d = \gamma_{FG} \cdot N_G \cdot \psi + \gamma_{FQ} \cdot N_Q \cdot \psi = 1{,}35 \cdot \frac{147}{2} \cdot 1{,}0 + 1{,}50 \cdot \frac{147}{2} \cdot 1{,}0 = 209\,\text{kN}$$

$$M_d = 1{,}35 \cdot \frac{19{,}2}{2} \cdot 1{,}0 + 1{,}50 \cdot \frac{19{,}2}{2} \cdot 1{,}0 = 27{,}4 \text{ kN}$$

$$f_{y,k} = 23{,}5 \text{ kN/cm}^2 ; \qquad f_{y,d} = f_{u,k} / \gamma_{M0} = 23{,}5/1{,}0 = 23{,}5 \text{ kN/cm}^2$$

$$\text{erf}\, W_y = \frac{2740}{23{,}5} = 116{,}5 \text{ cm}^3$$

Gewählt: IPE 200 mit W_y = 194 cm³, A = 28,5 cm²

$$W_{pl,y} = 2S_y = 220 \text{ cm}^3 \quad \text{oder} \quad W_{pl,y} = 1{,}14 W_y = 221 \text{ cm}^3$$

$$\sigma_d = \frac{N_d}{A} + \frac{M_d}{W_{pl,y}} = \frac{209}{28{,}5} + \frac{2740}{221} = 7{,}33 + 12{,}4 = 19{,}73 \text{ kN/cm}^2$$

$$\sigma_d / \sigma_{R,d} = 19{,}73/23{,}5 = 0{,}84 < 1{,}00$$

Beispiel 9.2

Ein Balken 16 cm × 24 cm wird außermittig auf Zug belastet (Bild 9.24). Die Spannung im geschwächten Querschnitt soll nachgewiesen werden (Nadelholz C24). Zu beachten ist eine Querschnittsschwächung von 3 cm.

$$f_{t,0,d} = 8{,}62 \text{ N/mm}^2 ; \qquad f_{m,d} = 14{,}8 \text{ N/mm}^2$$

N_d = +95 kN; $\quad z_L$ = –10,5 cm; $\quad y_L$ = 0

Restquerschnitt: 16 cm × 21 cm, A_N = 336 cm², z_L = –12,0 cm

$M_{y,d}$ = 95,0 · 0,12 = 11,4 kNm

$$W_{yN} = \frac{16 \cdot 21^2}{2} = 1176 \text{ cm}^3 ; \qquad A = 336 \text{ cm}^2$$

$$\frac{N_d / A_N}{f_{t,0,d}} + \frac{M_d / W_N}{k_m \cdot f_{m,d}} \le 1;$$

$$\frac{95000/33600}{8{,}62} + \frac{11{,}4 \cdot 10^6 / 1176 \cdot 10^3}{14{,}8} = 0{,}328 + 0{,}655 = 0{,}98 < 1$$

Bei mittiger Längskraft würde nur eine Spannung σ_d = 2,83 N/mm² entstehen. Daran erkennt man sehr gut, dass für die Abschätzung der Querschnittsgröße meistens das Biegemoment maßgebend ist bzw. wie ungünstig sich außermittige Anschlüsse auswirken.

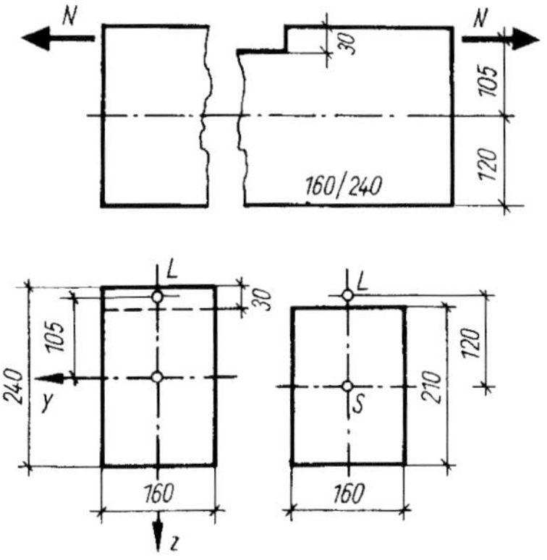

Bild 9.24

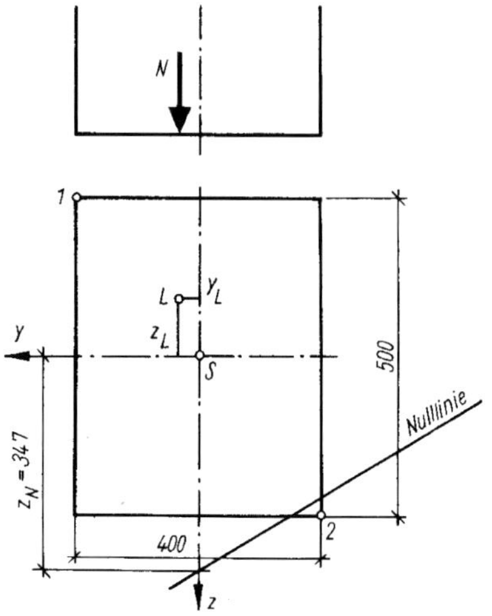

Bild 9.25

Beispiel 9.3

Ein gedrungener Pfeiler mit Rechteckquerschnitt wird durch eine außermittige Druckkraft belastet (Bild 9.25).

$N = -280$ kN; $y_L = 2{,}0$ cm; $z_L = -6{,}0$ cm

Die Extremwerte der Spannungen treten in den Punkten 1 und 2 auf. Nach Gl. (9.11) wird

$$\sigma_1 = \frac{-280000}{2000}\left(1 + \frac{6\cdot 6{,}0}{50{,}0} + \frac{6\cdot 2{,}0}{40}\right)$$

$$\sigma_1 = \min\sigma = -140\;\; 1 + 0{,}72 + 0{,}30\;\; = -283\ \text{N/cm}^2$$

$$\sigma_2 = \min\sigma = -140\;\; 1 - 0{,}72 - 0{,}30\;\; = +2{,}8\ \text{N/cm}^2$$

Zur Kontrolle soll noch die Lage der Nulllinie bestimmt werden. Die Achsenabschnitte erhält man nach Gln. (9.12) und (9.13)

$$i_y^2 = (0{,}289\cdot 50)^2 = 208\ \text{cm}^2\,; \qquad i_z^2 = (0{,}289\cdot 40)^2 = 134\ \text{cm}^2$$

$$y_N = -\frac{134}{2{,}0} = -66{,}5\ \text{cm}\,; \qquad z_N = -\frac{208}{-6{,}0} = +34{,}7\ \text{cm}$$

Die Nulllinie schneidet gerade noch den Querschnitt bei Punkt 2. Das konnte man schon aus den errechneten Spannungen entnehmen. Wird die Last mittig eingeleitet, so entsteht lediglich eine Druckspannung von der Größe

$$\sigma_S = \frac{N}{A} = -140 \text{ kN/cm}^2$$

Beispiel 9.4

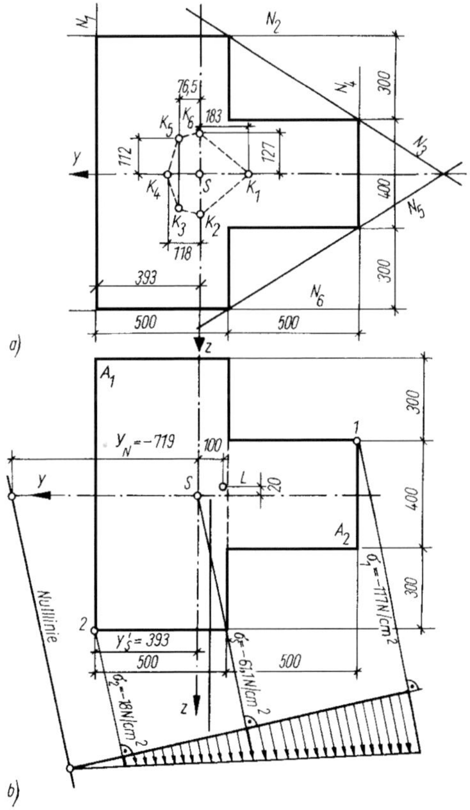

Bild 9.26

Für den Querschnitt nach Bild 9.26a ist die Kernfläche zu bestimmen. Außerdem soll die Spannung für eine außermittige Druckkraft ermittelt werden (Bild 9.26b).

$N = -428$ kN; $y_L = -10{,}0$ cm; $z_L = -2{,}0$ cm

a) Querschnittswerte

$$A = 10{,}0 \cdot 5{,}0 + 5{,}0 \cdot 4{,}0 = 70{,}0 \text{ dm}^2$$

$$-y_S = \frac{50{,}0 \cdot 2{,}5 + 20{,}0 \cdot 7{,}5}{70{,}0} = \frac{275{,}0}{70{,}0} = 3{,}93 \text{ dm}$$

$e_1 = 3{,}93 - 2{,}05 = 1{,}43$ m; $\quad e_2 = 5{,}0 - 1{,}43 = 3{,}57$ m

$$I_y = \frac{50 \cdot 10{,}0^3 + 5{,}0 \cdot 4{,}0^3}{12} = 443 \text{ dm}^4$$

$$I_z = \frac{10 \cdot 5{,}0^3 + 4{,}0 \cdot 5{,}0^3}{12} + 50 \cdot 1{,}43^2 + 20 \cdot 3{,}57^2 = 503 \text{ dm}^4$$

$$i_y^2 = \frac{443}{70} = 6{,}33 \text{ dm}^2 ; \qquad i_z^2 = \frac{503}{70} = 7{,}19 \text{ dm}^2$$

b) Kernpunkte [nach Gln. (9.14) und (9.15), Längen in dm]

Tabelle 9.2

Berührende Nulllinien			**Zugehörige Kernpunkte**		
Lage	y_N	z_N	K_i	y_K	z_K
N_1	3,93	∞	K_1	–1,83	0,0
N_2	∞	–5,00	K_2	0,0	1,27
N_3	–9,40	–5,65	K_3	0,76	1,12
N_4	–6,07	∞	K_4	1,18	0,0
N_5	–9,40	5,65	K_5	0,76	–1,12
N_6	∞	5,00	K_6	0,0	–1,27

Die 6 Lagen der Nulllinie und die Kernfigur enthält Bild 9.26a.

c) Spannungen infolge *N* = 428 kN

Die Lage der Nulllinie lässt sich für die Außermittigkeit $y_L = -10{,}0$ cm und $z_L = -2{,}0$ cm mit Gln. (9.12) und (9.13) errechnen.

$$y_N = -\frac{7{,}19}{-1{,}0} = 7{,}19 \text{ dm} ; \qquad z_N = -\frac{6{,}33}{-0{,}2} = 31{,}64 \text{ dm}$$

Die Spannungsnulllinie schneidet den Querschnitt nicht. Es treten also nur Druckspannungen auf. Da *A* im Kern liegt, war dieses Ergebnis zu erwarten (Bild 9.26b). Den Extremwert errechnet man für Punkt 1 nach Gl. (9.10).

$$\sigma_1 = \min\sigma = \frac{-428}{70{,}0}\left(1+\frac{0{,}2\cdot 2{,}0}{6{,}33}+\frac{1{,}0\cdot 6{,}07}{7{,}19}\right)$$

$$\sigma_1 = -6{,}11\cdot 1{,}907 = -11{,}7\,\text{kN/dm}^2 = -117\,\text{N/cm}^2$$

Beispiel 9.5

Der Kern eines I 240 ist zu bestimmen (Bild 9.27). Es sind nur vier Nulllinienlagen möglich. Der Kern ist ein Rhombus. Die Kernweiten bestimmt man nach Gln. (9.16) und (9.17) zu

$$k_y = \frac{W_z}{A} = \frac{41{,}7}{46{,}1} = 0{,}91\text{ cm}; \qquad k_z = \frac{W_y}{A} = \frac{354}{46{,}1} = 7{,}68\text{ cm}$$

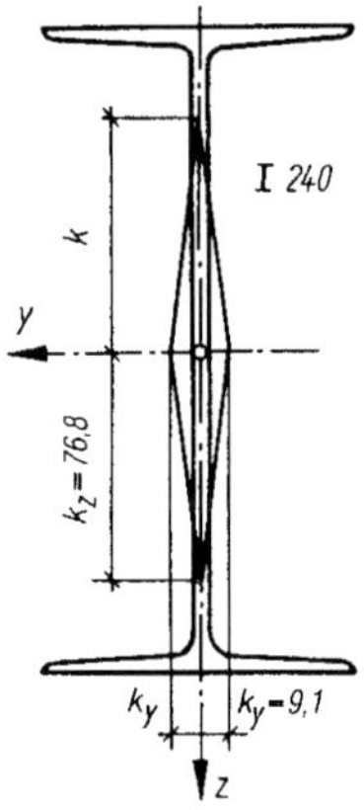

Bild 9.27

Beispiel 9.6

Das Fundament eines eingespannten Stahlbetonrahmenstiels hat die Abmessungen nach Bild 9.28. Die Pressung in der Bodenfuge soll für die angegebene Belastung nachgewiesen werden. Die Belastungen betragen

$N_0 = -308$ kN; $H = 65{,}7$ kN; $M = 241{,}8$ kNm; $g_B = 25$ kN/m^3

Man führt zuerst alle Wirkungen auf ein resultierendes Moment, bezogen auf den Schwerpunkt der Bodenfläche, und auf eine im Schwerpunkt angreifende Normalkraft zurück. Dann überprüft man mit diesen Werten die Außermittigkeit der Normalkraft und berechnet die Spannungen.

$$G_F = 1{,}5 \cdot 1{,}0 \cdot 2{,}6 \cdot 25 = 97{,}5 \text{ kN}$$

$$N = N_0 + G_F = 308 + 79{,}5 = 405{,}5 \text{ kN}$$

$$M_R = -241{,}8 - 65{,}7 \cdot 1{,}5 + 308 \cdot 0{,}85$$

$$= -241{,}8 - 98{,}6 + 261{,}8 = -78{,}6 \text{ kNm}$$

$$e = \frac{M_R}{N} = \frac{78{,}6}{405{,}5} = 0{,}194 < \frac{2{,}60}{6} = \text{ keine versagende Zugzone}$$

am linken Rand: $\min p = -\frac{405500}{260 \cdot 100}\left(1 + \frac{6 \cdot 19{,}4}{260}\right) = -22{,}6 \text{ N/cm}^2$

am rechten Rand: $\max p = -15{,}6\ 1 - 0{,}45\ = -8{,}6 \text{ kN/cm}^2$

Ein anderer Lastfall ergab die Kräfte

$N_0 = -182$ kN; $H = 102$ kN; $M = 162$ kNm;

$$N = N_0 + G_F = 182 + 79{,}5 = 279{,}5 \text{ kN}$$

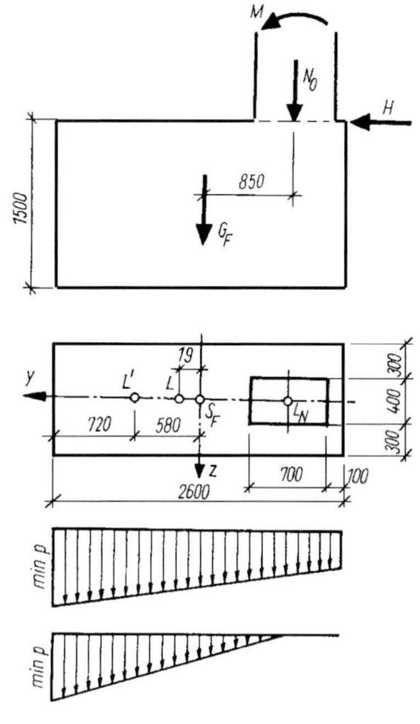

Bild 9.28

$$M_R = -162 - 105 \cdot 1{,}5 + 182 \cdot 0{,}85 \;= -162 - 153 + 155 = -160 \text{ kNm}$$

$$e = \frac{M_R}{N} = \frac{160}{279{,}5} = 0{,}57 > \frac{2{,}60}{6} = 0{,}433 \text{ m} \quad \text{versagende Zugzone}$$

$$< \frac{260}{3} = 0{,}867 \text{ m} \quad \text{Grenzwert für Außermittigkeit bei Verkehrsbelastung}$$

$c = 1{,}30 - 0{,}57 = 0{,}73$ m

$$\min p = -\frac{-2 \cdot 275600}{3 \cdot 100 \cdot 73} = -25{,}2 \text{ N/cm}^2$$

Beide Spannungsdiagramme zeigt Bild 9.28.

Bemerkung: Die Bodenpressungen in diesen Beispielen wurden unter Annahme von linearer Druckverteilung im Baugrund berechnet, dies ist eine außerordentliche Vereinfachung und stimmt keineswegs mit den Ergebnissen der Bodenmechanik überein. Für einfache Gründungen ist sie aber ausreichend und in den Normen so festgelegt.

10 Knicken und Beulen

10.1 Wesen der Stabilitätsprobleme

Zur Sicherung der Tragfähigkeit von Bauteilen wurden bisher Festigkeiten herangezogen. Als Kriterium diente das Erreichen einer charakteristischen Spannung. Bauteile können jedoch auch vor Erreichen einer solchen Spannung durch Stabilitätsverlust versagen. Für diese Fälle ist ein Stabilitätsnachweis zu führen.

Nach den bereits behandelten Spannungsproblemen sollen an dieser Stelle die Stabilitätsprobleme Knicken und Beulen betrachtet werden. Die folgenden Darlegungen enthalten nur Grundlagen zum Verständnis der Probleme und zur Handhabung der Berechnungsverfahren für einfache Fälle. Die Stabilitätstheorie ist ein umfangreiches und anspruchsvolles Spezialgebiet der Mechanik. Besonders im Metallbau wurden die wissenschaftlichen Erkenntnisse vorangetrieben. Die Ergebnisse haben ihren Niederschlag in der stetigen Weiterentwicklung der Berechnungsvorschriften gefunden.

Zu einer Aussage über den Begriff Stabilität dient Bild 10.1. Wird die Kugel durch Störungen aus ihrer Gleichgewichtslage gebracht, dann verhält sie sich unterschiedlich. Im Fall a kehrt sie in ihre Ausgangslage zurück. Im Fall b verbleibt sie in einer benachbarten gleichen Lage, die abhängig von der Größe des Störeinflusses ist. Im Fall c genügt eine geringe Störung, um die Kugel aus ihrer Gleichgewichtslage zu bringen, von der sie sich dann immer weiter entfernt.

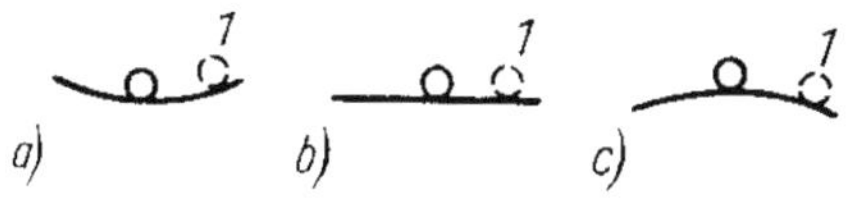

Bild 10.1

Folgende Beziehungen sind erkennbar:

a) Ein Körper ist im stabilen Gleichgewicht, wenn er nach einer Störung seines Gleichgewichtszustandes wieder in seine ursprüngliche Gleichgewichtslage zurückkehrt.

b) Ein Körper ist im indifferenten Gleichgewicht, wenn er nach Störung seiner Gleichgewichtslage in einer benachbarten Lage verbleibt, also Gleichgewicht in mehreren Lagen möglich ist.

c) Ein Körper ist im labilen Gleichgewicht, wenn eine auch noch so geringe Störung seines Gleichgewichtszustandes genügt, um den Körper immer weiter von seiner ursprünglichen Gleichgewichtslage zu entfernen.

Als Kriterium für die Art des Gleichgewichts wirkt im Beispiel die Veränderung der potentiellen Energie bei einer Störung der Lage der Kugel. Ähnliche physikalische Erscheinungen können auch bei Tragwerken oder einzelnen Traggliedern auftreten.

Belastet man einen schlanken Stab mit einer Druckkraft, so sind dort ebenfalls stabile, indifferente und labile Gleichgewichtszustände möglich. Im Unterschied zum Beispiel der Kugel wird hier die Größe der aufgebrachten Kraft maßgebend für die Art des Gleichgewichtszustandes. Überschreitet diese Kraft einen bestimmten Wert (Kritische Kraft F_k), geht das System vom stabilen in den labilen Zustand über. Mit Störungen in Form von geringen Bewegungen durch unbeabsichtigte äußere Einflüsse, unmittelbaren Störkräften oder Bau- und Materialabweichungen (Stabvorkrümmungen, unbeabsichtigte Exzentrizitäten bei der Krafteinleitung u. a.) ist stets zu rechnen.

Die Ermittlung der kritischen Kräfte und die Absicherung von stabilen Zuständen ist das Anliegen der Stabilitätstheorie und des Stabilitätsnachweises.

Zum Verständnis der Ursachen des Stabilitätsverlustes müssen sowohl äußere Erscheinungen als auch innere Vorgänge betrachtet werden.

In Bild 10.2 wurde ein schlanker Stab in ideal gerader (a) und um das Maß v_0 vorgekrümmter Form (d) dargestellt. Er wird in den Bildern b und e Zugkräften und in den Bildern c und f Druckkräften ausgesetzt.

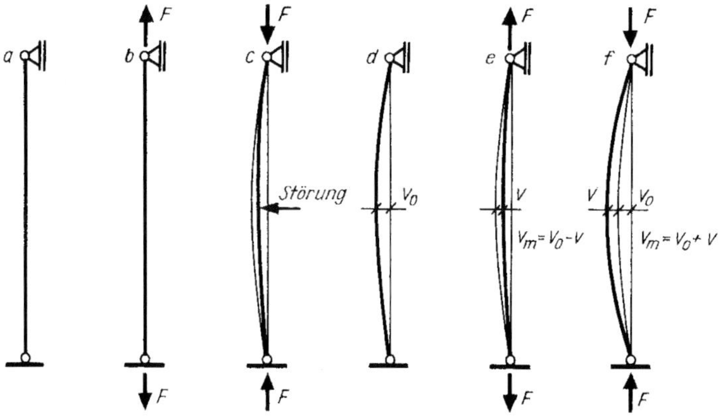

Bild 10.2

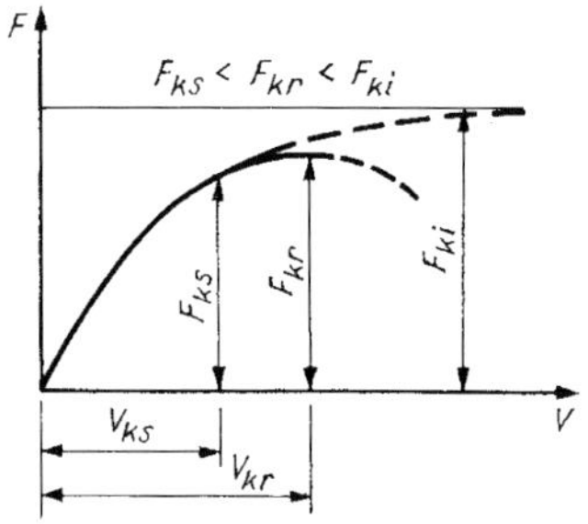

Bild 10.3

Wir steigern die Kraft F und beobachten dabei die Verformung v. Den Zusammenhang $F(v)$ für die Druckbeanspruchung zeigt Bild 10.3. Die Verformung v ist dabei als Veränderung der Ausgangslage gemessen.

Beim geraden Zugstab zeigen sich keine Verformungen v. Das Versagen erfolgt durch Fließen des Materials bis zur vollen Plastizierung. Im vorgekrümmten Zugstab verringert sich die Vorverformung v_0, bis der Stab geradegezogen ist. Das Moment aus der Zugkraft wird kleiner. In dem am meisten beanspruchten Mittenquerschnitt zeigen sich dieselben Versagenserscheinungen wie bei Stab b.

Der gerade Druckstab (c) zeigt vorerst keine Verformung v. Auch eine Auslenkung durch Störungen in Stabmitte wird nach Abklingen rückgängig gemacht. Bei einer bestimmten Kraft verbleibt jedoch die Auslenkung. Je nach Größe der Störung sind dabei verschiedene Werte v möglich. Es handelt sich offensichtlich um indifferentes Gleichgewicht (hier auch als Verzweigung des Gleichgewichtes bezeichnet). Bei einer geringfügigen Steigerung der Last nehmen die Ausbiegungen solche Werte an, dass der Stab seine Tragfunktion nicht mehr erfüllen kann. Die bei der Verzweigung vorhandene Kraft F liefert somit den kritischen Wert für die angenommenen idealen Bedingungen. Diese Kraft wird mit F_{ki} bezeichnet.

Beim vorgekrümmten Druckstab (f) vergrößert sich mit zunehmender Kraft F die Ausbiegung v. Das Moment $M = F(v_0 + v)$ und damit auch die Auslenkungen v wachsen schneller als die Kraft F. Am stärker gedrückten Rand des Mittenquerschnittes wird die Spannung σ_S (Stauch- oder Streckgrenze) erreicht. Die dabei vorhandene Kraft F wird als ertragbare oder sichere Kraft F_{kS} bezeichnet. Sie stellt eine untere und sichere Schranke für die kritische Kraft dar. Bei Annahme eines linear elastischen Materials ergibt sich der weitere Verlauf (gestrichelte Linie) mit asymptotischer Annäherung an F_{ki}.

Mit Erreichen von F_{kS} ist jedoch die Tragfähigkeit noch nicht erschöpft. Im Mittenquerschnitt ist infolge der beginnenden Plastizierung noch eine Steigerung des inneren Widerstandes möglich. Allerdings nimmt dieser bei weiterer Verformung langsamer zu als die Beanspruchung aus Längskraft und Biegemoment infolge der äußeren Kraft F. Ab einer bestimmten Auslenkung v_{kr} besteht nur dann Gleichgewicht, wenn zu einer wachsenden Verformung v die zugehörige Kraft F sinkt. Die größte erreichbare Kraft F ist die Traglast F_{kr} (r bedeutet reale größte Last). Für $v < v_{kr}$ ist das Gleichgewicht stabil. Für $v > v_{kr}$ gehört zur wachsenden Verformung eine abnehmende Kraft F. Das Gleichgewicht ist labil. Für $v = v_{kr}$ und der Traglast F_{kr} ist das Gleichgewicht indifferent (vgl. Bild 10.3).

Nach diesen Darlegungen lassen sich Spannungs- und Stabilitätsprobleme wie folgt charakterisieren:

Spannungsproblem:

Zuordnung von Last und Verformung ist stets eindeutig und monoton steigend. Die Vergrößerung der Verformung erfordert eine Laststeigerung. Das Gleichgewicht ist stabil.

Stabilitätsproblem:

Zuordnung von Last und Verformung ist mehrdeutig. Die Mehrdeutigkeit kann als

Verzweigungsproblem
Traglastproblem
Durchschlagproblem

auftreten.

Maßgebende Einflüsse für das Stabilitätsverhalten sind:

- **Materialeigenschaften**
  Festigkeits- und Formänderungsverhalten im elastischen und plastischen Bereich, Streckgrenze, Eigenspannungen.
- **Systemeigenschaften**
  Stablängen, Querschnittsformen, Querschnittskennwerte, Materialdicken, Lagerungsbedingungen, Aussteifungen, Schlankheiten.

Stabilitätsuntersuchungen können nicht nach der Theorie I. Ordnung (Ansatz der Gleichgewichtsbedingungen und Schnittgrößenermittlung am unverformten System sowie Linearisierung der Kraft-Verformungs-Beziehungen) erfolgen.

Bei Annahme kleiner Verformungen (Theorie II. Ordnung) kann man Beziehungen entsprechend Gl. (8.4) ansetzen.

Bei größeren Verformungen (Theorie III. Ordnung) ist der genauere Ausdruck entsprechend Gl. (8.3) zugrunde zu legen. Der Einfluss axialer Verschiebungen bleibt dabei ohne praktische Bedeutung und wird außer Acht gelassen.

Das zur Erläuterung verwendete Ausweichen von Druckstäben wird *Knicken* genannt. Ursache sind mittige oder außermittige Drucklängskräfte. Das Ausweichen kann als reine Biegeverformung (Biegeknicken) oder in besonderen Fällen als reine Verdrillung (Drillknicken) auftreten. Bei bestimmten Querschnitten kann auch die Biegeverformung mit einer Verdrillung verbunden sein (Biegedrillknicken).

Das Biegeknicken hat für alle Werkstoffe des Bauwesens (soweit sie für Druckstäbe verwendet werden) Bedeutung. Biegedrillknicken und Drillknicken treten bei dünnwandigen Stäben des Metallbaus auf.

Kippen ist das Ausweichen des Druckgurtes von Biegeträgern (behindertes Knicken des Druckgurtes). Ursachen sind Querlasten oder Endmomente. Infolge der Verbindung von Druck- und Zuggurt ist das Ausweichen aus der Momentenebene mit einer Verdrillung verbunden. Diese Formänderungen des Kippens stimmen mit denen des Biegedrillknickens überein. Kippen wird daher nicht als eigener Stabilitätsfall betrachtet, sondern unter den allgemeinen Fall „Biegedrillknicken“ eingeordnet. Bezieht man die Ursachen

- Reine Längskraft
- Längskraft mit Biegung
- Reine Biegung

mit ein, so würde das Kippen als Biegedrillknicken infolge reiner Biegung erscheinen.

Beulen ist das Ausweichen von Scheiben oder Schalen aus ihrer Ausgangsform. Ursachen sind Drucknormal- oder Schubspannungen in den Scheiben- bzw. Schalenrandflächen. Wesentliche Anwendungsgebiete sind Stegbleche von Vollwandträgern und dünnwandige Teile von Druckstäben.

Stabilitätsprobleme können auch in Überlagerung (Interaktion) auftreten. Beispiele sind

Knicken und Beulen (Gesamtstabilität von Druckgliedern)

Kippen und Beulen (Gesamtstabilität von Biegeträgern)

Knicken und Kippen (Biegeträger mit Längskraft).

10.2 Biegeknicken des mittig belasteten Stabes

In den bisherigen Darlegungen wurden bereits die für Druckstäbe kritischen Kräfte F_{ki}, F_{ks} und F_{kr} erwähnt. Obwohl die gegenwärtigen Vorschriften fast nur noch F_{kr} verwenden, müssen zum Verständnis einige historische Entwicklungsschritte erörtert werden.

Zur Berechnung von F_{ki} werden folgende **Idealisierungen** verwendet:

a) ideal gerade Stabachse und konstant bleibender Querschnitt mit allseitig gleichem Trägheitsmoment über die Länge des Stabes

b) ideal mittiger und bei der Verformung richtungstreuer Kraftangriff

c) ideal isotroper und homogener Werkstoff

d) ideal elastisches Material und unbeschränkte Gültigkeit des *Hooke*schen Gesetzes.

Gesucht wird die kritische Kraft des Druckstabes nach Bild 10.4 unter den genannten idealen Bedingungen. Diese Kraft ergibt sich als Last bei indifferentem Gleichgewichtszustand der schwach gekrümmten Stabachse (soeben beginnendes Ausknicken). Unter Verwendung der Theorie II. Ordnung lautet dafür die vereinfachte Differentialgleichung der Biegelinie nach Gl. (8.4), wobei für einen Schnitt x das Moment $M = Fv$ wird:

$$EIv'' = -M = -Fv$$

oder, wenn $a^2 = F/EI$ gesetzt wird,

$$v'' + a^2 v = 0 \tag{10.1}$$

Es handelt sich um eine homogene lineare Differentialgleichung 2. Ordnung, deren allgemeine Lösung

$$v(x) = C_1 \sin(ax) + C_2 \cos(ax) \tag{10.2}$$

lautet, was durch Einsetzen von v und v'' in die Differentialgleichung überprüft werden kann. Aus der Randbedingung $v(0) = 0$ folgt $C_2 = 0$, d. h.,

$$v(x) = C_1 \sin(ax)$$

Die Knickfigur ist eine Sinuslinie.

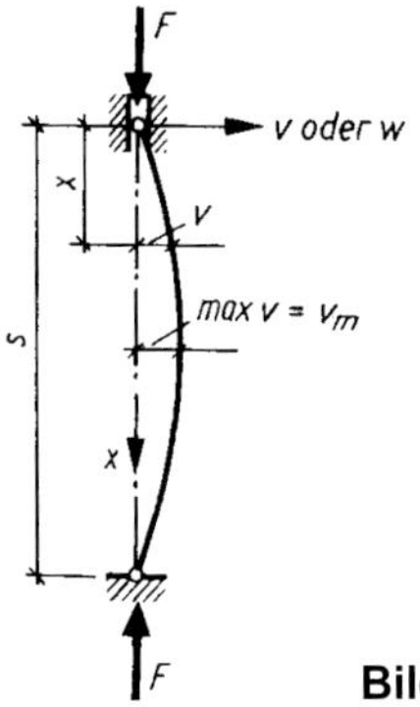

Bild 10.4

Praktische Bedeutung kommt nur der Form nach Bild 10.4 zu, deren größte Ordinate max $v = v_m$ in der Mitte des Stabes bei $x = s/2$ auftritt. Zu dieser Ordinate gehört der Sinuswert 1. Damit erhält man für die Konstante $C_1 = v_m$ und außerdem

$$\sin\left(a\frac{s}{2}\right) = 1; \qquad \sin 90° = \sin\left(\frac{\pi}{2}\right) = 1\,; \qquad a = \frac{\pi}{s}$$

Es ist also

$$v(x) = v_m \sin\left(\frac{\pi}{s}x\right) \tag{10.3}$$

Zur Bestimmung von $v_m = C_1$ steht keine weitere Bedingung zur Verfügung. Gl. (10.3) erfüllt für jedes v_m die Differentialgleichung (10.1). Danach ist für unendlich viele schwach gekrümmte sinusförmige Stabachsen Gleichgewicht möglich. Das ist aber gerade das Kennzeichen des indifferenten Gleichgewichts.

Unser Ansatz liefert die kritische Last für den Fall der beiderseitigen gelenkigen Lagerung

$$a^2 = \frac{F}{EI} = \frac{\pi^2}{s^2}\,; \qquad F_{ki} = \frac{\pi^2 EI}{s^2} \tag{10.4}$$

Diese ideale Knicklast F_{ki} wurde bereits 1744 von *Euler* abgeleitet und wird daher als *Euler*sche Knicklast bezeichnet. *Euler* hat in seinen Untersuchungen darüber hinaus Knicklasten für weitere drei Lagerungsarten der Stabenden ermittelt (Bild 10.5).

Bei Fall 1 beträgt die Knicklast nur 1/4 des eben untersuchten Grundfalles 2, bei Fall 3 dagegen erhöht sie sich auf den doppelten Wert und bei Fall 4 auf das Vierfache.

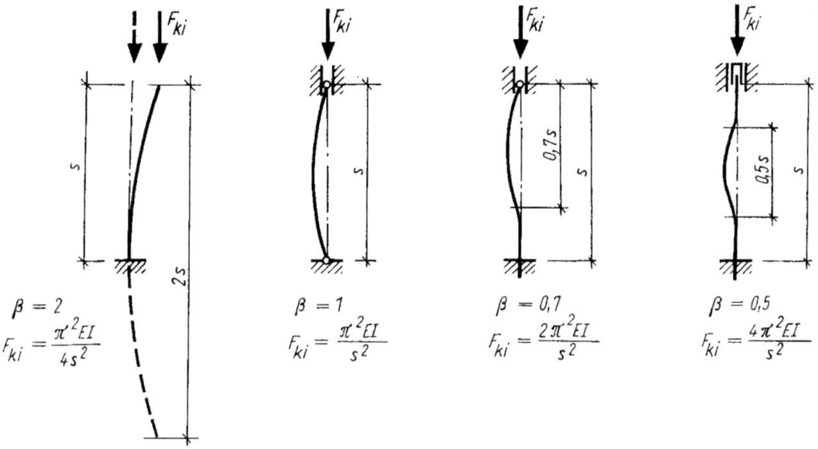

Bild 10.5

Die Knicklasten sämtlicher 4 Eulerfälle lassen sich in einer Formel darstellen, wenn man an Stelle der Stablänge die Knicklänge s_k einführt.

$$F_{ki} = \frac{\pi^2 EI}{s_k^2} \tag{10.5}$$

$$s_k = \beta s \tag{10.6}$$

Die Knicklängen für die einzelnen Knickfälle enthält Bild 10.5. Aus der Darstellung erkennt man, dass als maßgebende Stablänge zur Ermittlung der Knicklast der Abstand zweier benachbarter Wendepunkte der Biegelinie gelten kann.

Die zugehörige ideale Knickspannung σ_{ki} der idealen Knicklast F_{ki} errechnet man aus

$$\sigma_{ki} = \frac{N_{ki}}{A} = \pi^2 \frac{E}{s_k^2} \frac{I}{A} = \pi^2 \frac{E}{s_k^2} i^2$$

Darin ist N_{ki} die Normalkraft im Querschnitt infolge der idealen Knicklast F_{ki}.

$$\sigma_{ki} = \frac{\pi^2 E}{\lambda^2} \tag{10.7}$$

$$\lambda = \frac{s_k}{i} \tag{10.8}$$

Die Schlankheit λ charakterisiert die Knickempfindlichkeit eines Druckstabes in Abhängigkeit von seiner Querschnittsform und Abmessung (Trägheitshalbmesser i und Stablänge s) unter Berücksichtigung der Lagerungsart (Knicklänge s_k).

Die Funktion $\sigma_{Ki} = f(\lambda)$ liefert eine Kurve, die als *Euler*-Hyperbel bezeichnet wird.

Bild 10.6 zeigt die *Euler*-Hyperbel für einen Stahl der Festigkeitsklasse S 235. Nach Gl. (10.7) wird die Knicklast F_{Ki} für kleine Schlankheiten sehr groß und für $\lambda = 0$ unendlich. In diesem Bereich liegt σ_{Ki} über der Proportionalitätsgrenze, so dass die Voraussetzung eines ideal-elastischen Materials mit konstantem Elastizitätsmodul E nicht mehr erfüllt ist. Die *Euler*-Hyperbel hat also für kleine Schlankheiten keine praktische Bedeutung. Die Grenzschlankheit, bei der $\sigma_{Ki} = \sigma_P$ wird, folgt aus Gl. (10.7) für Stahl S 235:

$E = 21000$ kN/cm^2 $\qquad \sigma_P = 0{,}8 f_{y,k} = 0{,}8 \cdot 23{,}5 = 19$ kN/cm^2

$$\lambda_P = \pi \sqrt{\frac{E}{\sigma_P}} = 3{,}14 \cdot \sqrt{\frac{21000}{19}} \approx 104$$

Bei Stahl S 355 liegt die Grenze für ideal-elastisches Knicken bei $\lambda_P \approx 85$. Für Holz kann $\lambda_P \approx 100$ angenommen werden.

Zu Schlankheiten $\lambda > \lambda_P$ gehören Knickspannungen $\sigma_{Ki} < \sigma_P$. Gl. (10.7) ist für diesen Bereich gültig. Theoretisch liefert die *Euler*-Gleichung für $\lambda = \infty$ das Ergebnis $\sigma_{Ki} = 0$. Baupraktische Gründe erfordern jedoch eine obere Begrenzung der Schlankheit (z. B. $\lambda = 300$ bei Druckstäben aus Stahl und $\lambda = 200$ bei Druckstäben aus Holz). Jedoch sind hier die Knicklasten sehr gering und liegen nur bei wenigen Prozent der zulässigen Last ohne Stabilitätsproblem. Der Einsatz solcher dünnen Druckstäbe sollte deshalb genau geprüft werden.

Für das Knicken bei Spannungen $\sigma_{Ki} > \sigma_P$ ($\lambda < 104$ bei S 235, $\lambda < 85$ bei S 355 und $\lambda < 100$ bei Nadelholz) wurde von *Tetmajer* (1896) aus Versuchsergebnissen eine empirische Formel abgeleitet. Für Nadelholz und Stahl ist die Knickspannungslinie eine geneigte Gerade im Bereich zwischen σ_S und σ_P, bzw. eine Konstante $\sigma_K = \sigma_S$ (Bild 10.6).

Auf der Grundlage der Beziehungen für den elastischen Bereich entwickelten *Engesser* (1895) und später unabhängig davon *Kármán* (1910) eine Theorie der Knickung für elastisch-plastisches Material. Im indifferenten Gleichgewichtszustand (gekrümmte Stabform) wird für die innere Stabseite bei $\sigma > \sigma_P$ ein veränderlicher Elastizitätsmodul $E_1(\sigma)$ verwendet. Für die äußere, durch Biegezug entlastete Seite gilt weiterhin E. Beide Werte E_1 und E bilden die Grundlage für den von der Knickspannung und Querschnittsform abhängigen Knickmodul T (*Engesser*scher Knickmodul).

Man erhält damit folgende Form der Knickspannungsgleichung, die jetzt für alle Bereiche gültig ist:

$$\sigma_k = \frac{\pi^2 T}{\lambda^2} \qquad (10.9)$$

Elastizitätsmodul E und Knickmodul T haben folgenden Zusammenhang:

$$T = \kappa E \qquad (10.10)$$

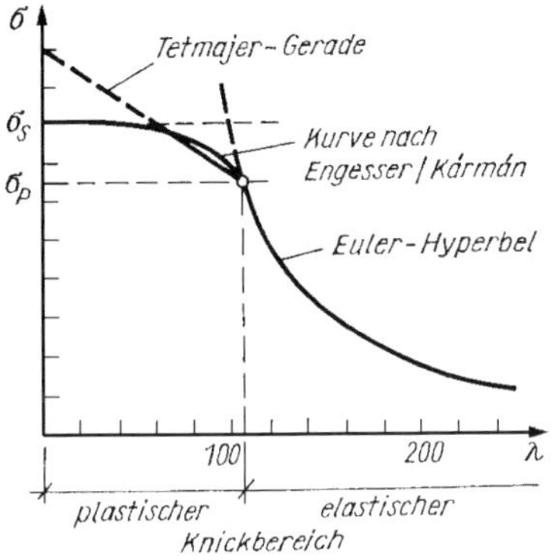

Bild 10.6

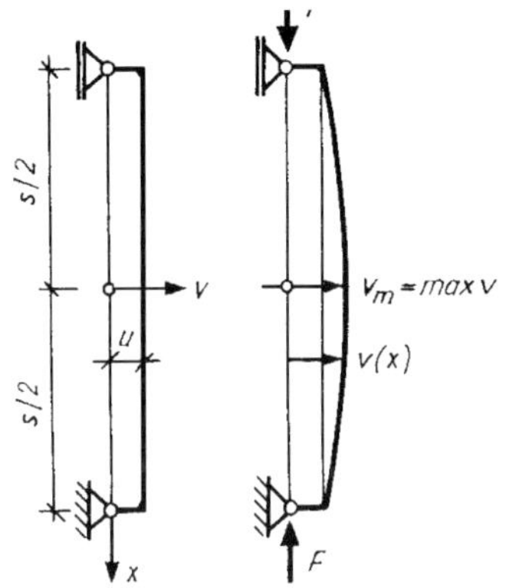

Bild 10.7

Im plastischen Bereich ist $\kappa < 1$ eine Funktion der Schlankheit λ, im elastischen Bereich ist $\kappa = 1$ und $T = E$.

Ein anderer Weg in Richtung wirklichkeitsnäherer kritischer Werte wurde mit der ertragbaren Last F_{ks} eingeschlagen. Für F_{ks} wird wie bei *Euler* ideal-elastisches Material beibehalten, aber es werden Abweichungen von der geraden Stabachse und unbeabsichtigte Außermittigkeiten des Lastangriffes (geometrische und strukturelle Unvollkommenheiten *u*, auch Imperfektionen genannt) berücksichtigt. Mit diesen Voraussetzungen wird die Aufgabe zu einem reinen Spannungsproblem nach der Theorie II. Ordnung für die Beanspruchungsform außermittige Längskraft (Druckkraft mit Biegung). Zu jeder Kraft *F* gehört eine eindeutige Ausbiegung *v*. Die obere Grenze der Kraft *F* wird erreicht, wenn die Beanspruchung in der Randfaser des Querschnittes in Stabmitte bis zur Fließspannung σ_S angestiegen ist. Die Verwendung dieser Kraft max *F* als kritische Last F_{ks} wird erst möglich, wenn aus Stabilitätsuntersuchungen abgeleitete Imperfektionen *u* vorliegen.

Die Spannungstheorie liefert einen unteren Wert der kritischen Last (vgl. Bild 10.3) und hat den Vorteil größerer Einfachheit gegenüber der Traglastermittlung.

Auf einige wesentliche Zusammenhänge soll noch eingegangen werden (Bild 10.7).

Nach Gl. (8.4) erhält man

$$EIv'' = -M = -F \cdot v \quad \text{und mit} \quad a^2 = F/EI$$

$$v'' + a^2 v = 0$$

Die allgemeine Lösung dieser Differentialgleichung ist bereits in Gl. (10.2) angegeben. Mit den Randbedingungen ($x = 0$ in Feldmitte)

$$v'(0) = 0 \quad \text{wird} \quad C_1 = 0 \quad \text{und}$$

$$v(0) = v_m \quad \text{wird} \quad C_2 = v_m \quad \text{und}$$

somit $v(x) = v_m \cos(ax)$ (10.11)

$$v(s/2) = u\,; \qquad v_m = \frac{u}{\cos(as/2)}$$

$$v(x) = u \frac{\cos(ax)}{\cos(as/2)} \tag{10.12}$$

Mit dieser Beziehung wird

$$M(x) = F \cdot v(x) \quad \text{und} \quad \max M = F \cdot v_m = F \cdot u \cdot f$$

$$f = \frac{1}{\cos(as/2)}$$

Der Wert f wird als Vergrößerungsfaktor bezeichnet. Nach *Dischinger* (1937) ergibt sich dafür unter Verwendung von Gl. (10.7)

$$f = \frac{(\sigma_{ki}/\sigma_{ks}) + \delta}{(\sigma_{ki}/\sigma_{ks}) - 1} = 1 + \frac{1+\delta}{(\sigma_{ki}/\sigma_{ks}) - 1} \tag{10.13}$$

Der Faktor δ ist vom Momentenverlauf abhängig. Für den Fall nach Bild 10.7 wird $\delta = 0{,}273$ bei $F = F_{ks}$.

Die kritische Druckkraft $F_{ks} = N_{ks}$ folgt aus

$$\frac{N_{ks}}{A} + \frac{N_{ks} \cdot u}{W} f = \sigma_S \tag{10.14}$$

Mit den Beziehungen $W = A \cdot k$ nach Gl. (9.16) und der auf die Kernweite k bezogenen dimensionslosen Imperfektion $\mu = u/k$ erhält man

$$\sigma_{ks}(1 + \mu \cdot f) = \sigma_S \tag{10.15}$$

Nach den Gln. (10.13) und (10.14) wird

$$\sigma_{ks} = \frac{(1+\mu)\,\sigma_{ki} + \sigma_S}{2(1-\delta \cdot \mu)} - \sqrt{\left[\frac{(1+\mu)\,\sigma_{ki} + \sigma_S}{2(1-\delta \cdot \mu)}\right]^2 - \frac{\sigma_{ki} \cdot \sigma_S}{1-\delta \cdot \mu}} \tag{10.16}$$

Unter Verwendung von Imperfektionen μ_N, die aus Versuchsergebnissen abgeleitet wurden, kann mit Gl. (10.16) die ertragbare Last $F_{ks} = \sigma_{ks} \cdot A$ ermittelt werden.

Für die Traglast F_{kr} bzw. Traglastspannung σ_{kr} wird neben der Imperfektion u auch elastisch-plastisches Materialverhalten berücksichtigt. Der kritische Wert der Druckkraft ist dabei mit einem charakteristischen Spannungsverlauf über den Querschnitt verbunden. Der analytisch nicht erfassbare Verlauf der Spannungs-Dehnungs-Linie, die Form der Biegelinie und die von der Querschnittsform und der Imperfektion u beeinflusste Spannungsverteilung erlauben keine strenge Lösung auf rechnerischem Weg.

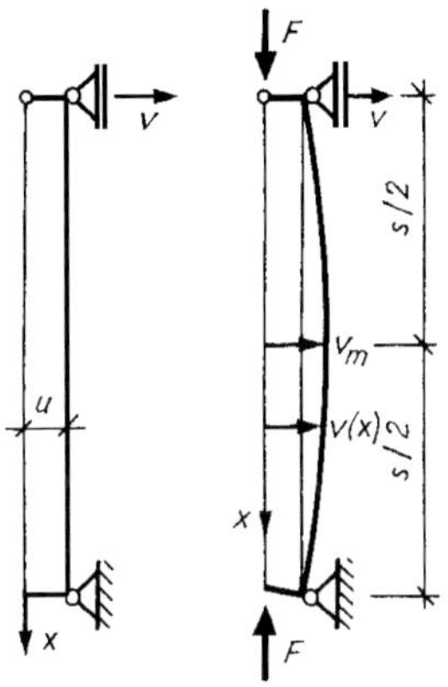

Bild 10.8

Erst die Annahme einer Sinushalbwelle als Biegelinie [nach *Ros* und *Brunner* (1926) bzw. *Ježek* (1937)] und Idealisierungen des Formänderungsgesetzes (vgl. Bild 5.13) erlaubten Näherungslösungen mit analytischen Beziehungen zwischen Schlankheit und Traglast. Im Folgenden werden einige ausgewählte Schritte auf diesem Weg dargestellt.

Mit den genannten Annahmen erhält man nach Bild 10.8 ($x = 0$ in Feldmitte)

$$v(x) = u + (v_m - u)\sin\left(\frac{\pi}{s}x\right)$$ Gleichung der Biegelinie (10.17)

$$v''(x) = -(v_m - u)\frac{\pi^2}{s^2}\sin\left(\frac{\pi}{s}x\right)$$

$$v''(s/2) = -(v_m - u)\frac{\pi^2}{s^2} = \frac{1}{\rho_m}$$ Krümmung in Stabmitte (10.18)

$$M_m = F \cdot v_m = \sigma_c \cdot A \cdot v_m$$ Biegemoment in Stabmitte (10.19)

Unter Beibehaltung der *Bernoulli*schen Hypothese (Ebenbleiben der Querschnitte) erhält man über die Beziehung zwischen Krümmung der Biegelinie und Biegemoment nach Gl. (8.4)

$$(v_m - u)\frac{\pi^2}{s^2} = \frac{M_m}{EI}$$

Es wird nun die Spannungsverteilung gesucht, die unter Einbeziehung von Plastizierungszonen sowohl die Gleichgewichtsbedingungen als auch den verwendeten Spannungs-Verschiebungs-Zusammenhang erfüllt. Je nach Querschnittsform und Außermittigkeit *u* können dabei Plastizierungszonen auf der Biegedruckseite, auf der Biegezugseite oder auf beiden Seiten auftreten.

Man erhält die implizite Funktion der Form $f(v_m, \sigma_c) = 0$. Die Bedingung $d\sigma_{kr}/dv_m = 0$ liefert den Extremwert für die Traglastspannung $\sigma_c = \sigma_{kr}$ (bzw. die Traglast $F_{kr} = \sigma_{kr} \cdot A$; vgl. Bild 10.3) in der Form $\lambda_{kr}^2 = f\sigma_{kr}$. Für den Rechteckquerschnitt lautet das Ergebnis

$$\lambda^2 = \frac{\pi^2 E}{\sigma_{kr}}\left[1 - \frac{\mu \cdot \sigma_{kr}}{3\ \sigma_S - \sigma_{kr}}\right]^3 \quad \text{für} \quad \frac{\mu}{3} \leq \frac{\sigma_S - \sigma_{kr}}{\sigma_S} \tag{10.20}$$

$$\lambda^2 = \frac{\pi^2 E}{\sigma_{kr}}\left[\sqrt{\frac{\sigma_{kr}}{\sigma_S}\left(\frac{\sigma_S}{\sigma_{kr}} - \frac{\sigma_{kr}}{\sigma_S} - \frac{2}{3}\mu\right)}\right]^3 \quad \text{für} \quad \frac{\mu}{3} \geq \frac{\sigma_S - \sigma_{kr}}{\sigma_S} \tag{10.21}$$

Die Beziehung nach Gl. (10.20) ist mit Plastizierung nur in der Biegedruckzone verbunden, bei Plastizierung in der Biegedruck- und in der Biegezugzone gilt Gl. (10.21).

Für andere Querschnittsformen sind ebenfalls Lösungen verfügbar. Ein Problem bleiben die ausführungsbedingten Imperfektionen u. So können zwar die Traglastspannungen σ_{kr} rechnerisch ermittelt werden, aber den Vorschriften liegen weitgehend durch Versuchsergebnisse bestätigte Werte zugrunde.

10.3 Stabilitätsnachweise für Biegeknicken

Für die praktische Bemessungsarbeit wird angestrebt, die Stabilitätsnachweise auf die Form $S_d \leq R_d$ zu bringen. Das gilt sowohl für das Knicken aber auch für Kippen und Beulen. Die Vorschriften berücksichtigen daher die zum Teil komplizierten Zusammenhänge in einem Faktor. Mit ihm wird eine Beziehung zwischen zulässiger Knickspannung und zulässiger Druckspannung eingeführt. Dieser Faktor kann den jeweiligen Vorschriften in Abhängigkeit vom Schlankheitsgrad und weiteren Kriterien entnommen werden.

Von Bedeutung für die praktische Rechnung sind die Knicklänge und die Schlankheit von Druckgliedern. Mit Gl. (10.6) war bereits für die *Euler*last der Begriff „Knicklänge" eingeführt worden. Für einfache Bedingungen und Lagerungsarten enthält Bild 10.5 die Knicklängenbeiwerte β. Abweichende Lagerungsbedingungen werden ebenfalls über die Knicklänge mit der Beziehung

Knicklänge s_k = Knicklängenbeiwert $\beta \times$ Stablänge s

berücksichtigt. Für die Knicklängenbeiwerte β enthalten daher die Vorschriften zusätzliche Angaben. Die Werte $\beta = 2{,}0$ bzw. $\beta = 0{,}5$ können als Anhaltspunkte für obere bzw. untere Grenzen und $\beta = 1{,}0$ als Grundfall angesehen werden.

Kompliziertere Beziehungen ergeben sich darüber hinaus für Stäbe mit Querschnittsänderungen über die Stablänge, mehrteilige Stützen, planmäßig außermittig belastete Stützen und Stützen mit Querlasten.

Für die Anwendung muss auch die Schlankheit eingehender definiert werden. Bisher wurden für alle Schwerachsen des Querschnittes gleiches Flächenmoment 2. Grades und damit gleicher Trägheitsradius *i* vorausgesetzt. Die Querschnitte weisen aber im Allgemeinen zwei Hauptachsen mit unterschiedlichem Flächenmoment 2. Grades auf.

Wenn der Stab allseitig gleiche Ausweichmöglichkeiten hat, wird er rechtwinklig zur Achse des kleinsten Flächenmomentes 2. Grades ausknicken. Die kleinste kritische Last wird durch max λ bestimmt.

$$\max\lambda = \frac{s_k}{\min i} \tag{10.22}$$

In Bild 10.9 ist für einige gebräuchliche Querschnitte die Richtung des Ausknickens eingetragen.

Wenn der Stab in einer Knickrichtung seitlich gestützt ist (Bild 10.10), ergeben sich unterschiedliche Knicklängen für die Hauptachsen. Für jede Hauptachse ist die Schlankheit auszurechnen. Die größere von beiden ist dem Stabilitätsnachweis zugrunde zu legen.

$$\lambda_y = \frac{s_{ky}}{i_y} \tag{10.23}$$

$$\lambda_z = \frac{s_{kz}}{i_z} \tag{10.24}$$

Für die verschiedenen Baustoffe von Druckgliedern werden im Folgenden die Grundzüge der Nachweisführung für einteilige Stäbe dargelegt.

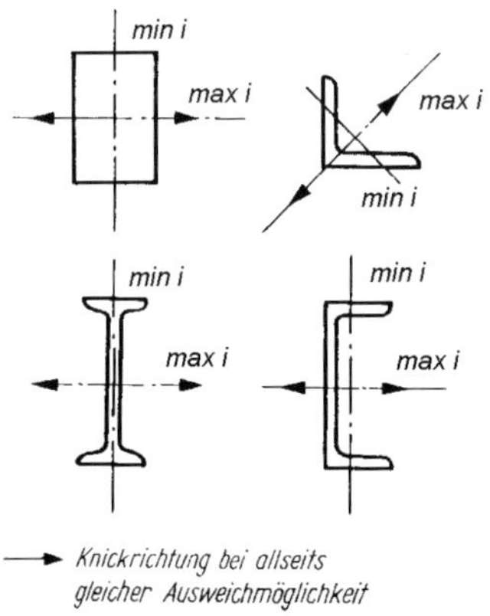

Bild 10.9

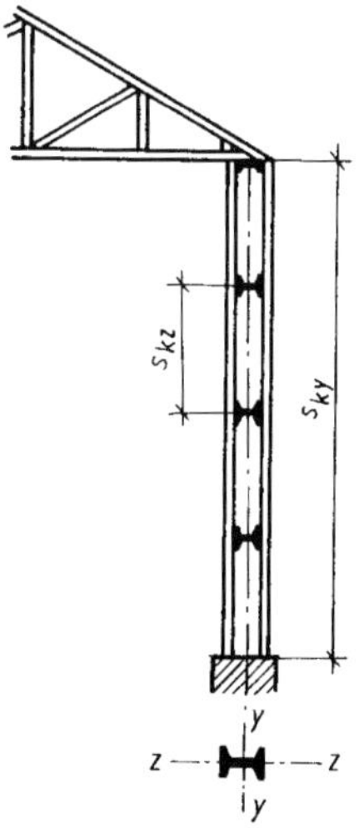

Bild 10.10

Mauerwerk: Bei Wänden und Stützen aus Mauerwerk sind verschiedene Verfahren zulässig. Beim vereinfachten Verfahren wird von der aufnehmbaren Druckspannung $f_d = 0{,}85 k_k / \gamma_M$ für die jeweilige Steinfestigkeitsklasse ausgegangen. In Abhängigkeit vom Verhältnis h_{ed} / d (h_{ed} = *Knicklänge*), Wände oder Pfeiler sowie Deckendrehwinkel wird die aufnehmbare Druckkraft N_{Rd} mit einem Abminderungsfaktor ϕ gebildet.

Der Abminderungsfaktor ϕ_1 berücksichtigt die exzentrische Beanspruchung infolge Deckendrehung bei Deckenendauflagern. Hinsichtlich der Ermittlung wird auf die Vorschriften verwiesen.

Der Abminderungsfaktor $\phi_2 = 0{,}85\, a/t - 0{,}0011 \cdot (h_{ef}/t)^2$ berücksichtigt die Knickgefahr.

Der kleinere ϕ-Wert ist maßgebend.

Aufnehmbare Druckkraft: $N_{RD} = A \cdot f_d \cdot \phi$ (10.25)

Beton: Druckglieder aus Stahlbeton werden überwiegend mit Bemessungsprogrammen oder -diagrammen bemessen. Bei einem vereinfachten Verfahren mit Nennkrümmungen ist bei der Bemessung ein zusätzliches Bemessungsmoment zur vorhandenen Bemessungsdruckkraft zu berücksichtigen. Dieses ergibt sich zu

$$M_{Rd} = N_{Ed} \cdot e_{tot} \qquad (10.26)$$

In dieser Beziehung ist e_{tot} eine Gesamtaußermitte, die sich aus verschiedenen Bestandteilen zusammensetzt.

$e_{tot} = e_0 + e_1 + e_2$

e_0: vorhandene Lastaußermitte aus Theorie I. Ordnung

e_1: ungewollte zusätzliche Außermitte

e_2: Lastaußermitte aus Theorie II. Ordnung

Zur Ermittlung von e_1 und e_2 muss auf die Literatur verwiesen werden.

Holz: Der Stabilitätsnachweis für mittig belastete Druckstäbe aus Holz kann als formaler Spannungsnachweis mit Hilfe des Knickbeiwertes k_c erfolgen. Er ist wie folgt definiert:

$$\frac{N_d / A}{k_c \cdot f_{c,0,d}} \leq 1 \qquad (10.27)$$

Der Knickbeiwert k_c charakterisiert das Verhältnis der normalen zulässigen Druckspannung des Werkstoffes zur zulässigen Spannung unter Berücksichtigung des Knickens und ist vom Schlankheitsgrad und dem Holzwerkstoff abhängig. Knickbeiwerte k_c finden sich häufig für verschiedene Schlankheitsgrade in tabellarischer Form.

Numerisch kann er wie folgt ermittelt werden:

$$k_c = \frac{1}{k + \sqrt{k^2 - \lambda_{\text{rel},c}^2}} \leq 1 \qquad (10.28)$$

mit

$$k = 0{,}5 \cdot \left[1 + \beta_c \cdot (\lambda_{\text{rel},c} - 0{,}3) + \lambda_{\text{rel},c}^2\right]$$

$$\lambda_{\text{rel},c} = \frac{\lambda}{\pi} \cdot \sqrt{\frac{f_{c,0,k}}{E_{0,05}}}$$

Hierin ist β_c ein vom Holzwerkstoff abhängiger Beiwert. Er beträgt 0,2 füll Vollholz und 1,0 für Brettschichtholz.

Der Berechnung der Knickspannungen bei Holzstäben lagen im elastischen Bereich die Formel nach *Euler* und im plastischen Bereich die nach *Tetmajer* zugrunde. In neueren Vorschriften für Holztragwerke wurden Ergebnisse langjähriger Versuche besonders von *Möhler* berücksichtigt. Dabei wurde auf alle idealisierenden Voraussetzungen verzichtet, und die baupraktisch nicht vermeidbaren Fehlerhebel wurden auch beim planmäßig mittig gedrückten Stab erfasst. Im Hinblick auf die Grundlagen des Verfahrens und die Gleichungen für die Traglastspannung muss auf Veröffentlichungen verwiesen werden.

Bei mehrteiligen Druckstäben aus Holz erfolgt der Stabilitätsnachweis genauso. Es wird lediglich ein wirksamer Schlankheitsgrad λ_{ef} verwendet, der die Verbindungsmittel (Schrauben, Nägel, Dübel, Leim) und die Spreizung der Einzelprofile berücksichtigt.

Für die Berechnung von außermittig belasteten Druckstäben aus Holz gelten einfache Beziehungen, wobei zu beachten ist, dass die zulässigen Druck- und Biegespannungen nicht gleich sind. Für einteilige Stäbe wird wie folgt gerechnet:

$$\frac{\sigma_{c,0,d}}{k_{c,y} \cdot f_{c,0cd}} + \frac{\sigma_{m,y,d}}{k_m \cdot f_{m,y,d}} + k_{\text{red}} \frac{\sigma_{m,z,d}}{f_{m,z,d}} \leq 1 \quad \text{und}$$

$$\frac{\sigma_{c,0,d}}{k_{c,y} \cdot f_{c,0cd}} + k_{\text{red}} \frac{\sigma_{m,y,d}}{k_m \cdot f_{m,y,d}} + \frac{\sigma_{m,z,d}}{f_{m,z,d}} \leq 1 \qquad (10.29)$$

mit k_m – Kippbeiwert nach Vorschrift und k_{red} – Beiwert für Querschnittsform (z. B. 0,7 für Rechteckquerschnitt mit $h/b \leq 4$).

Auch hier ist die Gesamtspannung für den Punkt des Querschnitts zu bestimmen, der die größte Biegedruckspannung aufweist. Weiterhin ist stets mit dem größten k_c-Wert unabhängig von der Richtung des Biegemomentes zu rechnen.

Stahl: Für *mittig belastete einteilige Druckstäbe aus* Stahl wird der Nachweis mit einem Abminderungsfaktor χ geführt.

In DIN 18800 waren Abgrenzungskriterien angegeben, ob der Nachweis entfallen darf. Dies war der Fall, wenn die maßgebenden Biegemomente nach Theorie II. Ordnung nicht größer als die 1,1-fache Biegemomente nach Theorie I. Ordnung sind. Dies ist erfüllt, wenn *eine* der drei nachfolgenden Bedingungen eingehalten ist.

a) $\frac{N_d}{0{,}1 \cdot N_{ki,d}} \leq 1$ mit $N_{ki,d} = \frac{\pi^2 \cdot (EI)_d}{s_k^2}$; $(EI)_d = \frac{EI}{\gamma_M}$; $L_{cr} = \beta \cdot l$

b) $\frac{\bar{\lambda}_k}{0{,}3\sqrt{\frac{f_{y,d}}{\sigma_{N,d}}}} \leq 1$ mit $\sigma_{N,d} = \frac{N_d}{A}$

c) $\beta \cdot \varepsilon \leq 1$ mit $\varepsilon = l\sqrt{\frac{N_d}{EI_{\;d}}}$ Diese Bedingung muss für alle Stäbe erfüllt sein.

(10.30)

In der Formel ist N_d die Normalkraft (als Druckkraft positiv einsetzen), β der bekannte Knicklängenbeiwert, l die Systemlänge des betreffenden Stabes, ε eine Stabkennzahl nach genannter Formel.

$\bar{\lambda}_k$ ist der bezogene Schlankheitsgrad

$$\bar{\lambda}_k = \frac{\lambda_k}{\lambda_l}; \quad \lambda_k = \frac{L_{cr}}{i} \text{ (gilt für Querschnittsklasse 1–3)} \qquad (10.31)$$

und λ_a ist die Bezugsschlankheit, bei der für eine Stahlklasse

$$\lambda_l = \pi\sqrt{\frac{E}{f_{y,k}}} \qquad (10.32)$$

wird.

Für übliche Stahlklassen hat λ_l den Wert:

Tabelle 10.1: Bezugsschlankheit λ_a

$f_{y,k}$ in N/mm²	235	275	355	420
$\lambda_a \approx$	93,9	86,8	76,4	70,2

Der Tragfähigkeitsnachweis nach EC lautet:

$$\frac{N_{Ed}}{N_{bR,d}} \leq 1 \quad \text{mit} \quad N_{bR,d} = \frac{\chi \cdot f_y \cdot A}{\gamma_{M1}} \qquad (10.33)$$

Der verwendeten Knickspannung

$$\sigma_{kr} = \chi \cdot f_y \tag{10.34}$$

liegen Traglastspannungen für Stäbe mit vier unterschiedlichen Imperfektionen μ_N (Knickspannungslinien *a, b, c, d*) zugrunde. Die Einordnung in die KSL wird durch die Querschnittsform und Knickrichtung (geometrisch günstig / ungünstig), Eigenspannungen (aus Schweißlängsnähten) und Blechdicken ($\leq$ 40 mm oder > 40 mm) bestimmt. Dabei entsprechen den Knickspannungslinien von *a* nach *d* zunehmende Stabvorkrümmungen mit einem Stich von *s*/300 bis *s*/150 und Vorverdrehungen.

Die Abminderungsfaktoren χ werden unter Verwendung der bezogenen Schlankheit nach folgender Beziehung ermittelt:

$$\bar{\lambda}_K \leq 0{,}2 \qquad \chi = 1$$

$$\bar{\lambda}_K > 0{,}2 \qquad \chi = \frac{1}{k + \sqrt{k^2 - \bar{\lambda}_K^2}}; \qquad k = 0{,}5\left[1 + \alpha\left(\bar{\lambda}_K^2 - 0{,}2\right) + \bar{\lambda}_K^2\right] \tag{10.35}$$

$$\bar{\lambda}_K > 3{,}0 \qquad \chi = \frac{1}{\bar{\lambda}_K \cdot \left(\bar{\lambda}_K + \alpha\right)}$$

Für die vier Knickspannungslinien lautet α:

Tabelle 10.2: Beiwert α

KSL	***a***	***b***	***c***	***d***
α	0,21	0,34	0,49	0,76

Die Abminderungsfaktoren χ für die Europäischen Knickspannungslinien *a*, *b*, *c* und *d* können aus Tabellen nach der Beziehung $\chi = f\left(\bar{\lambda}_K, \text{ KSL}\, a,b,c,d\right)$ direkt entnommen werden.

Erforderlich ist nur die bezogene Schlankheit $\bar{\lambda}_k$ und die Einordnung des Bauteiles in die entsprechende Knickspannungslinie. In Bild 10.11 sind die Zusammenhänge erkennbar, wobei neben der bezogenen Schlankheit $\bar{\lambda}_k$ auch die Schlankheit λ_k für St 37 aufgenommen wurde. Bild 10.12 lässt die Knickspannungen σ_K nach den verschiedenen Verfahren erkennen. *Mittig belastete mehrteilige Druckstäbe aus Stahl* sind nach Rahmen- und Gitterstäben zu unterscheiden. Für den Nachweis sind weiterhin die Begriffe Stoffachse und stofffreie Achse des Querschnittes zu beachten (Bild 10.13).

Beim Ausknicken rechtwinklig zur Stoffachse ist bei zweiteiligen Rahmenstäben wie bei einem einteiligen Stab zu verfahren. Für Ausknicken rechtwinklig zu stofffreien Achsen sind folgende Nachweise erforderlich:

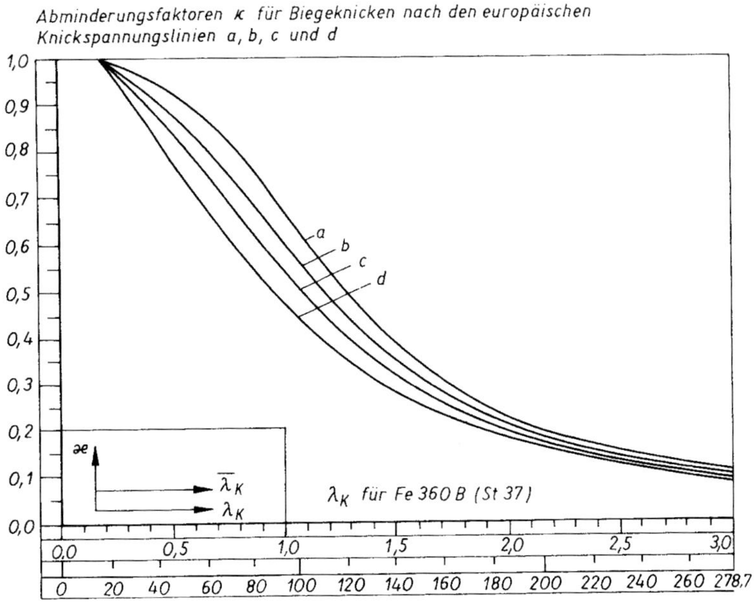

Bild 10.11

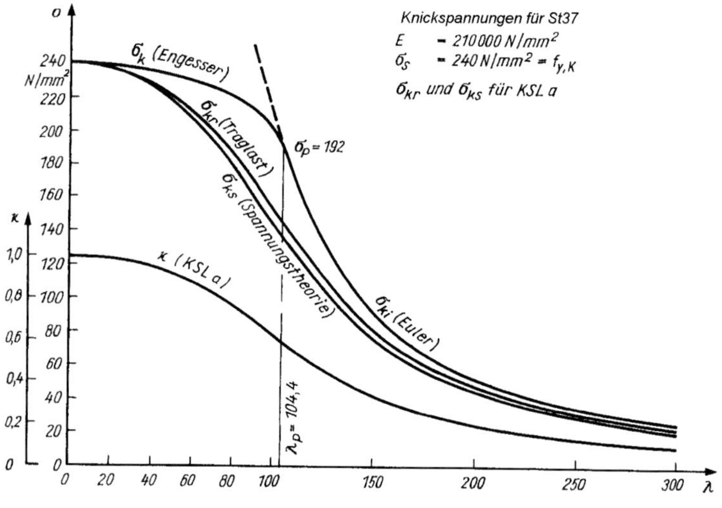

Bild 10.12

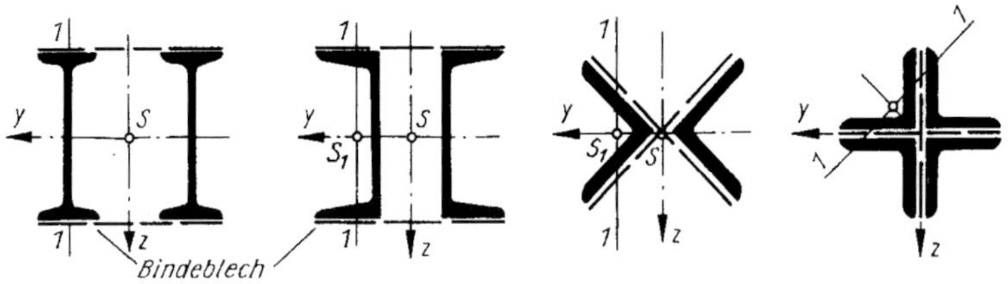

Bild 10.13

- Nachweis des Bindeblechabstandes
- Nachweis des Gurtstabes
- Nachweis des Einzelfeldes zwischen 2 Bindeblechen
- Nachweis der Bindebleche.

Einzelheiten dieser Nachweise müssen der Stahlbauliteratur vorbehalten bleiben.

Einteilige Stäbe mit Druck und ein- oder zweiachsiger Biegung werden in der praktischen Arbeit der Nachweise nach dem Ersatzstabverfahren als kombinierter Biegedrillknicknachweis geführt. Das Verfahren wird nachfolgend noch dargestellt.

10.4 Stabilitätsnachweise für Biegedrillknicken

Bisher wurden alle Betrachtungen ausschließlich auf das Biegeknicken beschränkt. Je nach Querschnittsform und Lastangriff (mittig oder außermittig) können auch Drillknickung oder Biegedrillknickung auftreten. Besondere Beachtung erfordern stets Stäbe mit dünnwandigen offenen Querschnitten (Profile mit geringer Torsionssteifigkeit), die nicht doppelt- oder punktsymmetrisch ausgebildet sind. Maßgebend für die Art des Ausweichens ist die Lage der Stabachse, Lastwirkungslinie und Schubmittelpunktachse.

Vom allgemeinen Fall des Biegedrillknickens lassen sich Sonderfälle abgrenzen, für die der Nachweis ganz entfallen, in vereinfachter Form oder nach spezielleren Gleichungen geführt werden kann.

Nach DIN 18800 Teil 2 darf der Nachweis entfallen

- bei Stäben mit Hohlquerschnitt
- wenn Stäbe mit I-Querschnitt nur durch ein Biegemoment M_z beansprucht werden (Biegung um die schwache Achse)
- wenn bei reiner Biegung die Bedingung $\overline{\lambda}_{LT} < 0{,}4$ oder $M_{Ed}/M_{cr} \leq 0{,}16$ erfüllt ist ($\overline{\lambda}_{LT}$, M_{cr} siehe weiter unten)
- wenn bei einfach symmetrischen Querschnitten (Symmetrie zur *z*-Achse), die durch ein Biegemoment M_y beansprucht werden, der Druckgurt im Abstand L_c seitlich unverschieblich gehalten und die folgende Bedingung erfüllt ist

$$\overline{\lambda_F} = \frac{k_c \cdot L_c}{i_{f,z} \cdot \lambda_l} \le \overline{\lambda_{c0}} \cdot \frac{M_{y,Rk}/\gamma_{M1}}{M_{y,Ed}} \qquad (10.36)$$

$i_{f,z}$ Trägheitsradius um die Stegachse z der aus Druckgurt und 1/3 des Steges gebildeten Querschnittsfläche (kann der Literatur entnommen werden)

k_c Korrekturbeiwert abhängig von der Momentenfläche zwischen 0,6 und 1,0 (siehe Bild 10.17)

λ_l siehe Gl. (10.32)

$\overline{\lambda_{c0}} = 0{,}5$

Im allgemeinen Fall des Biegedrillknickens erhält man kompliziertere Gleichungen. Für einteilige Einzelstäbe soll der Nachweis folgender Sonderfälle behandelt werden:

- Planmäßig mittiger Druck (Stützen und Fachwerkstäbe)
- Einachsige Biegung ohne Normalkraft (bisher Kippen von Trägern)
- Zweiachsige Biegung mit Normalkraft (Stützen, Fachwerkstäbe)

Für Biegedrillknicken sind weitere Querschnittswerte nach folgenden Beziehungen erforderlich (vgl. auch Abschn. 11):

- Drehradius c des Querschnittes:

  Im Fall der Gabellagerung der Stabenden (β = 1) und freier Verwölbung der Endquerschnitte wird für Stahl

$$c = \sqrt{\frac{I_\omega + 0{,}039 \cdot l^2 \cdot I_T}{I_z}}\,; \qquad c^2 = \frac{I_\omega}{I_z} + 0{,}039 \frac{I_T}{I_z} l^2 \qquad (10.37)$$

I_ω Wölbflächenmoment 2. Grades (Wölbwiderstandsmoment, auch mit C_M bezeichnet)

Für die genannten Sonderfälle ergeben sich folgende Nachweise für Biegedrillknicken:

Planmäßig mittiger Druck

Der Biegedrillknicknachweis entspricht Gl. (10.33)

$$\frac{N_{Ed}}{N_{bR,d}} \le 1 \quad \text{mit} \quad N_{bR,d} = \frac{\chi \cdot f_y \cdot A}{\gamma_{M1}}$$

Der Abminderungsfaktor χ wird dem ideellen Vergleichsschlankheitsgrad $\overline{\lambda_T}$ zugeordnet. Die Empfindlichkeit eines Stabes gegenüber Biegedrillknicken wird durch λ_T und gegenüber Biegeknicken durch λ_y bzw. λ_z gekennzeichnet.

– Ideeller Vergleichsschlankheitsgrad λ_T :

Der ideelle Vergleichsschlankheitsgrad λ_T für den Nachweis auf Biegedrillknicken eines zur *z*-Achse (Hauptachse) symmetrischen Profils bei Gabellagerung der Stabenden ($\beta = 1$) und der Möglichkeit freier Verwölbung der Endquerschnitte ($\beta_0 = 1$) sowie $l_{kz} = \beta \cdot l$ wird

$$\lambda_{Vi} = \frac{\beta \cdot l}{i_z} \sqrt{\frac{c^2 + i_M^2}{2 \cdot c^2} \left[1 + \sqrt{1 - \frac{4 \cdot c^2 \cdot i_p^2}{c^2 + i_M^2 {}^2}} \right]} \tag{10.38}$$

z_M Abstand zwischen Schwerpunkt und Schubmittelpunkt

$$i_P^2 = i_y^2 + i_z^2 ; \qquad i_y^2 = \frac{I_y}{A} ; \qquad i_z^2 = \frac{I_z}{A} ; \qquad i_M^2 = i_P^2 + z_M^2$$

– Bezogener ideeller Vergleichsschlankheitsgrad $\bar{\lambda}_T$:

$$\bar{\lambda}_T = \frac{\lambda_T}{\lambda_l} \tag{10.39}$$

Einachsige Biegung ohne Normalkraft

Im Wesentlichen geht es um I-Profile mit Biegemomenten M_y. Dieser Fall wurde früher als Kippen von Biegeträgern bezeichnet.

Bei vollwandigen Biegeträgern großer Steghöhe mit dünnwandigem offenem Querschnitt besteht die Gefahr des Kippens (Bild 10.14). Die äußeren Kräfte bzw. Momente wirken hierbei in der vertikalen Symmetrieebene. Aus den Biegemomenten herrührende Druckspannungen können im Druckgurt zu ähnlichen instabilen Zuständen wie beim gewöhnlichen Druckstab führen. Ein Ausweichen ist jedoch nur mit einer gleichzeitigen Verdrillung und gegebenenfalls Verwölbung des Querschnittes möglich. Erforderlich sind Nachweise dann, wenn nicht auf Grund großer Seitensteifigkeit oder Drillsteifigkeit oder seitlicher Halterung die Kippsicherheit offensichtlich gewährleistet ist. Der Nachweis ist in verschiedenen Formen möglich. In ihrer Form entsprechen die Nachweisformen des Biegedrillknickens den Europäschen Normen.

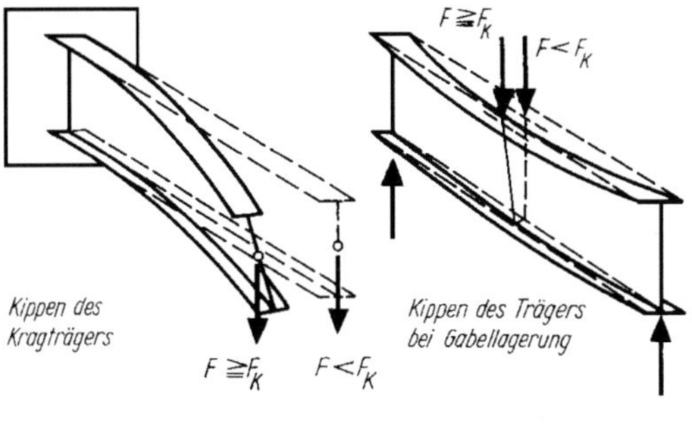

Bild 10.14

Nachweis des Druckgurtes als Druckstab

Wenn der Druckgurt im Abstand L_c seitlich unverschieblich gehalten und die Bedingung nach Gl. 10.36 erfüllt ist, kann eine genaue Biegedrillknickuntersuchung entfallen.

Nachweis nach dem Ersatzstabverfahren auf Biegedrillknicken

Der Nachweis wird wie folgt geführt:

– Biegedrillknickschlankheit:

$$\overline{\lambda_{LT}} = \sqrt{\frac{W_y \cdot f_y}{M_{cR}}} \tag{10.40}$$

W_y abhängig von der Querschnittsklasse
M_{cR} ist das ideelle Biegedrillknickmoment. Für allgemeine Querschnitte muss auf die Literatur bzw. entsprechende Programme verwiesen werden. Für doppelsymmetrische Profile ergibt es sich zu:

$$M_{cR} = \zeta \cdot N_{CR,z}\left(\sqrt{c^2 + 0{,}25\,z_p^2} + 0{,}5\,z_p\right)$$

$$N_{cR,z} = \frac{\pi^2 \cdot E \cdot I_z}{l^2}$$

Bemessungswert der Normalkraft als kleinste *Euler*last für Ausweichen senkrecht zur *z*-Achse.

ζ nach Bild 10.15

c Drehradius nach Gl. (10.37)

z_p Abstand des Angriffspunktes der Querbelastung vom Schwerpunkt (positiv, wenn Querlast am Zuggurt angreift)

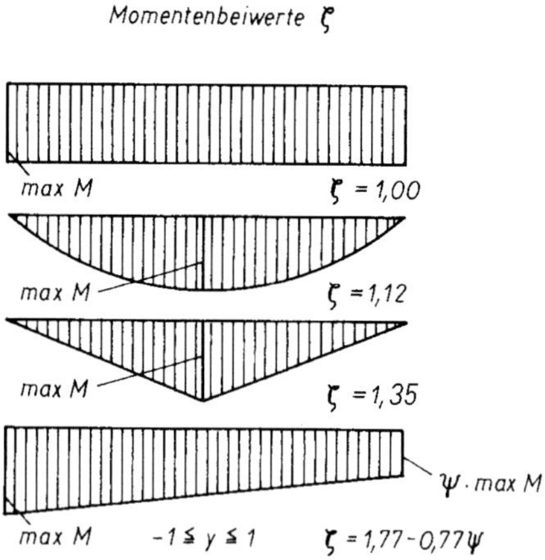

Bild 10.15

– Abminderungsfaktor χ_{LT} für folgende Knickspannungslinie:

Querschnitt	**Grenzen**	**Knicklinie**
Gewalztes I-Profil	h / b ≤ 2	b
	b / b > 2	c
Geschweißtes I-Profil	h / b ≤ 2	c
	b / b > 2	d

Der Wert kann Tabellen entnommen werden.

– Zur Berücksichtigung des Momentenverlaufs zwischen den Auflagern darf χ_{LT} weiter abgemindert werden.

$$\chi_{LTmod} = \frac{\chi_{LT}}{f} \quad \text{mit} \quad f = 1 - 0{,}5(1 - k_c) \cdot \left[1 - 2{,}0\left(\overline{\lambda_{LT}} - 0{,}8\right)^2\right] \leq 1{,}0 \qquad (10.42)$$

k_c: Beiwert für den Verlauf der Druckkraft im Druckgurt (Bild 10.17)

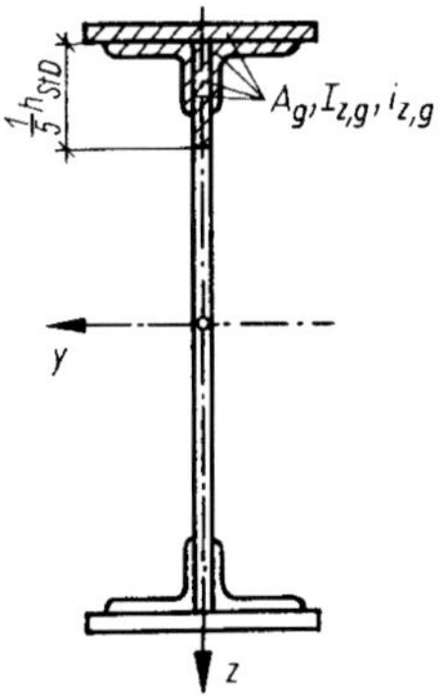

Bild 10.16

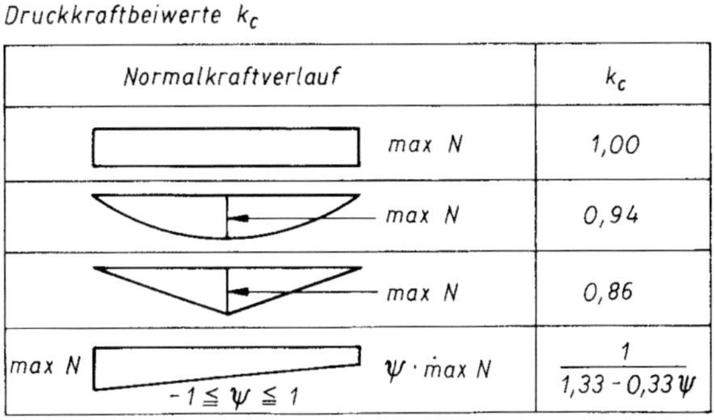

Bild 10.17

– Nachweis:

$$\frac{M_{Ed}}{M_{bR,d}} \leq 1 \quad \text{mit} \quad M_{bR,d} = \chi_{LT} \cdot \frac{f_y \cdot W_y}{\gamma_{M1}}; \quad \gamma_{M1} = 1{,}10 \qquad (10.43)$$

Zweiachsige Biegung mit und ohne Druckkraft

Einachsige Biegung mit und ohne Druckluft kann als Spezialfall der zweiachsigen Biegung durch Weglassen der entsprechenden Komponenten betrachtet werden.

Einteilige Stäbe mit Druck und zweiachsiger Biegung können in einem Ersatzstabverfahren nachgewiesen werden. Der Biegeknicksicherheitsnachweis lautet:

$$\frac{N_{Ed}}{\chi_y \cdot N_{Rk} / \gamma_{M1}} + k_{yy} \frac{M_{y,Ed} + \Delta M_{y,Ed}}{\chi_{LT} \cdot M_{y,Rk} / \gamma_{M1}} + k_{yz} \frac{M_{z,Ed} + \Delta M_{z,Ed}}{M_{z,Rk} / \gamma_{M1}} \leq 1 \qquad (10.44)$$

$$\frac{N_{Ed}}{\chi_z \cdot N_{Rk} / \gamma_{M1}} + k_{zy} \frac{M_{y,Ed} + \Delta M_{y,Ed}}{\chi_{LT} \cdot M_{y,Rk} / \gamma_{M1}} + k_{zz} \frac{M_{z,Ed} + \Delta M_{z,Ed}}{M_{z,Rk} / \gamma_{M1}} \leq 1 \qquad (10.45)$$

N_{Ed} Bemessungswert der Normalkraft

M_{Ed} Größter Absolutwert des Biegemomentes (Bemessungswert) nach Elastizitätstheorie I. Ordnung ohne Ansatz von Imperfektionen

$N_{Rk} = A \cdot f_y$ (Querschnittsklasse 1–3)

$M_{Rk} = W \cdot f_y$ (mit W_{pl} für Querschnittsklasse 1, 2 bzw. W_{el} für QK3 für die jeweilige Richtung)

Die Zusatzmomente ΔM_{Ed} werden nur in der Querschnittsklasse 4 angesetzt. Außerdem sind in den o.g. Formeln dann effektive Werte für *A* und *W* einzusetzen. Für Walzprofile trifft dies nur bei sehr großen Profilen und höheren Stahlsorten zu.

χ_y, χ_z Abminderungsbeiwert für Biegeknicken (siehe 10.35)

k_{yy}, k_{yz}, k_{zy}, k_{zz} Imperfektionsbeiwerte abhängig von der Querschnittsklasse. Zur Berechnung muss auf die Literatur verwiesen werden. Für die Querschnittsklassen 1 und 2 können vereinfachte Werte Tabellen entnommen werden.

χ_{LT} Abminderungsbeiwert für Biegeknicken

10.5 Stabilitätsnachweise für Beulen ebener Bleche

Dünnwandige Teile eines Druckstabes oder Trägers können aus ihrer Wandebene ausbeulen. Ursache sind Druck- und Schubspannungen in Umrandungsflächen (Bild 10.18). Es handelt sich um Instabilitäten von Stabteilen, die das Versagen des Gesamtstabes auslösen können. Zusätzlich zur Knicksicherheit des Gesamtstabes ist daher bei dünnwandigen Konstruktionen die Beulsicherheit nachzuweisen. Gefährdet sind heben großen Blechfeldern vor allem Querschnitte der Querschnittsklasse 4.

Die Untersuchung von Beulproblemen verlangt die Betrachtung des Spannungs- und Verformungszustandes der Platte, eine Aufgabe, die den Rahmen dieses Buches überschreitet. Es können daher nur einige Ergebnisse und die Grundlagen der Nachweisführung behandelt werden.

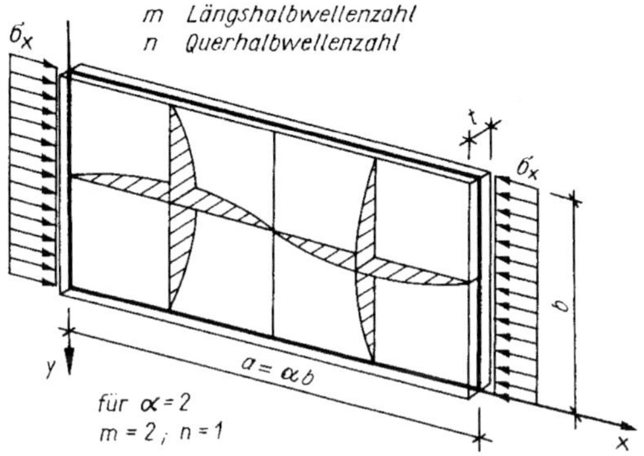

Bild 10.18

Vor Führung des Beulsicherheitsnachweises müssen folgende Fragen beantwortet sein:

- Ort der am stärksten beulgefährdeten Steg- und Gurtbereiche
- Abmessung der zu betrachtenden Beulfelder
- Stützung der Ränder der Beulfelder
- Belastung der Randflächen in Form der dort wirkenden Spannungen.

Für die Untersuchung werden Rechtecke mit der Länge *a*, der Höhe *b* (Seitenverhältnis $\alpha = a/b$) und der Dicke *t* angenommen (Bild 10.19). Trägerteile ohne Aussteifungen (Stege oder Gurte) ergeben Rechteckstreifen sehr großer Länge *a*.

Die Stützung der Ränder wird als unverschieblich und im Allgemeinen einspannungsfrei angenommen. Bei großer Torsionssteifigkeit der stützenden Randelemente kann auch eine teilweise Einspannung berücksichtigt werden. Gestützt sind bei Stegblechen alle 4 Ränder, bei Gurten ist ein Rand frei. Die Spannungsverteilung ist mit der Beanspruchung und der Lage im Gesamtstab gegeben (Druckstab, Druckzone bzw. Druck- und Zugzone bei Trägern). Die lineare Spannungsverteilung wird durch den Faktor ψ erfasst (Bild 10.21). Man erhält ihn aus dem Randspannungsverhältnis

ψ = untere Spannungsordinate (σ_{x2})/obere Spannungsordinate (σ_{x1}).

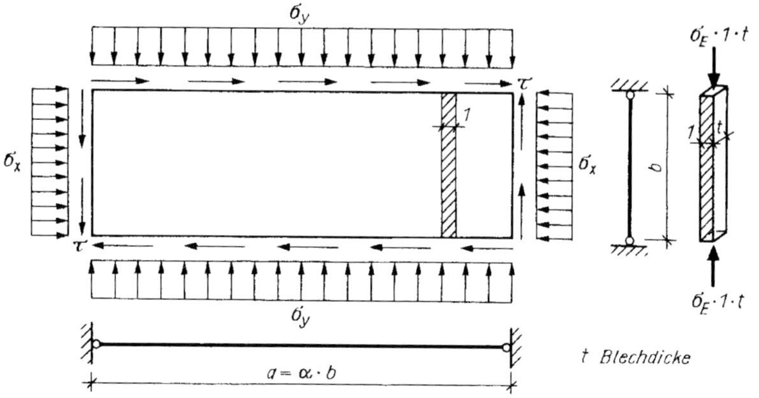

Bild 10.19

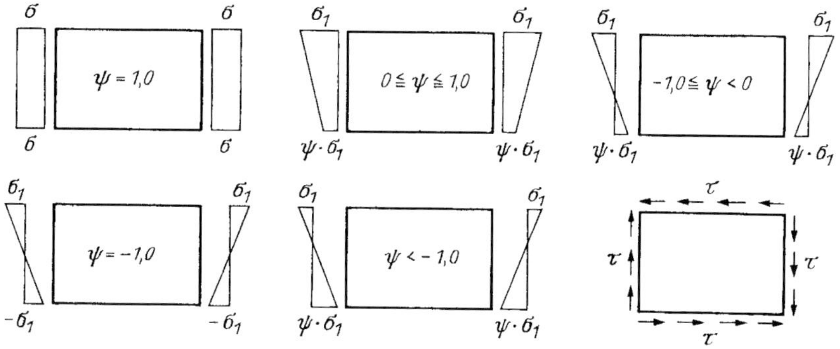

Bild 10.20

Druckspannungen sind in dieser Beziehung positiv, Zugspannungen negativ einzusetzen, wobei σ_1 stets der größten Druckspannung zugeordnet wird. Außerdem ist die Schubbeanspruchung in Bild 10.20 dargestellt.

Für die Beulerscheinungen sind die Längshalbwellenzahl m und die Querhalbwellenzahl n (vgl. Bild 10.18) von Bedeutung. Die niedrigste (kritische) Belastung ergibt sich, wenn $n = 1$ und $m = a/b$ wird. Bei ganzzahligem Verhältnis a/b wird durch die Halbwellenlänge das Beulfeld in quadratische Abschnitte geteilt.

Für die Berechnung kritischer Werte wird die Biegesteifigkeit K der Platte (entspricht $K = EI$ bei Trägern) verwendet.

$$K = \frac{Et^3}{12\left(1-v^2\right)} \tag{10.46}$$

Weiterhin wird eine Bezugsspannung σ_e eingeführt.

$$\sigma_E = \frac{\pi^2 E t^2}{12b^2\left(1-v^2\right)} = 0{,}9038E\frac{t^2}{b^2} \tag{10.47}$$

In dieser Beziehung ist $v = 0{,}3$ die Querdehnzahl für Metalle.

Für Stahl mit $E = 21000$ kN/cm² wird Gl. (10.47) zu

$$\sigma_E = 1900\left(\frac{t}{b}\right)^2 \text{ kN/cm}^2 \tag{10.48}$$

σ_e kann als *Euler*sche Knickspannung eines Blechstreifens der Knicklänge b mit Rechteckquerschnitt der Abmessung t und „1“ gedeutet werden (Bild 10.19).

Die idealen Einzelbeulspannungen werden nach der Beziehung

$$\sigma_{xPi} = k_{ax} \cdot \sigma_E; \qquad \sigma_{yPi} = k_{\sigma y} \cdot \sigma_E; \qquad \tau_{Pi} = k_\tau \cdot \sigma_E \qquad (10.49); (10.50); (10.51)$$

ermittelt. Im Beulwert k werden das Seitenverhältnis α, der Belastungsfall (Spannungen σ_x, σ_y, τ und Verteilung ψ) sowie die Lagerungsbedingungen des Beulfeldes erfasst.

Für den Nachweis der Beulsicherheit von Platten stehen zwei verschiedene Nachweise zur Verfügung.

Im Verfahren der wirksamen Flächen werden effektive Querschnittswerte ermittelt. Mit diesen Werten kann dann wieder ein normaler Tragfähigkeitsnachweis für Profile der Querschnittsklasse 4 geführt werden.

Im Verfahren mit reduzierten Spannungen werden die aufnehmbaren Spannungen eines Beulfeldes in Abhängigkeit der Beulwerte reduziert.

Die vereinfachte Form lautet:

$$\left[\sigma_{x,ED}^2 + \sigma_{z,ED}^2 - \sigma_{x,ED} \cdot \sigma_{z,ED} + 3\tau_{ED}^2\right] / \left(f_y/\gamma_{M1}\right)^2 \leq \rho_{min}^2 = \min(\rho_x; \rho_z; \chi_w) \tag{10.52}$$

Zur Ermittlung der Reduktionsfaktoren infolge Längsbeanspruchung (ρ_x ; ρ_z) und Schubbeulen (χ_w) wird auf Tabellenwerke verwiesen.

10.6 Beispiele

Beispiel 10.1

Welche mittig angreifende Last darf ein freistehender Pfeiler aus Mauerwerk (Vollziegelmauerwerk, SFK 12, MM II) mit den Querschnittsabmessungen $a = 36{,}5$ cm, $b = 49{,}0$ cm und der Höhe $h = 250$ cm aufnehmen?

Nach Vorschrift wird:

$f_k = 5{,}4$ N/mm²; $f_d = 0{,}85 \cdot 5{,}4 / 1{,}5 = 3{,}06$ N/mm²

Pfeilereigenlast:

$G = 0{,}365 \cdot 0{,}49 \cdot 2{,}50 \cdot 18 = 8{,}0$ kN

Knicklänge:

$h_{ef} = \beta \cdot h = 2{,}0 \cdot 250 = 500$ cm (1. Eulerfall)

Schlankheit:

$h_{ef}/t = 500/36{,}5 = 13{,}7$

Abminderungsfaktor:

$\phi_1 = 1$, weil keine Deckenverdrehung angenommen wird;
$\phi_2 = 0{,}85 \cdot 1{,}0 - 0{,}0011(13{,}7)^2 = 0{,}64$; $(a/t = 1{,}0)$
$\rightarrow \phi = \phi_2$

zul. Belastung:

zul $N_d = \phi \cdot f_d \cdot A = 0{,}64 \cdot 3{,}06 \cdot 365 \cdot 490 = 350259$ N

zul. rechnerische Auflast:

zul $F_d = 350 - 1{,}35 \cdot 8{,}0 = 339$ kN

Unter der Annahme, dass einer veränderliche Auflast gesucht ist, ergibt sich die charakteristische Auflast zu:

zul $F_k = 339 / 1{,}5 = 226$ kN

Beispiel 10.2

Es ist eine mittig belastete Holzstütze für $N_d = 115$ kN aus NH C24 im Standardfall zu bemessen.

Abmessungen:

$h = b = 160$ mm × 160 mm ; $l = 4{,}20$ m ; $\beta = 1{,}0$

Nachweis:

$i_y = i_z = 0{,}28 \cdot 16 = 4{,}62$ cm

$l_{ef} = \beta \cdot l = 1{,}0 \cdot 420 = 420$ cm

$$\lambda_y = \lambda_z = 420/4{,}62 = 91$$

$f_{c,0,d} = 12{,}9$ N/mm² ; $k_c = 0{,}365$ (aus Tabelle)

$$\frac{N_d / A}{k_c \cdot f_{c,0,d}} = \frac{115000/(160 \cdot 160)}{0,365 \cdot 12,9} = 0,96 \leq 1$$

Beispiel 10.3

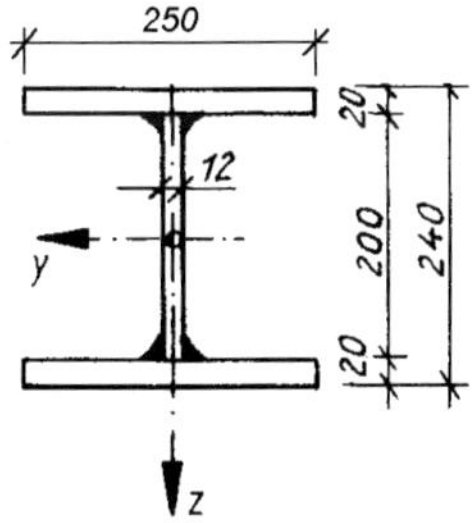

Bild 10.21

Eine geschweißte Stahlstütze mit Querschnitt nach Bild 10.21 erhält eine mittige Belastung N_d = 1400 kN.

Ausführung:

S 235 ; l = 6,0 m ; β = 1,0

Die Tragfähigkeit ist nachzuweisen (Verfahren Elastisch-Plastisch).

Nachweis Biegeknicken:

$$I_y = \frac{1,2 \cdot 20^3}{12} + 2\left(\frac{25 \cdot 2^3}{12} + 25 \cdot 2 \cdot 11^2\right) = 12933 \text{ cm}^4$$

$$I_z = 2\frac{2 \cdot 25^3}{12} + \frac{20 \cdot 1,2^3}{12} = 5211 \text{ cm}^4$$

$A = 1,2 \cdot 20 + 2 \cdot 2 \cdot 25 = 124 \text{ cm}^2$

$$i_y = \sqrt{\frac{12933}{124}} = 10,21 \text{ cm}; \qquad i_z = \sqrt{\frac{5211}{124}} = 6,48 \text{ cm}$$

$L_{cr,y} = L_{cr,z} = 1,0 \cdot 600 = 600$ cm

$$\max \lambda_k = \frac{L_{cr}}{i_z} = \frac{600}{6,48} = 92,6 ; \qquad \bar{\lambda}_k = \frac{\lambda_k}{\lambda_a} = \frac{92,6}{92,9} = 0,997$$

Ausknickrichtung y ergibt einen geometrisch ungünstigen Querschnitt, hohe Eigenspannungen (geschweißt) und Blechdicken t < 40 mm, daher Knickspannungslinie c und Abminderungsfaktor χ = 0,55 (aus Tabelle bzw. Gl. 10.35)

$$N_{b,Rd} = \chi \frac{f_y \cdot A}{\gamma_{M1}} = 0{,}55 \frac{23{,}5 \cdot 124}{1{,}1} = 1457 \text{ kN}$$

$$\frac{N_{Ed}}{N_{b,Rd}} = \frac{1400}{1457} = 0{,}96 < 1$$

Nachweis Biegedrillknicken: Bei vorhandener Querschnittsform und Beanspruchung nicht erforderlich.

Beispiel 10.4

Eine Stütze aus IPE 300 in der Längswand einer Halle erhält eine Belastung von N_d = 795 kN. Die Stützenhöhe beträgt $h = s_y$ = 10,0 m und der Abstand der Wandriegel $a = s_z$ = 2,5 m. Für beide Knickrichtungen wird mit β = 1,0 gerechnet.

Es wird Material der Stahlklasse S 235 verwendet. Nachzuweisen ist die Sicherheit für Biegeknicken.

Wir haben zwei verschiedene Knicklängen zu beachten. Knickt die Stütze aus der Wandebene, so ist sie am Fuß durch das Fundament und am Kopf durch Horizontalverbände gehalten. In der Wandebene kann die Stütze nur zwischen den Riegeln ausknicken.

Das I-Profil wird so angeordnet, dass der größere Trägheitshalbmesser für die größere Knicklänge wirksam wird.

IPE 300:

A = 53,8 cm^2 ; i_y = 12,5 cm ; i_z = 3,35 cm

$L_{cr,y}$ = 10,0 m ; $\lambda_y = \frac{L_{cr,y}}{i_y} = \frac{100}{12{,}5} = 80$; $\bar{\lambda}_y = 0{,}86$; $\chi_y = 0{,}76$

$L_{cr,z}$ = 2,5 m ; $\lambda_z = \frac{L_{cr,z}}{i_z} = \frac{250}{3{,}35} = 75$; $\bar{\lambda}_z = 0{,}81$; $\chi_z = 0{,}72$

Es liegen geringe Eigenspannungen vor (keine Längsnähte) und s < 40 mm. Für χ_y ist der Querschnitt geometrisch günstig (KSL a) und für λ_z geometrisch ungünstig (KSL b). Obwohl $\lambda_y > \lambda_z$, erhält man aus diesem Grund für χ_z die kleinere Tragfähigkeit, daher

$$N_{pl,d} = \frac{f_y \cdot A}{\gamma_{M0}} = \frac{23{,}5 \cdot 53{,}8}{1{,}0} = 1265 \text{ kN}$$

$$\frac{N_d}{\chi \cdot N_{pl,d}} = \frac{795}{0{,}72 \cdot 1264} = 0{,}88 < 1$$

Eine Überprüfung ergibt, dass Biegedrillknicken und Beulen nicht nachzuweisen sind.

Beispiel 10.5

Es ist der Tragsicherheitsnachweis für eine Stütze S 235, IPE 300 zu erbringen.

Systemwerte und Beanspruchungen:

l = 4,00 m ; Lagerungsbeiwerte $\beta_y = \beta_z = 1$; Wölbbehinderung $\beta_0 = 1{,}0$

N_d = 310 kN Exzentrizität auf z-Achse: e_z = 10 cm

$M_{y,d}$ = 310 · 0,10 = 31,0 kNm (auf gesamte Stablänge)

$V_{z,d} = V_{y,d} = 0$ (keine Querlasten)

Beanspruchbarkeiten:

$f_{u,k}$ = 36,0 kN/cm² ; $f_{y,k}$ = 24,0 kN/cm² ; γ_M = 1,1 ; $f_{y,d}$ = 21,82 kN/cm²

$N_{R,k}$ = 1170 kN (aus Tabelle bzw. $A \cdot f_{y,d}$ = 53,8 · 23,5 = 1264 kN)

$M_{Rk,y}$ = 147 kNm (aus Tabelle bzw. $W_{pl,y} \cdot f_{y,d}$ = 628 · 23,5 = 14758 kNcm)

Querschnittswerte:

h = 300 mm ;	A = 53,8 cm² ;	I_y = 8360 cm⁴
b = 150 mm ;	$W_{el,y}$ = 557 cm³ ;	i_y = 12,5 cm
t = 10,7 mm ;	$W_{pl,y}$ = 628 cm³ ;	I_z = 604 cm⁴
s = 7,1 mm ;	h_1 = 248 mm ;	i_z = 3,35 cm
I_w = 125900 cm⁶;	I_T = 20,1 cm⁴;	z_p= −15cm (Lastangriff Druckseite)

Nachweis Biegeknicken:

Ausweichen senkrecht zur z-Achse (λ_a = 92,9):

$L_{cr,z}$ = 4,00 m ; $\lambda_{kz} = \frac{400}{3{,}35} = 119$; $\bar{\lambda}_z = \frac{119}{92{,}9} = 1{,}25$

h/b = 300/150 = 2 > 1,2, KSL b ; $\chi_z = 0{,}455$

Ausweichen senkrecht zur *y*-Achse:

$$L_{cr,y} = 4{,}00\text{ m}; \qquad \lambda_{ky} = \frac{400}{12{,}5} = 32; \qquad \bar{\lambda}_y = \frac{32}{92{,}9} = 0{,}344$$

$h/b > 1{,}2$; KSL a ; $\chi_y = 0{,}96$

Biegedrillknicken:

$$N_{cr,z} = \frac{\pi^2 \cdot EI_z}{l^2} = \frac{\pi^2 \cdot 21000 \cdot 604}{400^2} = 782{,}4\text{ kN}$$

$$c^2 = \frac{I_\omega}{I_z} + 0{,}039\frac{I_T}{I_z}l^2 = (125900 + 0{,}039 \cdot 400^2 \cdot 20{,}1)/604 = 416\text{ cm}^2$$

Aus dem Momentenverlauf ergibt sich $\xi = 1{,}0$

$$M_{cR} = \xi \cdot N_{CR,z}\left(\sqrt{c^2 + 0{,}25 z_p^2} + 0{,}5 z_p\right)$$

$$= 1{,}0 \cdot 782{,}4\left(\sqrt{(416 + 0{,}25 \cdot 15^2)} - 0{,}5 \cdot 15\right)$$

$$= 11135\text{ kNcm} = 111\text{ kNm}$$

$$\overline{\lambda_{LT}} = \sqrt{\frac{W_y \cdot f_y}{M_{cR}}} = \sqrt{147/111} = 1{,}15$$

Mit *h/b* = 2 ergibt sich $\chi_{LT} = 0{,}555$ nach Tabelle

Die vereinfachten Werte k_{yy} und k_{yz} ergeben sich nach einschlägigen Tabellen zu

$k_{yy} = 1{,}24$; $k_{yz} = 0{,}92$

Nachweis:

$$\frac{N_{Ed}}{\chi_y \cdot N_{R,k}/\gamma_{M1}} + \frac{M_{y,Ed}}{\chi_{LT} \cdot M_{Rk,y}/\gamma_{M1}} \cdot k_{yy} \le 1$$

$$\frac{310}{0{,}96 \cdot 1264/1{,}1} + \frac{31}{0{,}555 \cdot 147/1{,}1} \cdot 1{,}24 = 0{,}281 + 0{,}518 = 0{,}8 < 1{,}0$$

$$\frac{N_{Ed}}{\chi_y \cdot N_{Rk}/\gamma_{M1}} + \frac{M_{y,Ed}}{\chi_{LT} \cdot M_{Rk,y}/\gamma_{M1}} \cdot k_{yy} \le 1$$

$$\frac{310}{0{,}455 \cdot 1264/1{,}1} + \frac{31}{0{,}555 \cdot 147/1{,}1} \cdot 0{,}92 = 0{,}593 + 0{,}385 = 0{,}98 < 1{,}0$$

Nachweis Beulen:

Da das Profil nach Tabelle der Querschnittsklasse 1 zugeordnet ist, ist kein genauer Beulnachweis erforderlich!

Beispiel 10.6

Während einer Baumaßnahme muss eine Einzellast in der Mitte der Stützweite eines Trägers von l = 4,0 m aufgenommen werden. Die Lasteinleitung erfolgt auf dem Obergurt. Der Träger ist an beiden Auflagern und unter der Einzellast gegen Verdrehen um die Längsachse gesichert (Gabellagerung).

Zur Verfügung steht ein IPE 240 der Stahlklasse S 235. Die Biegedrillknicksicherheit ist nachzuweisen.

Systemwerte und Beanspruchungen

Stützweite l = 4,0 m; Gabellagerung, F_d = 60 kN, seitliche Verschiebung unter Einzellast nicht möglich, damit L_c = 200 cm

$$\max M_{y,d} = \frac{60{,}0 \cdot 4{,}0}{4} + \frac{1{,}35 \cdot 0{,}36 \cdot 4{,}0^2}{8} = 60{,}0 + 1{,}0 = 61{,}0 \text{ kNm}$$

$$\max V_{z,d} = \frac{60{,}0}{2} + \frac{1{,}35 \cdot 0{,}364}{2} = 30{,}0 + 1{,}0 = 31{,}0 \text{ kN}$$

Querschnittswerte

h = 240 mm ;	A = 39,1 cm^2 ;	I_y = 3890 cm^4
b = 120 mm ;	S_y = 183 cm^3 ;	I_T = 12,9 cm^4
t_f = 9,8 mm ;	$W_{pl,y}$ = 367 cm^3 ;	I_z = 284 cm^4
t_w =6,2 mm ;	I_w = 37390 cm^6 ;	$i_{f,z}$ = 3,08 cm

z_p = −12 cm (Lastangriff Druckseite)

Beanspruchbarkeiten

f_u = 36,0 kN/cm^2 ; f_y = 23,5 kN/cm^2 ; γ_{M0} = 1,0 ; $f_{y,d}$ = 23,5 kN/cm^2

$M_{pl,y,d}$ = 86,2 kNm (aus Tabelle oder = 2 · S_y · $f_{y,d}$)

$V_{pl,z,d}$ = 259 kN (aus Tabelle oder A_{Steg} · $\tau_{R,d}$)

Tragsicherheitsnachweise Biegung und Querkraft

Biegung: $\frac{M_{y,d}}{M_{pl,y,d}} = \frac{61{,}0}{86{,}2} = 0{,}71 < 1$

Querkraft: $\frac{V_{z,d}}{V_{pl,z,d}} = \frac{31{,}0}{259} = 0{,}12 < 1$

Nachweis Biegedrillknicken

Der Nachweis soll in den 3 möglichen Formen gezeigt werden.

– Nachweis des Druckgurtes als Druckstab (nach Gl. 10.36):

$$\overline{\lambda_F} = \frac{k_c \cdot L_c}{i_{f,z} \cdot \overline{\lambda_l}} \le \overline{\lambda_{c0}} \cdot \frac{M_{y,Rk}/\gamma_{M1}}{M_{y,Ed}}$$

$i_{f,z}$ = 3,08 (aus Tabelle)

k_c = 0,86 (Tabelle/Bild 10.17)

$\lambda_l = 93{,}9$ (Tabelle/Bild 10.1)

$\overline{\lambda_{c0}} = 0{,}5$

L_c = 2,0 m

Mit QK1 ergibt $M_{y,RK} = M_{pl,y,d} = 86{,}2\,\text{kNm}$

$\gamma_{M1} = 1{,}1$

$$\overline{\lambda_F} = \frac{0{,}86 \cdot 200}{3{,}08 \cdot 93{,}9} \le 0{,}5 \cdot \frac{86{,}2/1{,}1}{61}$$

0,59 < 0,65

Nachweise erfüllt!

– Biegedrillknicken nach dem Ersatzstabverfahren:

$$N_{cR,z} = \frac{\pi^2 \cdot 21000 \cdot 284}{200^2} = 1471{,}5\,\text{kN}$$

$\xi = 1{,}35$ (Gabellagerung siehe Bild 10.15)

$$c^2 = \frac{I_\omega}{I_z} + 0{,}039\frac{I_T}{I_z} l^2 = (37390 + 0{,}039 \cdot 400^2 \cdot 12{,}9)/604 = 195\ \text{cm}^2$$

$$M_{cR} = \xi \cdot N_{CR,z}\left(\sqrt{c^2 + 0{,}25\, z_p^2} + 0{,}5\, z_p\right)$$

$$= 1{,}35 \cdot 1471{,}5\left(\sqrt{\left(195 + 0{,}25 \cdot 12^2\right)} - 0{,}5 \cdot 12\right)$$

$$= 18273\ \text{kNcm} = 182{,}7\ \text{kNm}$$

$$\overline{\lambda_{LT}} = \sqrt{\frac{W_y \cdot f_y}{M_{cR}}} = \sqrt{86{,}2/183} = 0{,}68$$

Mit *h/b* = 2 ergibt sich $\chi_{LT} = 0{,}88$ nach Tabelle

$$M_{bR,d} = \chi_{LT} \cdot \frac{f_y \cdot W_y}{\gamma_{M1}} = 0{,}88\frac{86{,}2}{1{,}1} = 69\ \text{kN}$$

$$\frac{M_{Ed}}{M_{b,Rd}} = \frac{61}{69} = 0{,}88 < 1{,}0$$

– Nachweis offensichtlich ausreichender seitlicher Halterung des Druckgurts

  Eine ausreichende seitliche Halterung des Druckgurts in regelmäßigen engen Abständen (z. B. durch Dachlatten oder Trapezprofile) ist hier nicht gegeben. Der Nachweis kann hier nicht geführt werden.

11 Drillspannungen und Drillwinkel

11.1 Grundlagen

Torsion tritt besonders ausgeprägt als Beanspruchung von Wellen auf. Bei Bauwerken vermied man in der Vergangenheit Torsionsbeanspruchungen der Tragwerksteile bereits von der konstruktiven Seite her, da die herkömmlichen Baustoffe und Querschnitte (Mauerwerk, Holz, offene Walzprofile) nur unbedeutende Torsionseignung aufweisen. Günstig dagegen sind Werkstoffe mit einer hohen Schubfestigkeit und Hohlquerschnitte (Rohr- oder Kastenquerschnitte), wie sie im modernen Metallbau verwendet werden. Die Entwicklung der Schweißtechnik hat dazu beigetragen, Bauteile mit hoher Torsionssteifigkeit wirtschaftlich zu fertigen.

Bei Drillung erfolgt die Beanspruchung des Bauteils (Stab, Träger, Welle) durch ein Moment, dessen Wirkungsebene senkrecht zur Achse des Bauteils liegt (Bild 11.1).

Die Stabquerschnitte werden infolge eines Drillmomentes M_T (in den Vorschriften auch nur als T bezeichnet) um eine Achse gegeneinander verdreht, die senkrecht zur Querschnittsebene steht.

Diese Achse, die bei zweifach symmetrischen Querschnitten mit der Längsachse zusammenfällt, heißt Drillachse. Der Spurpunkt der Drillachse im Querschnitt wird Drillruhepunkt genannt, weil er im Gegensatz zu allen anderen Querschnittspunkten bei der Verdrehung keine Bewegung ausführt.

Die relative Verdrehung zweier Querschnitte gegeneinander bezeichnet man als Drillwinkel ϑ (Bild 11.2). Er hängt vom Drillmoment, dem Querschnitt, dem Material und dem Abstand der beiden Querschnitte ab.

Die Ermittlung von Drillspannungen lässt sich nicht mit einem einzigen Berechnungsschema bewältigen, wie das bei Zug, Druck oder Biegung der Fall war. Je nach der Querschnittsform können neben Verdrillungen auch noch Verwölbungen auftreten. Die Querschnittspunkte führen dann gleichzeitig Bewegungen rechtwinklig und parallel zur Drillachse aus.

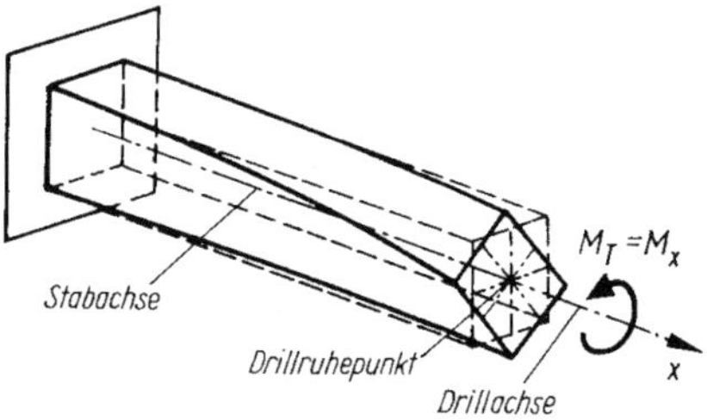

Bild 11.1

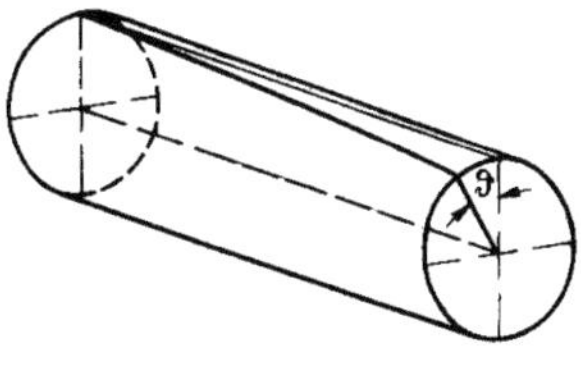

Bild 11.2

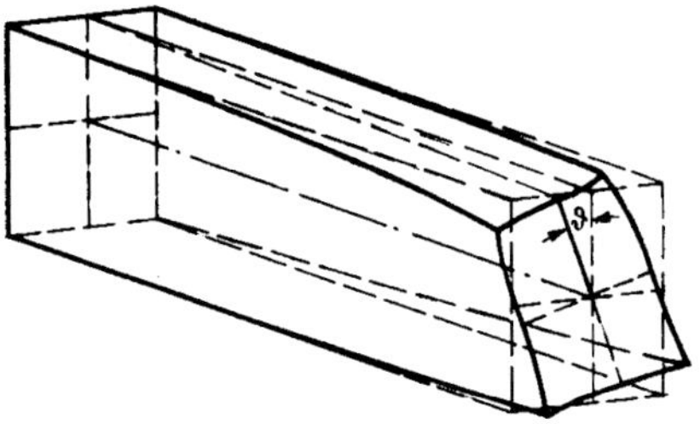

Bild 11.3

Es zeigt sich, dass nur Kreis- und Kreisringquerschnitte sowie quadratische Hohlkastenquerschnitte und Querschnitte aus zwei dünnwandigen Rechteckquerschnitten bei den praktisch vorkommenden geringen Drillwinkeln wölbfrei sind. Andere Querschnitte verwölben sich. Bei einem Rechteckquerschnitt ergibt sich infolge von Torsion die in Bild 11.3 angedeutete Verwölbung.

Ist für einen Stab mit nicht kreisförmigem Querschnitt die Verwölbung durch konstruktive Maßnahmen verhindert (z. B. wenn der Stab mit seiner ganzen Querschnittsfläche starr an einem anderen Körper angeschweißt ist), so erleiden die einzelnen Längsfasern des Stabes entsprechend der verhinderten Verwölbung zusätzliche Längsspannungen. Diese Torsionsprobleme mit Wölbbehinderung werden hier nicht erörtert. Es wird also nur die freie oder *Saint-Venant*sche Torsion (benannt nach *de Saint-Venant,* 1797–1886) behandelt.

Auch die Verdrillung von Stäben beliebiger, nicht wölbbehinderter Querschnitte kann hier nur ohne näheres Eingehen auf die Theorie betrachtet werden.

Lediglich die Behandlung der Stäbe mit kreis- bzw. kreisringförmigen Querschnitten sowie die Ermittlung der Spannungen der Stäbe mit dünnwandigen Hohlquerschnitten werden ausführlich dargestellt.

11.2 Ermittlung von Drillmomenten

Drillmomente treten fast immer in Verbindung mit anderen Beanspruchungsarten auf (Biegemoment und Querkraft). Den nahezu reinen Fall der Drillung findet man am ehesten noch bei rotierenden Teilen. Dort wird an einer Stelle des Bauteils ein Torsionsmoment eingeleitet, das an einer oder mehreren anderen Stellen abgenommen wird. Bild 11.4 zeigt diese Beanspruchung, die besonders für Wellen typisch ist.

In jedem Querschnitt der Welle wirkt dann ein Drillmoment, das aus den Drehmomenten der Antriebsquelle und der Maschinen sofort errechnet werden kann.

Bei Bauteilen finden wir vorwiegend ruhende Lasten. Drillbeanspruchung tritt im Querschnitt eines Trägers auf, wenn die Resultierende aller äußeren Kräfte am abgeschnittenen Tragwerksteil nicht durch die Schubmittelpunktachse verläuft. Auf diese Tatsache ist besonders bei Querschnitten ohne oder mit nur einer Symmetrieachse zu achten, da hier die Schubmittelpunktachse (Linie, die die Schubmittelpunkte aller Querschnitte verbindet) nicht mit der Stabachse zusammenfällt (z. B. [-Profil).

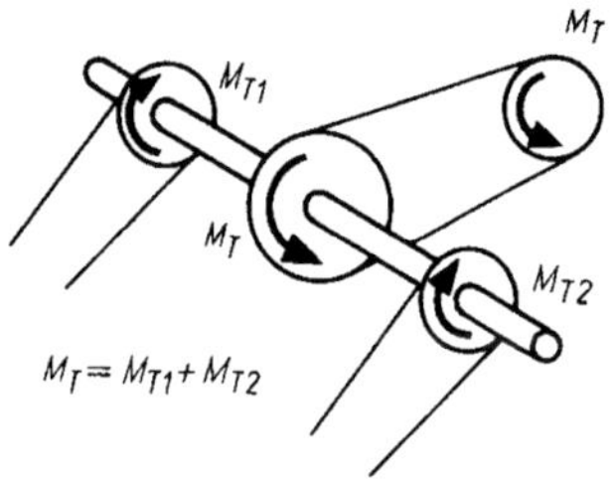

Bild 11.4

Ursache von Drillmomenten sind daher senkrecht zur Stabachse außerhalb der Schubmittelpunktachse wirkende Kräfte (Bild 11.5). Bei dem dort dargestellten Rechteckquerschnitt fallen Stab- und Schubmittelpunktachse zusammen. Verschiebt man die Kräfte in die Schubmittelpunktachse, so ist ein Versetzungsmoment (Drillmoment) $M_T = F \cdot e$ hinzuzufügen. Die Belastung des Trägers besteht jetzt aus Kräften in der Schubmittelpunktachse, für die in bekannter Weise Querkräfte und Biegemomente bestimmt werden, sowie aus Drillmomenten (Bild 11.6). Für die Ermittlung der Schnittkräfte im Träger bestehen jetzt übersichtliche Verhältnisse, so dass die Beanspruchungen getrennt untersucht werden können.

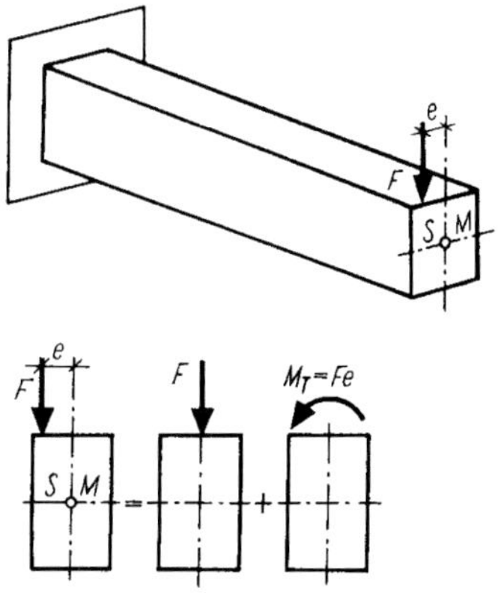

Bild 11.5

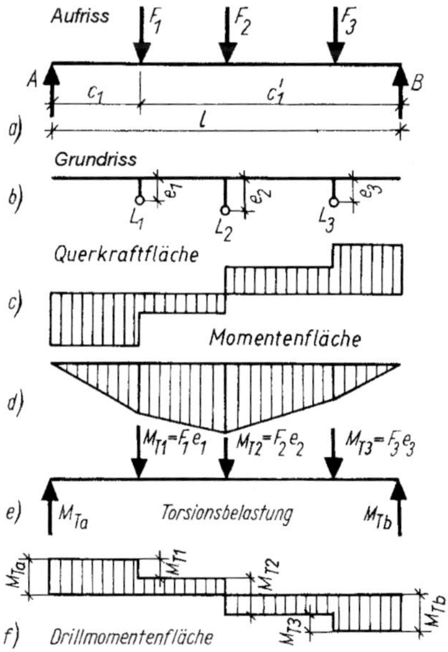

Bild 11.6

Neu ist nur die Belastung durch Drillmomente. Sie können genauso wie jedes andere Moment als Kräftepaar gedeutet werden. Die Reaktionswirkung in den Auflagern infolge von Torsionsbelastungen kann als Gabellagerung gestaltet werden, die ein Drillmoment aufnimmt und dabei freie Verwölbung zulässt.

Zur Ermittlung der Drillbeanspruchung jedes Querschnittes muss zunächst die äußere Torsionsbelastung aus den mit Hebelarm wirksamen Kräften $M_T = F \cdot e$ für den Träger (Bild 11.6e) bekannt sein. Mit dieser äußeren Torsionsbelastung ermittelt man gemäß Gln. (11.1) und (11.2) die Auflagertorsionselemente M_{Ta}, M_{Tb}, wenn es sich um einen Träger auf 2 Stützen nach Bild 11.6 handelt.

$$M_{Ta} = \frac{\sum M_T \cdot c'}{l} \tag{11.1}$$

$$M_{Tb} = \frac{\sum M_T \cdot c}{l} \tag{11.2}$$

Nach dem bekannten Schnittprinzip kann man, von einem Lager beginnend, das Schaubild der Torsionsmomente oder Drillmomente (vgl. Bild 11.6f) auftragen. Die Torsionsmomente sind für die Ermittlung der Torsionsspannungen maßgebend. Ist nur ein Auflager zur Aufnahme von Torsionsmomenten vorgesehen, so wird der Träger gegenüber Drillmomenten wie ein Freiträger behandelt.

11.3 Gleichungen für Kreisquerschnitte

Die Formänderungen eines Stabes mit Kreisquerschnitt infolge eines Torsionsmomentes zeigt Bild 11.7. Denkt man sich den Stab im unverformten Zustand mit einer Kurvenschar aus Erzeugenden (Mantellinien) und Kreisen mit Ebenen senkrecht zur Stabachse überzogen, dann kann man aus Bild 11.7 folgende Aussagen ableiten:

a) Die Mantellinien verwinden sich bei Drillung und gehen in Schraubenlinien über.

b) Die Kreise verdrehen sich nur in ihrer Ebene um ihren Mittelpunkt.

c) Die gegenseitigen Verdrehungen zweier Querschnitte sind im Bereich mit konstantem Drillmoment proportional ihrem Abstand.

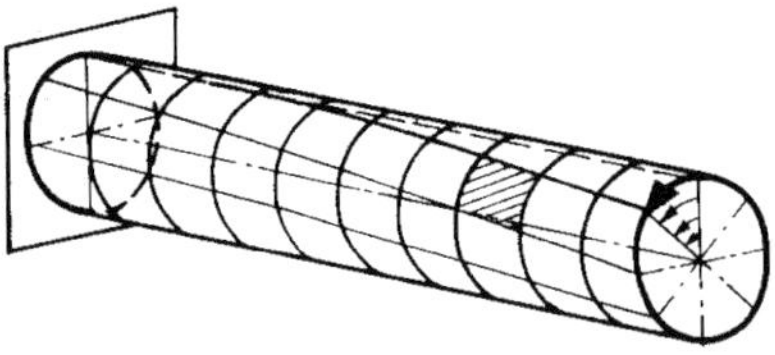

Bild 11.7

Zur Untersuchung der Spannungsverteilung schneiden wir ein Stück des Stabes von der Länge 1 heraus (Bild 11.8). Bei der Verdrehung des Querschnittes bewegt sich der Punkt P auf dem Weg s nach P'. Die gegenseitige Verdrehung zweier Querschnitte im Abstand 1 wird als Einheitsdrillwinkel ϑ_1 bezeichnet. Aus Bild 11.8 ergibt sich die Beziehung

$$s = \gamma \cdot 1 = r \cdot \vartheta_1 ; \qquad \gamma = r \cdot \vartheta_1 \tag{11.3}$$

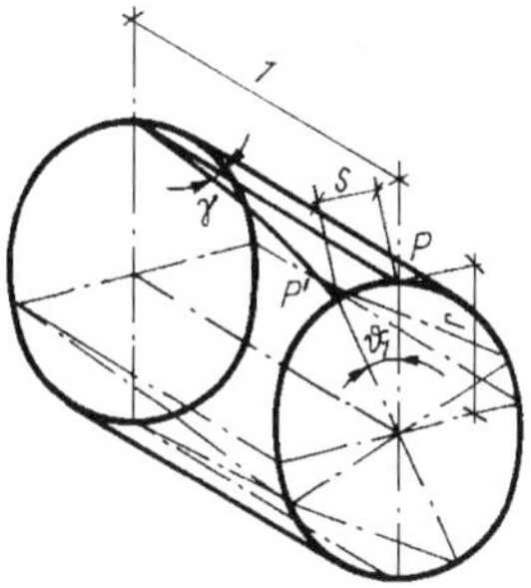

Bild 11.8

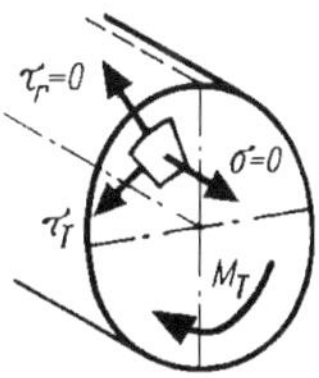

Bild 11.9

Der Winkel γ ist die bereits früher definierte Gleitung, für die nach Gl. (2.14) gilt

$$\gamma = \frac{\tau}{G} ; \qquad \tau_T = r \cdot G \cdot \vartheta_1 \tag{11.4}$$

Bevor ein Zusammenhang zwischen dem angreifenden Drillmoment M_T und dem Einheitsdrillwinkel ϑ_1 hergestellt werden kann, sind noch einige Betrachtungen über die entstandenen Spannungen erforderlich.

An dem in Bild 11.9 dargestellten Querschnitt greift das Drillmoment M_T an. Es kann nur durch Tangentialspannungen (Schubspannungen) τ eingeleitet werden. Die Normalspannungen σ müssen zur Wahrung des Gleichgewichts der Kräfte parallel zur Stabachse verschwinden.

Schubspannungen treten laut früheren Ableitungen in zueinander senkrechten Schnitten stets paarweise nach Bild 11.10 auf. Da der Mantel des Stabes frei von Spannungen sein muss, kann im Querschnitt keine radiale Komponente der Schubspannungen wirken. Die Spannung τ verläuft demnach tangential zu den konzentrischen Kreisen um den Drillruhepunkt. Legen wir radiale Längsschnitte durch den Stab (Bild 11.11), so entsprechen den eben festgestellten Spannungen im Querschnitt Schubspannungen gleicher Größe im Längsschnitt. Diese Längsschubspannungen werden leicht übersehen. Sie sind besonders nachteilig bei anisotropem Material. Die niedrige Torsionsfestigkeit von Holz z. B. beruht auf der geringen Schubfestigkeit parallel zur Faser.

Die Gleichgewichtsbedingung $\sum M = 0$, bezogen auf den Drillruhepunkt, ergibt (Bild 11.12)

$$M_T - \int_A \tau_T \, \rho \; \mathrm{d}A = 0$$

Darin ist $\tau_T \cdot \mathrm{d}A = \mathrm{d}F$ die Kraft im Flächenelement dA und $\tau_T \cdot \rho \cdot \mathrm{d}A = \rho \cdot \mathrm{d}F = \mathrm{d}M$ das differentiale Moment dieser Kraft. In Verbindung mit Gl. (11.4) erhält man

$$M_T = G\vartheta_1 \int_A \rho^2 \mathrm{d}A \; ; \qquad \int_A \rho^2 \mathrm{d}A = I_T \; ; \qquad \vartheta_1 = \frac{M_T}{GI_T} \tag{11.5}$$

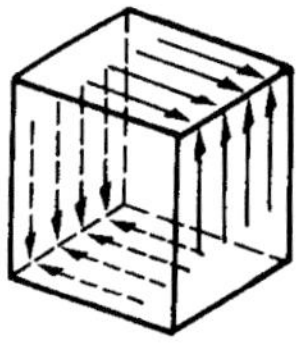

Bild 11.10

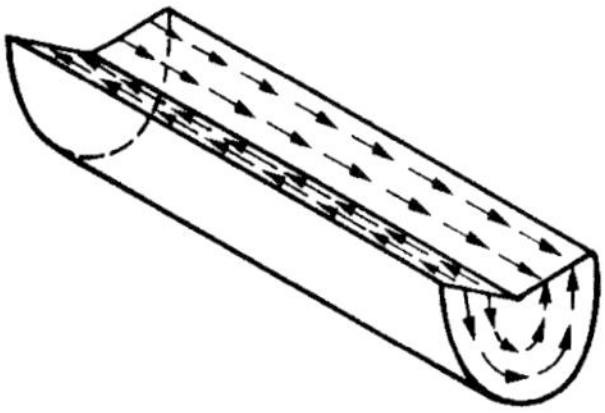

Bild 11.11

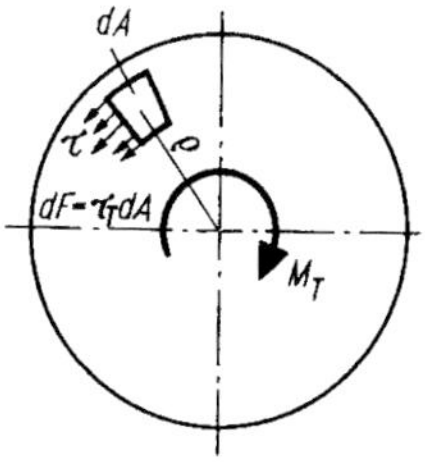

Bild 11.12

Der Einheitsdrillwinkel ist proportional dem Drillmoment M_T und umgekehrt proportional der Drillsteifigkeit GI_T. Die Drillspannung im Querschnitt wird

$$\tau_T = \frac{M_T}{I_T} \rho \tag{11.6}$$

Die Torsionsspannung wächst linear mit ρ nach Bild 11.13 an. Die Verdrehung zweier Querschnitte im Abstand l findet man aus Gl. (11.5) zu

$$\vartheta = \frac{M_T l}{GI_T} \tag{11.7}$$

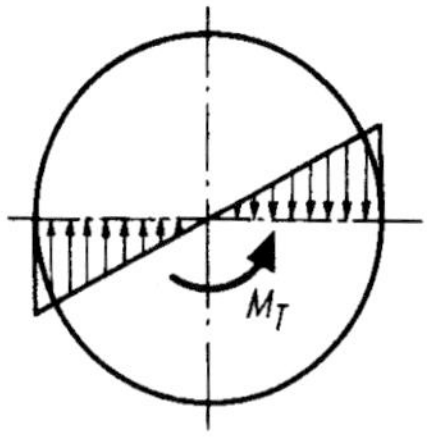

Bild 11.13

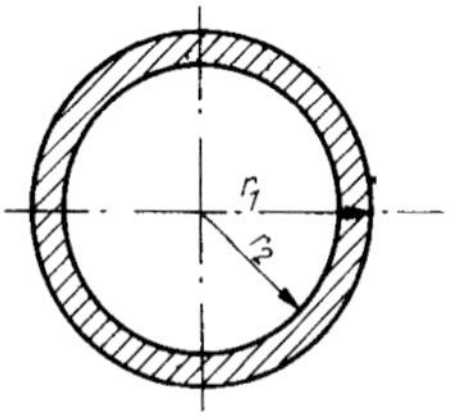

Bild 11.14

Die Gln. (11.5) und (11.6) zeigen einen ähnlichen Aufbau wie diejenigen bei Biegung (Krümmung $k = M/EI$ und Spannung $\sigma = M_y \cdot z/I_y$). Die Spannung max τ_T tritt in der Randzone auf, so dass man auch mit max $\rho = r$ einführen kann

$$\max \tau_T = \frac{M_T}{I_T} r = \frac{M_T}{W_T} \tag{11.8}$$

$$W_T = \frac{I_T}{r} \tag{11.9}$$

Unter W_T wird jetzt das Widerstandsmoment gegen Drillung verstanden. Es ist nach Gl. (11.9) nur für den Kreis- und Kreisringquerschnitt anwendbar. Die Gln. (11.7) und (11.8) ergeben für den Kreisquerschnitt und, wenn der Kreisringquerschnitt als Differenz zweier Kreisflächen mit den Radien r_1 und r_2 aufgefasst wird (Bild 11.14), folgende Beziehungen.

Kreisquerschnitt		Kreisringquerschnitt	
$I_T = \dfrac{\pi r^4}{2}$	(11.10a);	$I_T = \dfrac{\pi\left(r_1^4 - r_2^4\right)}{2}$	(11.10b)
$\vartheta = \dfrac{2M_T l}{G\pi r^4}$	(11.11a);	$\vartheta = \dfrac{2M_T l}{G\pi\left(r_1^4 - r_2^4\right)}$	(11.11b)
$\max \tau_T = \dfrac{2M_T}{\pi r^3}$	(11.12a);	$\max \tau_T = \dfrac{2M_T r_1}{\pi\left(r_1^4 - r_2^4\right)}$	(11.12b)

Soll der erforderliche Durchmesser d eines Kreisquerschnittes bestimmt werden, wenn M_T und zul τ bekannt sind, dann erhält man näherungsweise aus Gl. (11.12)

$$\text{erf}\, d = \sqrt[3]{\frac{5M_T}{\text{zul}\,\tau}}$$

Die zulässigen Drillspannungen für Stähle liegen in der Größenordnung

$$\text{zul}\,\tau \approx (0{,}55 \ldots 0{,}65)\ \text{zul}\,\sigma \quad \text{bzw.} \quad \tau_{R,d} = f_{y,k}/\sqrt{3}\,\gamma_M = 0{,}577 f_{y,d}$$

Im Bauwesen sind bei Stahltragwerken die zulässigen Schubspannungen zu verwenden. Für torsionsbeanspruchte Holzbauteile sind die zulässigen Spannungen für Schub und Torsion maßgebend (z. B. Nadelholz C24 im Standardfall: $f_{v,d} = 1{,}23\ \text{N/mm}^2$).

11.4 Beanspruchungen offener Querschnitte

Im Kreis- bzw. Kreisringquerschnitt erhält man die maximalen Drillspannungen in den von der Drillachse am weitesten entfernten Fasern. Diese Feststellung lässt sich nicht ohne weiteres auf andere Querschnittsformen übertragen. Das bestätigt bereits ein Versuch an einem rechteckigen Torsionsstab, der mit einem Netz sich rechtwinklig schneidender Geraden überzogen ist (Bild 11.15). Die von den Linien gebildeten Quadrate bleiben an den Kanten weitgehend erhalten, während sie in den Seitenmitten am stärksten zu Rhomben verschoben sind. Über die Größe und Verteilung von Drillspannungen in solchen Querschnitten geben auf Grund vergleichbarer mathematischer Zusammenhänge zwei andere physikalische Erscheinungen Aufschluss:

das Seifenhautgleichnis und

das Strömungsgleichnis.

Wenn sich über eine ebene Öffnung eine *Seifenhaut* wölbt, auf die von einer Seite ein Druck ausgeübt wird, so ergeben sich folgende Beziehungen zwischen den geometrischen Verhältnissen des Seifenhauthügels und den Drillspannungen in einem Stab, dessen Querschnitt gleich der Öffnung ist: Schneidet man den von der Seifenhaut gebildeten Hügel durch querschnittsparallele Schnitte in bestimmten Abständen, so erhält man die in Bild 11.16 in den Querschnitt eingezeichneten Schichtlinien. Diese geben die Richtung der Drillspannungen an. Die Größe der Drillspannungen ist proportional der Neigung des Seifenhauthügels, die man am besten durch die rechtwinkligen Schnitte I – I, II – II erkennen kann.

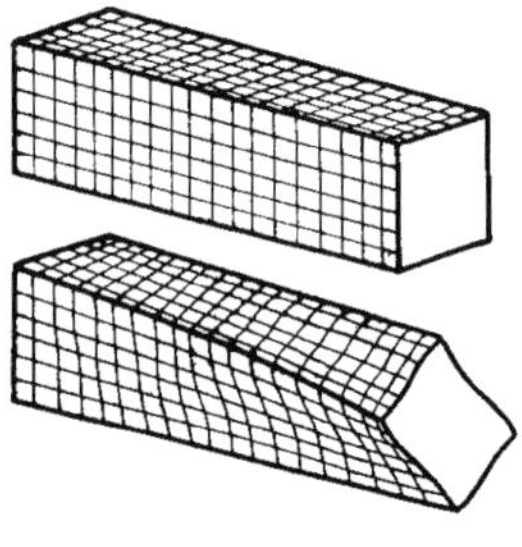

Bild 11.15

Weiterhin besteht noch eine Proportionalität zwischen dem Inhalt des Seifenhauthügels und dem Torsionsflächenmoment I_T des Querschnittes. Dieser Zusammenhang gestattet die Bestimmung von I_T und W_T (erforderlich für ϑ und max τ).

Der Rechteckquerschnitt soll ausführlicher betrachtet werden. Dabei wird deutlich, dass sich der Verlauf der Schichtlinien in Randnähe immer mehr der rechteckigen Begrenzung des Querschnittes annähert. Lediglich in den Querschnittsecken verlaufen die Schichtlinien des Seifenhauthügels nicht so wie der Querschnittsrand, sondern sie runden diese Ecke ab, so dass sie nahezu spannungsfrei bleiben. An den vertikalen

Schnitten, die in Bild 11.16 wiedergegeben sind, ist sehr deutlich erkennbar, dass die größte Neigung des Seifenhauthügels in der Mitte der langen Rechteckseite auftritt (Winkel α_1), dass also dort wegen der Analogie zwischen Neigung des Seifenhauthügels und Größe der Drillspannung auch die größten Spannungen auftreten müssen.

Zur **Erklärung des Strömungsgleichnisses** denken wir uns ein Gefäß von der Form des Querschnitts mit einer darin zirkulierenden reibungsfreien, inkompressiblen Flüssigkeit (Bild 11.17).

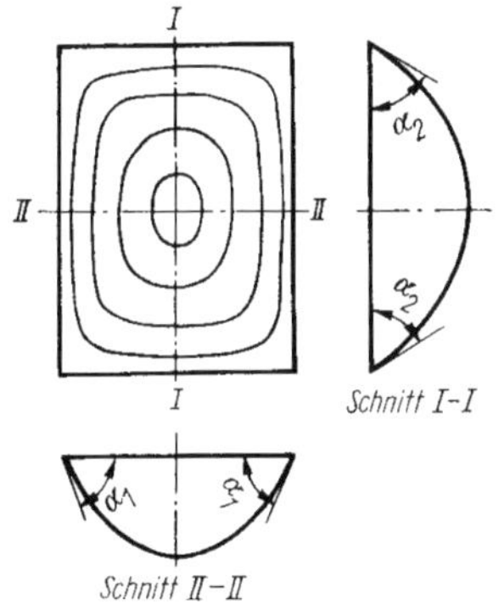

Bild 11.16

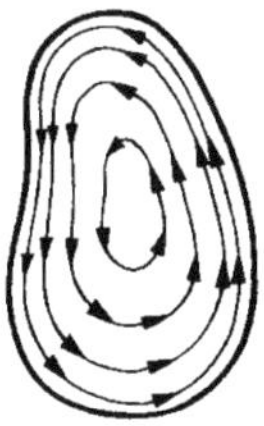

Bild 11.17

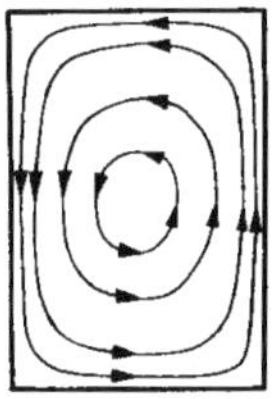

Bild 11.18

Die Strömungslinien dieser Flüssigkeit entsprechen dem Verlauf und die Strömungsgeschwindigkeit der Größe der Drillspannungen.

Betrachtet man das Strömungsfeld eines Rechteckquerschnitts (Bild 11.18), so zeigt sich, dass sich die Strömungslinien zwar gegen den Querschnittsrand zu mehr und mehr der Form des Querschnitts anpassen, dass sie aber in den Ecken auch noch stetig verlaufen und die Ecken selbst nicht ganz ausfüllen. Daraus folgt, wie wir schon bei dem Drillversuch und dem Seifenhautgleichnis festgestellt haben, dass in den Ecken des Querschnitts bzw. in den Kanten des verdrillten Stabes kaum Drillspannungen wirken.

Weiter stellen wir fest, dass sich parallel zu den langen Seiten des Rechteckquerschnitts die Strömungslinien verdichten und damit die Strömungsgeschwindigkeit zunimmt. Am dichtesten sind sie in den Seitenmitten der langen Rechteckseiten, so dass dort auch entsprechend der Analogie zwischen Strömungsgeschwindigkeit und Drillspannung die maximalen Spannungswerte erreicht werden. Diese Feststellung stimmt mit den Schlussfolgerungen überein, die aus dem Drillversuch und dem Seifenhautgleichnis gezogen wurden.

Aus diesen experimentellen Möglichkeiten kann man den Verlauf und die Verteilung der Drillspannungen ersehen. Für die praktische Berechnung werden ähnliche Gleichungen wie bei Kreisquerschnitten verwendet

$$\max \tau_T = \frac{M_T}{W_T} \tag{11.13}$$

$$\vartheta_1 = \frac{M_T}{G I_T} \tag{11.14}$$

Im Torsionsflächenmoment I_T in cm^4 ist auch die Querschnittsverwölbung berücksichtigt. Es stimmt nur für Kreisquerschnitte mit dem polaren Flächenmoment I_p überein.

Das Widerstandsmoment gegen Drillung W_T in cm^3 ist eine Rechengröße, die dem polaren Widerstandsmoment beim Kreisquerschnitt entspricht. I_T und W_T stehen für beliebige Querschnitte nicht in so einfacher Beziehung wie beim Kreis oder Kreisring.

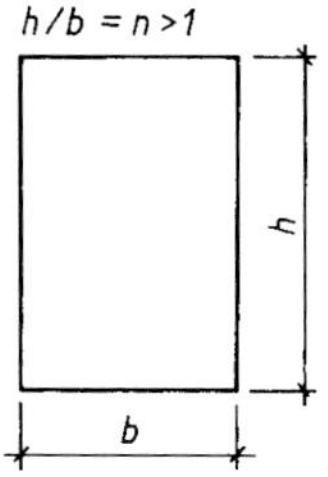

Bild 11.19

Für einige wichtige Querschnittsformen können I_T und W_T nach Formeln von *Weber* bestimmt werden:

Für den einfachen Rechteckquerschnitt (Bild 11.19) wird

$$I_T = \alpha \cdot h \cdot b^3 \tag{11.15}$$

$$W_T = \beta \cdot h \cdot b^2 \tag{11.16}$$

Tabelle 11.1: Beiwerte α und β

h/b	**1**	**1,5**	**1,75**	**2**	**3**	**4**	**6**	**8**	**15**	**>15**
α	0,141	0,196	0,214	0,229	0,263	0,281	0,299	0,307	0,320	0,333
β	0,208	0,231	0,240	0,246	0,267	0,282	0,299	0,307	0,320	0,333

Für sehr schmale Rechtecke wird $\alpha = \beta = 0{,}333$. Bei Stahlprofilen aus Blechen handelt es sich durchweg um Teilrechtecke mit $h \gg b$. Das Widerstandsmoment gegen Drillung und das Torsionsflächenmoment können daher für Blechträger wie folgt ermittelt werden:

$$I_T = \frac{1}{3}\sum h \cdot b^3 \tag{11.17}$$

$$W_T = \frac{1}{\max b}\,\frac{1}{3}\sum h \cdot b^3 \tag{11.18}$$

Das Produkt hb^3 ist für jedes einzelne Rechteck zu bilden, wobei b stets die kleinere Seite des Teilrechtecks (Bild 11.20) darstellt. Man erkennt einen Aufbau der Gln. (11.17) und (11.18) analog zum Flächenmoment 2. Grades und Widerstandsmoment bei Biegung.

Bei Walzprofilen aus schmalen Rechtecken (L, [, T, I – Bild 11.20) wird die Abweichung in der Form durch Ausrundung der Ecken usw. in einem Korrekturfaktor η berücksichtigt, mit dem der jeweilige Wert für W_T bzw. I_T zu multiplizieren ist.

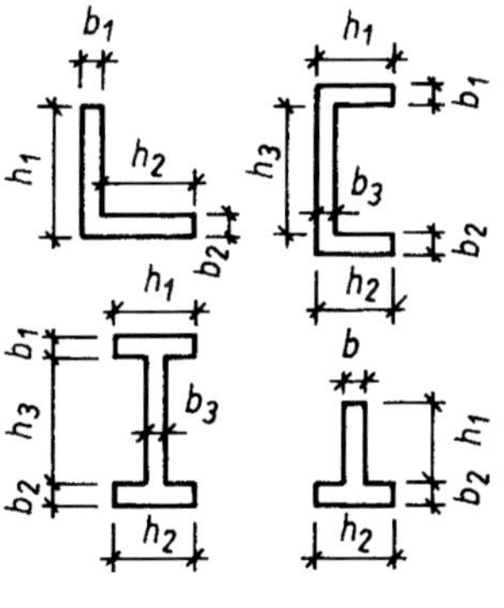

Bild 11.20

Tabelle 11.2: Korrekturfaktor η

Profilform	**L**	**[, T, Z**	**I**
Korrekturfaktor η	0,99	1,12	1,30

Die Anwendung der Gl. (11.13) bzw. (11.14) mit I_T bzw. W_T nach Gln. (11.15) bis (11.18) setzt freie Torsion voraus, die durch folgende Bedingungen weitestgehend erfüllt wird:

- gleicher Querschnitt über die Stablänge
- keine Wölbbehinderung über die Stablänge und an den Stabendquerschnitten
- Das Torsionsmoment wird an den Stabendquerschnitten tangential am Querschnittsrand eingeleitet.

11.5 Gleichungen für geschlossene Hohlquerschnitte

Wir betrachten einen Hohlquerschnitt beliebiger Gestalt, der durch eine relativ dünne Wandung begrenzt wird (Bild 11.21). Mit Hilfe des Strömungsgleichnisses erhält man bereits ein Bild von den zu erwartenden Drillspannungen infolge eines Drillmomentes M_T. Nach Abschnitt 11.4 ist die Geschwindigkeit der rotierenden Flüssigkeit proportional den Drillspannungen.

An engen Stellen des Querschnitts (z. B. $a - a$) tritt eine größere Geschwindigkeit auf als an den bedeutend weiteren Stellen (z. B. $b - b$), da bei der vorausgesetzen Strömung durch jeden Querschnitt in der gleichen Zeit die gleiche Flüssigkeitsmenge fließen muss. Danach werden

$$Q_a = s_a \cdot h \cdot v_a; \qquad Q_b = s_b \cdot h \cdot v_b$$

$$Q_a = Q_b \quad \text{bzw.} \quad s_a \cdot h \cdot v_a = s_b \cdot h \cdot v_b; \qquad s_a \cdot v_a = s_b \cdot v_b$$

Das Produkt aus Geschwindigkeit v und Durchflussbreite s bleibt für jede Stelle der Wandung gleich. Überträgt man diese Feststellung auf das Torsionsproblem, so können wir folgende Aussage machen:

> Das Produkt aus Drillspannung τ_T und Wanddicke s ist für jede Stelle der Wandung eines torsionsbeanspruchten Stabes mit Hohlquerschnitt konstant.

Man bezeichnet das Produkt $\tau_T \cdot s$ als Schubfluss oder Schubkraft je Längeneinheit (vgl. auch Abschnitt 6.2)

$$T_1 = \tau_T \cdot s \tag{11.19}$$

Zur Ermittlung des Zusammenhanges zwischen Drillspannung und angreifendem Drillmoment M_T betrachten wir ein Flächenelement des Hohlquerschnitts (Bild 11.22). Bei kräftefreiem Mantel kann innerhalb des Flächenelementes die Drillspannung τ_T nur parallel zum Rand verlaufen. Das Flächenelement soll im Abstand r vom Drillruhepunkt D liegen. Das differentiale Moment dM der Kraft d$F = \tau_T \cdot \mathrm{d}A = \tau_T \cdot s \cdot \mathrm{d}u$, bezogen auf den Drillruhepunkt, wird

$$\mathrm{d}M = r \cdot \tau_T \cdot s \cdot \mathrm{d}u$$

Das gesamte durch die Drillspannungen erzeugte Moment muss dem äußeren Drillmoment das Gleichgewicht halten.

$$M_T = \sum \mathrm{d}M = \int_u r \cdot \tau_T \cdot s \cdot \mathrm{d}u = \tau_T \cdot s \int r \,\mathrm{d}u$$

Das Integral erstreckt sich über die Länge u, also über den gesamten Umfang. Nach Gl. (11.19) wird $\tau_T \cdot s = T_1$ konstant über u und kann daher vor das Integral gezogen werden. Das verbleibende Produkt $r \cdot \mathrm{d}u$ entspricht dem doppelten Inhalt des von r und du gebildeten Dreiecks (Bild 11.23). Als Ergebnis der Integration $\int r \cdot \mathrm{d}u$ erhält

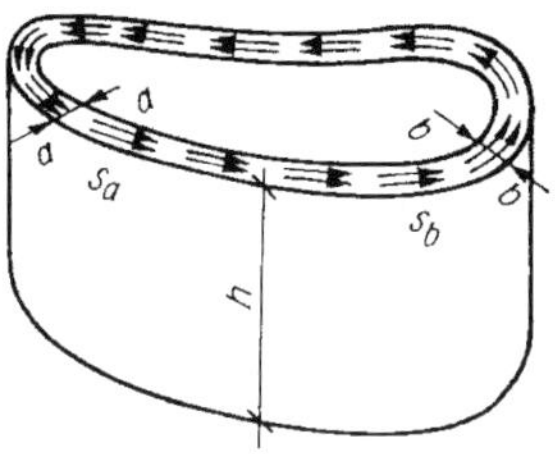

Bild 11.21

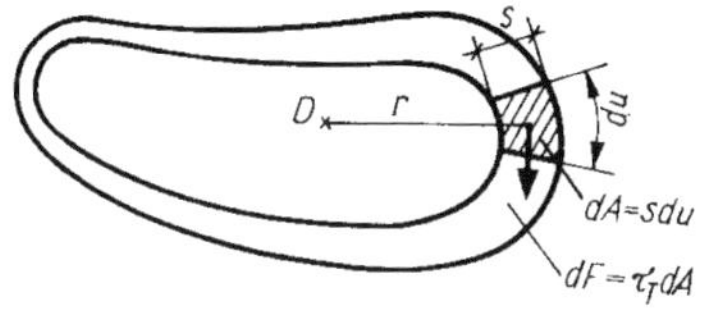

Bild 11.22

man den zweifachen Inhalt der von der Mittellinie der Querschnittsberandung umschlossenen Fläche (Bild 11.24). Setzt man diesen Wert ein und löst die Gleichung nach der gesuchten Drillspannung τ_T auf, so erhält man die *Bredt*sche Formel

$$M_T = \tau_T \cdot 2 \cdot A_m \cdot s ; \qquad \tau_T = \frac{M_T}{2 \cdot A_m \cdot s} \tag{11.20}$$

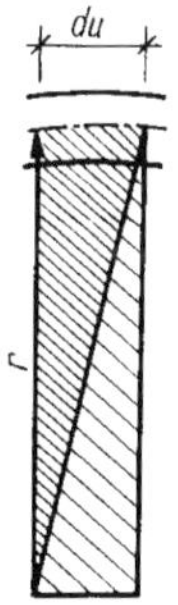

Bild 11.23

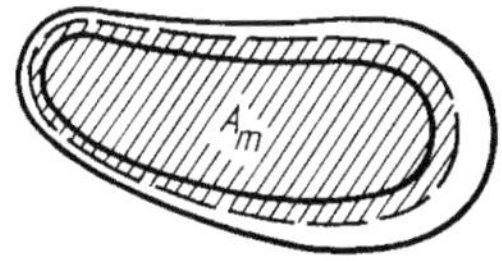

Bild 11.24

In dieser Gleichung darf A_m nicht mit der Querschnittsfläche verwechselt werden. Die Formel zeigt, dass τ_T umso kleiner wird, je größer die umschlossene Fläche des Hohlquerschnitts wird. Innerhalb des Querschnitts tritt die größte Drillspannung τ_T dort auf, wo die Wanddicke s am kleinsten wird. Bei konstanter Wanddicke s ergibt sich auch über den Querschnitt eine konstante Drillspannung τ_T.

Führt man für max τ_T bei Hohlquerschnitten dieselbe Schreibweise wie in Gl. (11.13) ein, so wird

$$W_T = 2 \cdot A_m \cdot s \tag{11.21}$$

$$I_T = \frac{4 \cdot A_m^2 \cdot s}{u} \tag{11.22}$$

Gl. (11.22) für das Torsionsflächenmoment des Hohlquerschnitts ist hier ohne nähere Ableitung mit angeführt. Darin ist u die Größe des Umfangs der Mittellinie. In der Beziehung für I_T drückt sich die bekannte Torsionssteifigkeit von Hohlkästen in dem Faktor A_m^2 aus. Die Torsionssteifigkeit wächst quadratisch mit dem Inhalt der von der Mittellinie begrenzten Fläche A_m.

Die Formel für I_T kann in Gl. (11.7) zur Bestimmung des Drillwinkels ϑ eingesetzt werden, so dass sich für einen Hohlquerschnitt ϑ wie folgt ergibt:

$$\vartheta = \frac{2 \cdot M_T \cdot l}{G \cdot I_T} = \frac{M_T \cdot u \cdot l}{4 \cdot G \cdot A_m^2 \cdot s} \tag{11.23}$$

Gl. (11.22) bzw. (11.23) ist nur gültig, wenn s längs des Umfangs konstant ist. Für veränderliche Wanddicke s muss I_T wie folgt ermittelt werden

$$I_T = \frac{4 A_m^2}{\int\limits_u \frac{du}{s}} \tag{11.24}$$

oder

$$I_T = \frac{4 A_m^2}{\sum \frac{\Delta u_i}{s_i}} \tag{11.25}$$

Die Form nach Gl. (11.25) ist für den praktischen Gebrauch ausreichend, da die Blechdicke s_i meist für einzelne Bereiche Δu_i des Umfangs konstant bleibt.

11.6 Beispiele

Beispiel 11.1

Ein Stab mit Kreisquerschnitt (r = 3 cm, l = 100 cm) soll ein Torsionsmoment M_T übertragen, wobei er sich auf der Länge l nicht mehr als 0,4° verdrehen darf (G = 8100 kN/cm²). Wie groß ist zul M_T, und welche maximale Drillspannung tritt dabei auf?

Man rechnet nach Gl. (11.11), wobei ϑ im Bogenmaß einzusetzen ist

$$\text{zul}\,\vartheta = 0{,}4^\circ\,; \qquad \text{zul}\,\vartheta = 0{,}4^\circ \frac{\pi}{180^\circ}$$

$$\text{zul}\,M_T = \frac{\text{zul}\,\vartheta \cdot \pi \cdot r^4 \cdot G}{2 \cdot l} = \frac{0{,}4 \cdot \pi^2 \cdot 3^4 \cdot 8100}{180 \cdot 2 \cdot 100} = 71{,}80 \text{ kN cm}$$

$$\max \tau_T = \frac{2 M_T}{\pi \cdot r^3} = \frac{2 \cdot 71{,}8}{\pi \cdot 3^3} = 1{,}70 \text{ kN/cm}^2$$

Beispiel 11.2

Zwei Kreisringquerschnitte mit annähernd gleicher Querschnittsfläche (A = 18,1 cm^2) haben folgende Abmessungen:

Querschnitt 1: r_1 = 30 mm; r_2 = 18 mm; s = 12 mm

Querschnitt 2: r_1 = 60 mm; r_2 = 55 mm; s = 5 mm

Welche Spannungen max τ_T treten in jedem Querschnitt bei einem Drillmoment M_T = 300 kNcm auf, und wie groß ist der Drillwinkel ϑ bei iner Stablänge l = 300 cm und G = 8100 kN/cm^2? Der Stab ist einseitig eingespannt. Das Drillmoment greift am freien Ende an.

Querschnitt 1:

$$W_T = \frac{\pi\left(r_1^4 - r_2^4\right)}{2r_1} = \frac{3{,}14}{2\cdot 3}\left(3^4 - 1{,}8^4\right) = 36{,}9\ \text{cm}^3$$

$$I_T = \frac{\pi\left(r_1^4 - r_2^4\right)}{2} = \frac{3{,}14}{2}\left(3^4 - 1{,}8^4\right) = 111\ \text{cm}^4$$

$$\max\tau_T = \frac{M_T}{W_T} = \frac{300}{36{,}9} = 8{,}13\ \text{kN/cm}^2$$

$$\vartheta = \frac{M_T l}{G I_T} = \frac{300\cdot 300}{8100\cdot 111} = 0{,}1\ \text{entspr. } 5{,}73^\circ$$

Querschnitt 2:

$$W_T = \frac{3{,}14}{2\cdot 6}\left(6^4 - 5{,}5^4\right) = 99{,}7\ \text{cm}^3$$

$$I_T = \frac{3{,}14}{2}\left(6^4 - 5{,}5^4\right) = 598\ \text{cm}^4$$

$$\max\tau_T = \frac{M_T}{W_T} = \frac{300}{99{,}7} = 3{,}01\ \text{kN/cm}^2$$

$$\vartheta = \frac{M_T l}{G I_T} = \frac{300\cdot 300}{8100\cdot 598} = 0{,}0186\ \text{entspr. } 1{,}07^\circ$$

Gegenüber Querschnitt 1, der als Kreisring gelten kann, erweist sich Querschnitt 2 bei gleicher Fläche weitaus leistungsfähiger.

Betrachtet man Querschnitt 2 als geschlossenen, dünnwandigen Hohlquerschnitt und berechnet W_T nach Gl. (11.21) sowie I_T nach Gl. (11.22), so erhält man folgende Werte:

$$W_T = 2 \cdot \frac{3{,}14 \cdot 11{,}5^2}{4} \cdot 0{,}5 = 104\,\text{cm}^3$$

$$I_T = 4 \cdot \frac{104^2}{3{,}14 \cdot 11{,}5} \cdot 0{,}5 = 597\,\text{cm}^4$$

$$\tau_T = \frac{M_T}{W_T} = \frac{300}{104} = 2{,}88\ \text{kN/cm}^2$$

Dieser Wert entspricht der Spannung in Wanddickenmitte bei Berechnung als Kreisring. Dort würde man für den inneren Rand erhalten:

$$\min\tau_T = \frac{M_T}{I_T} \cdot r_1 = \frac{300}{598} \cdot 5{,}5 = 2{,}76\ \text{kN/cm}^2$$

Beispiel 11.3

Der Bereich eines Balkens aus Nadelholz C24 (l = 5,0 m), mit Rechteckquerschnitt (h = 20 cm, b = 10 cm) wird durch ein Drillmoment $M_{T,d}$ = 0,6 kNm ($M_{T,k}$ = 0,43 kNm) beansprucht. Gesucht sind $\tau_{\text{tor},d}$ und die gegenseitige Verdrehung der Grenzquerschnitte dieses Bereichs (G_{mean} = 690 N/mm^2). Nach Abschnitt 11.4 ergibt sich für h/b = 2:

β = 0,246; $W_T = \beta \cdot h \cdot b^2 = 0{,}246 \cdot 20 \cdot 10^2 = 492\ \text{cm}^3$

α = 0,246; $I_T = \alpha \cdot h \cdot b^3 = 0{,}229 \cdot 20 \cdot 10^2 = 4580\ \text{cm}^4$

$$\tau_{\text{tor},d} = \frac{M_{T,d}}{W_T} = \frac{0{,}6 \cdot 10^6}{492 \cdot 10^3} = 1{,}22\,\text{N/mm}^2 < 1{,}23\,\text{N/mm}^2 = f_{v,d}$$

$$\vartheta = \frac{M_T l}{G_{\text{mean}} I_T} = \frac{43{,}0 \cdot 500}{69 \cdot 4580} = 0{,}068\ \text{ entspr. } 3{,}9^\circ$$

Beispiel 11.4

Wie groß wird bei einem geschweißten I-förmigen Querschnitt 240 × 12 – 250 × 20 (vgl. Bild 10.23) max τ_T und ϑ_1 infolge eines Drillmomentes M_T = 600 kNcm (G = 8100 kN/cm^2)?

Nach Gl. (11.17) bzw. (11.18) erhält man

$$I_T = \frac{1}{3}\sum h \cdot b^3 = \frac{1}{3}(20{,}0 \cdot 1{,}2^3 + 2 \cdot 25{,}0 \cdot 2{,}0^3) = 145 \text{ cm}^4$$

$$W_T = \frac{145}{2} = 72{,}5 \text{ cm}^3$$

$$\max \tau_T = \frac{M_T}{W_T} = \frac{600}{72{,}5} = 8{,}28 \text{ kN/cm}^2$$

$$\vartheta_1 = \frac{M_T}{GI_T} = \frac{600}{8100 \cdot 145} = 0{,}000511 \text{ cm}^{-1} \text{ entspr. } 0{,}029°$$

Beispiel 11.5

An der Stelle *a* eines Hohlquerschnittes nach Bild 11.25 ist eine Drillspannung $\tau_T = 3{,}0$ kN/cm² vorhanden. Wie groß ist die Drillspannung bei *b*, und welches Drillmoment wirkt auf den Querschnitt? Weiterhin ist das Torsionsflächenmoment I_T für den Hohlquerschnitt und für den gleichen, bei *a* aufgeschlitzten Querschnitt zu berechnen.

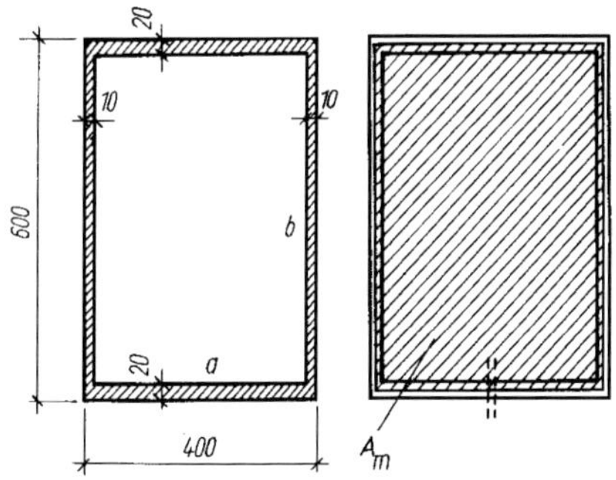

Bild 11.25

Nach Gl. (11.19) ergibt sich ein konstanter Schubfluss über die Wanddicke

$$T_1 = \tau_{Ta} \cdot s_a = \tau_{Tb} \cdot s_b; \qquad \tau_{Tb} = \frac{\tau_{Ta} \cdot s_a}{s_b} = \frac{3{,}0 \cdot 2}{1} = 6{,}0 \text{ kN/cm}^2$$

$$M_T = 2 \cdot A_m \cdot T_1 = 2 \cdot 58 \cdot 39 \cdot 3{,}0 \cdot 2 = 27144 \text{ kNcm}$$

$$I_T = \frac{4 A_m^2}{\sum \frac{\Delta u}{s}}\,; \qquad \sum \frac{\Delta u}{s} = 2\left(\frac{39}{2} + \frac{58}{1}\right) = 155$$

$$I_T = \frac{4 \cdot 2262^2}{155} = 132042 \text{ cm}^4$$

Für den Fall eines solchen rechteckigen Hohlquerschnittes mit je 2 gegenüberliegenden gleichen Teilflächen kann Gl. (11.25) umgeformt werden zu

$$I_T = \frac{2 \cdot A_m^2 \cdot s_{St} \cdot s_{Fl}}{h_{mSt} \cdot s_{Fl} + b_{mFl} \cdot s_{St}} \tag{11.26}$$

Darin sind s_{St} bzw. s_{Fl} die Blechdicken der Stege bzw. Flansche und h_{mSt} und b_{mFl} die von Mittellinie zu Mittellinie gemessene Höhe und Breite.

Für den aufgeschlitzten Querschnitt wird I_T nach Gl. (11.17) errechnet

$$I_T = \frac{1}{3} \sum h \cdot s^3 = \frac{1}{3}(2 \cdot 40 \cdot 2^3 + 2 \cdot 56 \cdot 1^3) = 251 \text{ cm}^4$$

Das Ergebnis zeigt den bedeutenden Unterschied im Torsionsflächenmoment zwischen einem geschlossenen und einem offenen Querschnitt.

12 Festigkeitshypothesen

12.1 Grundlagen

Zur Beurteilung der Werkstoffanstrengung in tragenden Bauteilen werden Kräfte oder Spannungen infolge der Belastung kritischen Festigkeitswerten des Materials gegenübergestellt. Treten als Folge der Belastung nur jeweils Normalspannungen in einer Richtung (linearer Spannungszustand, z. B. Zugstab) oder nur Tangentialspannungen auf, so ist ein Vergleich mit den aus Versuchen ermittelten jeweiligen Bruchfestigkeiten ohne weiteres möglich. Wirken zugleich Normal- und Tangentialspannungen, so wird es schwieriger daraus ein Kriterium für die Bruchgefahr abzuleiten. Für die Beurteilung der Werkstoffbeanspruchung unter solchen Bedingungen existieren verschiedene Festigkeitshypothesen (vgl. Abschnitt 12.2).

Die folgenden Betrachtungen gehen vom ebenen Spannungszustand aus. Dazu ist notwendig, dass die Normalspannung σ und die Tangentialspannung τ einer Querschnittsstelle bekannt sind. Räumliche Spannungszustände bleiben wie in Abschnitt 7 (Hauptspannungen) unberücksichtigt, da die Darstellung ebener Spannungszustände zum Verständnis der Probleme und auch für die meisten Fälle der praktischen Handhabung genügt.

Im Allgemeinen werden Tragwerkspunkte gleichzeitig durch Normalspannungen σ und Schubspannungen τ beansprucht, da Biegemomente fast immer in Verbindung mit Querkräften wirken. Häufig werden bei einem tragenden Bauteil nur die maximale Biegespannung mit zul σ und die maximale Schubspannung mit zul τ verglichen.

Große Biegemomente und zugleich große Querkräfte findet man in Stützennähe bei Freiträgern, Trägern mit Kragarmen und Durchlaufträgern. Auch in den Kehlnähten zwischen Steg und Flansch bei geschweißten Profilen treten gleichzeitig beachtliche Biegenormal- und Schubspannungen auf. Bei Biegung mit Schub und Torsion ist ebenfalls mit gleichzeitigen größeren Normal- und Tangentialspannungen zu rechnen.

In den einzelnen Festigkeitshypothesen wird angenommen, dass die Beanspruchungsgrenze durch bestimmte Spannungen, Dehnungen oder Formänderungsarbeiten erreicht wird. Bei den interessierenden Festigkeitshypothesen dient unabhängig von der Art des Spannungszustandes und den Annahmen über die Bruchgefahr eine einachsige Vergleichsnormalspannung σ_V als Maß für die vorhandene Beanspruchung. In Tabelle 12.1 sind die bekanntesten Festigkeitshypothesen angegeben, wobei zugleich der Zusammenhang zwischen σ_V und den maßgebenden Größen erkennbar ist.

Für alle Spannungszustände mit Normal- und Tangentialspannungen ergibt jede Festigkeitshypothese andere Ergebnisse für σ_V und somit eine verschiedene Bewertung der Beanspruchung. Allgemein gilt, dass keine der Festigkeitshypothesen eine für alle Fälle und alle Stoffe befriedigende Auskunft über die Bruch- und Fließgefahr gibt. Für Walz- und Schmiedestähle bestätigen die durchgeführten Versuche am besten die Hypothese von der größten Gestaltänderungsarbeit.

Tabelle 12.1: Festigkeitshypothesen

Angenommene Beanspruchungsgrenze	**Kenngröße**	**Vergleichs-spannung**
1. Größte Hauptnormalspannung	max σ	$\sigma_V = \max \sigma$
2. Größte Schubspannung	max τ	$\sigma_V = 2 \max \tau$
3. Größte Hauptdehnung	max ε	$\sigma_V = E \max \varepsilon$
4. Größte elastische Gesamtarbeit je cm³	W	$\sigma_V = \sqrt{2EW}$
5. Größte elastische Gestaltänderungsarbeit je cm³	W_g	$\sigma_V = \sqrt{6GW_g}$

12.2 Verschiedene Hypothesen

Für jede der genannten fünf Festigkeitshypothesen werden im Folgenden die Formeln zur Berechnung der Vergleichsspannung σ_V dargestellt und einige Hinweise zur Anwendung gegeben.

Bei der **Normalspannungshypothese** wird die absolut größte Normalspannung als maßgebend für die Fließ- bzw. Bruchgefahr angenommen. Sie stellt eine der beiden Hauptnormalspannungen nach Gl. (7.10) dar, wobei $\sigma_z = 0$ vorausgesetzt wird.

$$\sigma_V = \frac{1}{2}\sigma \pm \frac{1}{2}\sqrt{\sigma^2 + 4\tau^2} \leq \text{zul}\ \sigma \qquad (12.1)$$

Die Anwendung dieser Hypothese ist nicht zu empfehlen, da Versuchsergebnisse wenig Übereinstimmung mit ihr zeigen.

Nach der **Schubspannungshypothese** wird $\sigma_V = 2 \cdot \max \tau$ gesetzt, wobei max τ die Hauptschubspannung nach Gl. (7.11) ist. Man erhält

$$\sigma_V = \sqrt{\sigma^2 + 4\tau^2} \leq \text{zul}\ \sigma \qquad (12.2)$$

Diese Formel kommt mit ihrer Aussage den Versuchsergebnissen nahe. Insbesondere trifft sie für Stahl mit ausgeprägter Streckgrenze zu.

Die **größte Hauptdehnung** max ε tritt in Verbindung mit der größten Hauptnormalspannung max σ auf, wobei die Querdehnung infolge der anderen Hauptnormalspannung über die Querdrehzahl ν berücksichtigt wird.

$$\max\varepsilon = \frac{1}{E}(\max\sigma - \nu\min\sigma)$$

Mit max σ bzw. min σ nach Gl. (7.10) folgt

$$E\max\varepsilon = \frac{1}{2}\sigma + \frac{1}{2}\sqrt{\sigma^2 + 4\tau^2} - \left(\frac{1}{2}\nu\sigma - \frac{1}{2}\nu\sqrt{\sigma^2 + 4\tau^2}\right)$$

$$E\max\varepsilon = \frac{1}{2}(1-\nu)\sigma + \frac{1}{2}(1+\nu)\sqrt{\sigma^2 + 4\tau^2}$$

Die Gleichung für σ_V lautet jetzt allgemein

$$\sigma_V = \frac{1}{2}(1-\nu)\sigma + \frac{1}{2}(1+\nu)\sqrt{\sigma^2 + 4\tau^2} \leq \text{zul}\,\sigma \tag{12.3}$$

Mit der Querdehnzahl $\nu = 0{,}3$ für Metalle erhält man

$$\sigma_V = 0{,}35\sigma + 0{,}65\sqrt{\sigma^2 + 4\tau^2} \leq \text{zul}\,\sigma \tag{12.4}$$

Die beiden weiteren Hypothesen gehen vom Arbeitsvermögen der Werkstoffe aus. Die elastische Gesamtarbeit W je Volumeneinheit in cm^3 besteht aus elastischer Volumenänderungsarbeit W_v und Gestaltänderungsarbeit W_g. Beim ebenen Spannungszustand erhält man mit den Hauptspannungen σ_1 und σ_2 für W_v bzw. W_g

$$W_v = \frac{1-2\nu}{6E}(\sigma_1 - \sigma_2)^2 \tag{12.5}$$

$$W_g = \frac{1+\nu}{3E}\left(\sigma_1^2 + \sigma_2^2 - \sigma_1\sigma_2\right) \tag{12.6}$$

$$W = W_v + W_G \tag{12.7}$$

Mit $\sigma_{1,2} = \frac{1}{2}\sigma \pm \sqrt{\sigma^2 + 4\tau^2}$ nehmen die Ausdrücke für W_v und W_g die Form an

$$W_v = \frac{1-2\nu}{6E}\sigma^2 \tag{12.8}$$

$$W_g = \frac{1+\nu}{3E}\left(\sigma^2 + 3\tau^2\right) \tag{12.9}$$

$$W = \frac{1}{2E}\left(\sigma^2 + 2(1+\nu)\tau^2\right) \tag{12.10}$$

Nach der **Hypothese von der größten elastischen Gesamtarbeit** mit

$$\sigma_V = \sqrt{2EW}$$

erhält man

$$\sigma_V = \sqrt{\sigma^2 + 2\ 1+\nu\ \tau^2} \leq \text{zul}\,\sigma \tag{12.11}$$

Mit $\nu = 0{,}3$ für Metalle lautet die Gleichung

$$\sigma_V = \sqrt{\sigma^2 + 2{,}6\tau^2} \le \text{zul}\,\sigma \tag{12.12}$$

Zur Ermittlung der Vergleichsspannung nach der **Hypothese von der größten elastischen Gestaltänderungsarbeit** wird lediglich W_g nach Gl. (12.9) verwendet.

Führt man außerdem für $E = 2G(1 + \nu)$ ein, so nimmt die Gleichung für $\sigma_V = \sqrt{6GW_g}$ folgende Form an:

$$\sigma_V = \sqrt{\sigma^2 + 3\tau^2} \le \text{zul}\,\sigma \tag{12.13}$$

Diese Hypothese kommt z. B. dem Verhalten von Stahl sehr nahe.

Die dargestellten Gleichungen für σ_V gelten unter der Annahme vorwiegend ruhender Belastungen, so dass σ und τ aus gleichen Belastungsfällen resultieren.

Für den Fall kombinierter Beanspruchung mit häufigen Lastwechseln, wobei σ und τ verschiedenen Belastungsfällen entspringen, wurde von *C. Bach* das Anstrengungsverhältnis α_0 eingeführt.

$$\alpha_0 = \frac{\text{zul}\,\sigma}{\varphi\,\text{zul}\,\tau} \tag{12.14}$$

Der Belastungsfall von τ wird damit auf den von σ reduziert. Die Gleichungen lauten jetzt:

1. Normalspannungshypothese

$$\sigma_V = \frac{1}{2}\sigma \pm \frac{1}{2}\sqrt{\sigma^2 + 4(\alpha_0\tau)^2} \le \text{zul}\,\sigma\,; \qquad \alpha_0 = \frac{\text{zul}\,\sigma}{1{,}0\,\text{zul}\,\tau} \tag{12.15}$$

2. Schubspannungshypothese

$$\sigma_V = \sqrt{\sigma^2 + 4(\alpha_0\tau)^2} \le \text{zul}\,\sigma\,; \qquad \alpha_0 = \frac{\text{zul}\,\sigma}{2{,}0\,\text{zul}\,\tau} \tag{12.16}$$

3. Dehnungshypothese

$$\sigma_V = 0{,}35\sigma + 0{,}65\sqrt{\sigma^2 + 4(\alpha_0\tau)^2} \le \text{zul}\,\sigma\,; \qquad \alpha_0 = \frac{\text{zul}\,\sigma}{1{,}3\,\text{zul}\,\tau} \tag{12.17}$$

4. Hypothese der größten Gesamtarbeit

$$\sigma_V = \sqrt{\sigma^2 + 2{,}6(\alpha_0\tau)^2} \le \text{zul}\,\sigma\,; \qquad \alpha_0 = \frac{\text{zul}\,\sigma}{1{,}61\,\text{zul}\,\tau} \tag{12.18}$$

5. Hypothese der größten Gestaltänderungsarbeit

$$\sigma_V = \sqrt{\sigma^2 + 3(\alpha_0 \tau)^2} \leq \text{zul}\,\sigma\,; \qquad \alpha_0 = \frac{\text{zul}\,\sigma}{1{,}73\ \text{zul}\,\tau} \tag{12.19}$$

Die Werte für $\varphi = 1{,}0$; 2,0; 1,3; 1,61; 1,73 (in der Reihenfolge der fünf Hypothesen) ergeben sich aus den Gln. (12.1), (12.2), (12.4), (12.12) und (12.13) für den Fall des reinen Schubes (mit $\sigma = 0$). Sie stellen das der jeweiligen Hypothese zugrunde liegende Verhältnis zul σ/zul τ dar.

Für Stahltragwerke, bei denen eine ausreichende Zähigkeit und Fließfähigkeit des Werkstoffes vorhanden sind, wird zum Beispiel der Nachweis nach der Hypothese von der größten Gestaltänderungsarbeit geführt, soweit keine Gefahr des Dauerbruches besteht.

Für den ebenen Spannungszustand mit den Komponenten σ_x, σ_z und τ lautet dieser Nachweis entsprechend Gl. (12.13)

$$\sigma_V = \sqrt{\sigma_x^2 + \sigma_z^2 - \sigma_x \sigma_z + 3\tau^2} \leq \text{zul}\,\sigma_V \tag{12.20}$$

Im Stahlbau ist der Nachweis unter Beachtung des Sicherheitskonzeptes wie folgt zu führen:

$$\sigma_{V,d} / \sigma_{R,d} \leq 1{,}0 \tag{12.21}$$

Bei Wirkung von nur einer Normalspannungskomponente und einer Schubspannung kann auf den Nachweis verzichtet werden, wenn die Größe der Normalspannung oder Schubspannung weniger als 50 % des zulässigen Wertes beträgt.

Durch Quadrieren der Gleichung (12.20) erhält man, wenn die zulässigen Spannungen auf die einzelnen Komponenten bezogen und mit den Teilsicherheiten versehen werden, die im EC3 aufgeführte Form:

$$\left(\frac{\sigma_{x,ED}}{f_y/\gamma_{M0}}\right)^2 + \left(\frac{\sigma_{z,Ed}}{f_y/\gamma_{M0}}\right)^2 - \frac{\sigma_{x,ED} \cdot \sigma_{z,ED}}{\left(f_y/\gamma_{M0}\right)^2} + 3\left(\frac{\tau_{ED}}{f_y/\gamma_{M0}}\right)^2 \leq 1 \tag{12.22}$$

Sachwörter- und Namenverzeichnis